高等职业教育园林园艺类专业系列教材

园林植物识别与应用

主　编　徐绒娣
副主编　王志龙　何礼华　何会流
参　编　林乐静　黄温翔　李金朝
　　　　张椿芳　陈际伸　俞浩萍
主　审　祝志勇　张根朗

机 械 工 业 出 版 社

本书包括观赏树木和花卉两大块内容，重点介绍常见园林植物的识别要点、分布、习性、园林应用。本书按项目化教学方法设计。项目内容按园林植物的生物学特性分成裸子植物识别与应用、被子植物识别与应用、观赏树木的选择与应用、露地花卉识别与应用、温室花卉识别与应用、花卉的选择与配置6个项目。

本书运用项目化教学理念，重点培养学生具备从事园林绿化的基本知识及基本技能，特别是培养学生具备合理选择与配置园林植物的专业能力。本书可作为高职院校园林等相关专业的教学用书，也可作为园林设计、施工人员及园林爱好者的参考用书。

图书在版编目（CIP）数据

园林植物识别与应用/徐绒娣主编. —北京：机械工业出版社，2014.9（2025.1重印）

高等职业教育园林园艺类专业系列教材

ISBN 978-7-111-43570-9

Ⅰ.①园… Ⅱ.①徐… Ⅲ.①园林植物—识别—高等职业教育—教材 Ⅳ.①S688

中国版本图书馆CIP数据核字（2014）第189635号

机械工业出版社（北京市百万庄大街22号 邮政编码100037）
策划编辑：王靖辉 责任编辑：王靖辉
版式设计：赵颖喆 责任校对：薛 娜
封面设计：马精明 责任印制：邓 博
北京盛通数码印刷有限公司印刷
2025年1月第1版第11次印刷
184mm×260mm · 16印张 · 388千字
标准书号：ISBN 978-7-111-43570-9
定价：45.00元

电话服务	网络服务
客服电话：010-88361066	机 工 官 网：www.cmpbook.com
010-88379833	机 工 官 博：weibo.com/cmp1952
010-68326294	金 书 网：www.golden-book.com
封底无防伪标均为盗版	机工教育服务网：www.cmpedu.com

前　言

植物是园林绿化的主体，园林绿化的设计、施工实际上都是植物材料的运用。因此，“园林植物识别与应用”是园林相关专业的基础课程。该课程的教学目标是培养学生具备从事园林绿化的基本知识及基本技能，具备合理选择与配置园林植物的专业能力。

本书编写的基本思想是以项目为载体实现工与学的结合，依据工作情境建构教学情境，让学生在完成具体项目的过程中构建相关理论知识，并发展职业能力。本书按工作任务——常见园林植物识别和园林植物的选择与应用，采取项目化教学方法，每个项目下面设模块，体现了“以素质为基础，以应用为主线，以能力为中心”的教学理念。

本书充分体现了项目任务驱动、实践导向的课程设计思路，图文并茂，直观形象，活动设计内容典型具体，具有可操作性，较好地体现出了通用性、实用性，贴近本专业教学的发展和实际需要。

本书由宁波植物园徐绒娣任主编，宁波城市职业技术学院王志龙、杭州真知景观实训中心何礼华、重庆城市管理学院何会流任副主编，具体编写分工如下：何礼华编写概述，项目2的模块2、模块4；宁波城市职业技术学院陈际伸编写项目1；徐绒娣编写项目2的模块1、模块5，项目4的模块1、模块2；宁波城市职业技术学院林乐静编写项目2的模块3，项目3；何会流编写项目2的模块6、模块7；宁波城市职业技术学院张椿芳编写项目4的模块3，项目5的模块2；宁波财经学院俞浩萍编写项目4的模块4；宁波城市职业技术学院李金朝编写项目4的模块5，项目5的模块1；王志龙编写项目5的模块3、模块4；杭州凰家园林景观有限公司黄温翔编写项目6。

宁波城市职业技术学院祝志勇和宁波市花园园林公司董事长张根朗对全书进行了审阅，并在编写过程中给予具体指导，特此致谢。

由于编者的水平和经验有限，书中难免出现不足之处，恳请广大读者提出宝贵意见。

本书配有电子课件，凡使用本书作为教材的教师可登录机械工业出版社教材服务网 www. cmpedu. com 下载。咨询邮箱：cmpgaozhi@ sina. com。咨询电话：010-88379375。

编　者

目　录

概　述

一、园林植物的概念

园林植物是指由人工栽培、具有一定的观赏价值、可应用于室内外环境布置、以改善和美化环境为目的的植物的总称。

园林植物有木本和草本之分，木本植物称为园林树木，草本植物称为园林花卉。

园林树木泛指一切可供观赏的木本植物，包括各种乔木、灌木、木质藤本以及竹类。乔木的主干明显而直立，分枝繁茂，植株高大，如松、杉、栎、杨、榆、榉、槐等；灌木则一般比较矮小，没有明显之主干，近地面处枝干丛生，如迎春、蜡梅、紫荆、木绣球等；木质藤本则茎干细长，不能直立，匍匐地面或依附它物而生长，如络石、紫藤、凌霄、爬山虎等；竹类种类多，观赏期长，如紫竹、孝顺竹、佛肚竹等。

园林花卉泛指一切可供观赏的开花的和观叶的草本植物，包括一、二年生花卉，宿根花卉，球根花卉等。

二、园林植物的作用

园林植物种类繁多，体量大小差异悬殊，叶色四季丰富多彩；不仅可以作为园林造景的主题，也可衬托其他造园元素；既具有观赏的特性，又具有生态的功能。园林植物的主要作用体现在植物造景、改善环境、保护环境、美化环境、陶冶情操、增进身心健康等方面。此外，园林植物也有一定的生产作用，可为人们带来一定的经济效益。

1. 植物造景

园林植物是造园的“三要素”（山水、建筑和植物）之一，它不仅是大自然生态环境的主体，也是风景资源的重要内容。将丰富多彩的植物用于园林创作，可以造成一个充满生机的自然环境、繁花似锦的植物景观，可为人们提供自然审美的对象。

植物造景是世界园林发展的趋势，植物是园林中有生命的最重要的元素。园林景观质量的好坏，很大程度上取决于园林植物的选择和配置。欧洲造园，不论是花园还是林园，顾名思义都是以植物为主要材料。

2. 改善环境

（1）调节温度　树冠可以遮挡阳光，减少阳光的辐射热，降低小气候的温度。不同的树种有不同的降温能力，这主要取决于树冠大小、树叶密度等因素。

（2）提高湿度　据研究测定，一般树林中的空气湿度要比空旷地的湿度高7%～14%。

（3）防风固沙　据研究测定，公园中的风速要比城区小80%～94%。若能组成防护林带，则可防风、防沙和固沙，“三北”防护林带就足以说明这种功效。

（4）防止水土流失　从全国的统计资料来看，大面积的植树造林对保持水土、涵养水源具有巨大的作用。

3. 保护环境

（1）自然净化空气　植物光合作用吸收二氧化碳放出氧气，而人呼出的二氧化碳大量被植物吸收，又放出人类所需的氧气，从而具有恢复并维持生态自然循环和自然净化的能力。所以说园林植物成为净化空气的“城市绿色工厂”。

（2）吸收有毒气体　大气污染包括多种有毒气体，其中以二氧化硫为主，氟化氢、氯气次之。观赏树木具有吸收不同有毒气体的能力，故在环境保护方面发挥相当大的作用。

（3）监测有毒物质　有些植物虽然没有抗毒、吸毒、净化空气的功能，但对某种有毒物质很敏感，所以我们可以利用它来对大气中的有毒物质进行监测，以确保人们能生活在合乎健康标准的环境之中。

（4）阻滞烟尘和尘埃　树木的枝叶可以阻滞空气中的烟尘，相当于滤尘器。一般树冠大而浓密、叶面多毛或粗糙以及分泌有油脂或黏液的树种均有较强的滞尘力。

（5）分泌杀菌素　城镇中闹市区空气里的细菌数含量比公园、绿地多数倍甚至数十倍，主要是公园、绿地中的很多植物能分泌杀菌剂。如桉树、肉桂、柠檬等树木含有芳香油，它们具有杀菌力。

（6）减低噪声　隔音效果较好的树种有雪松、龙柏、桧柏、水杉、悬铃木、垂柳、香樟、桂花、女贞等。

（7）抗灾防火　将有宽厚木栓层和富含水分的树种植成隔离带，能起到一定的防火作用。如火力楠、木荷、珊瑚树、椤木石楠、榕树、女贞、棕榈、苏铁等。

4. 美化环境，陶冶情操

园林植物的美不仅体现在其本身形体、色彩等方面，还体现在风韵美（也称为内容美、象征美，是一种抽象美）方面。风韵美既能反映出大自然的自然美，又能反映出人类智慧的艺术美。人们常把植物人格化，从联想上产生某种情绪或意境。例如，荷花寓意高尚，出污泥而不染；松、梅、竹称为“岁寒三友”，寓意不畏严酷的环境；红豆表示思慕；柳树表示依恋等。因此，园林植物不仅是美化环境的物质材料，也是传承精神文化的载体。

5. 促进经济，前景广阔

园林植物的生产是一项很有前景的商品生产，经济价值较高，同时还能带动其他工业生产，如陶瓷工业、塑料工业、玻璃工业、化学工业以及包装运输业等。

园林植物是出口创汇的重要物资之一，尤其是一些特产花卉，如漳州水仙、兰州百合、云南山茶花以及各类盆景等，历年均有大量出口。荷兰的郁金香、日本的百合、新加坡的热带兰、意大利的干花等，在各国的出口中都占有重要的地位。我国特产花卉种类丰富，有着巨大的潜力和广阔的前景。

园林植物的经济效益除了观赏价值以外，还有药用、油料、香料等其他用途和效益。

6. 弥补其他造园材料的不足

园林植物具有形状、大小、色相、季相的变化，甚至有昼夜的变化等，这是其他无生命的造园材料所没有的。

三、园林植物的分类

地球上的植物约有50万种，仅高等植物就达35万种以上，在这些高等植物中已经被用于园林绿化的种类仅为很少一部分。为了更好地挖掘利用园林植物，有效地为人类服务，首先必须正确识别园林植物并科学地进行分类。由于人们在进行分类时所应用的依据和目的不同，对园林植物分类的方式也有不同。总体来说，园林植物分类的方法有两大类：系统分类法和人为分类法。

1. 系统分类法

植物系统分类法是依据植物亲缘关系的亲疏和进化过程进行分类的方法，着重反映植物界的亲缘关系和由低级到高级的系统演化关系。其任务不仅要识别物种，鉴定名称，而且还要阐明物种之间的亲缘关系和分类系统，进而研究物种的起源、分布中心、演化过程和演化趋向。

目前分类系统在裸子植物门这部分是根据郑万钧编著的《中国植物志》第七卷系统排列；而被子植物门目前常采用恩格勒分类系统和哈钦松分类系统。

2. 人为分类法

人为分类法是以植物系统分类法中的“种”为基础，根据园林植物的生长习性、观赏特性、园林用途等方面的差异及其综合特性，将各种园林植物主观地划归为不同的大类。人为分类法具有简单明了、操作和实用性强等优点，在园林生产上普遍采用。

（1）依生物学特性和生长习性分类

1）一、二年生花卉：在一个生长季或两个生长季内完成生活史的花卉。

一年生花卉一般春季播种，夏秋开花结实，如百日草、凤仙花等。

二年生花卉一般秋季播种，次年春夏开花，如紫罗兰、羽衣甘蓝等。

2）宿根花卉：冬季地上部分枯死，根系在土壤中宿存而不膨大，翌年重新萌发生长的多年生草本花卉，如菊花、芍药等。

3）球根花卉：冬季地上部分枯死，地下部分肥大呈球状或块状的多年生草本花卉，如大丽花、郁金香等。

4）木本植物：指茎干木质化的一类植物。依茎干的习性可分为以下几类：

① 乔木：有明显的主干，侧枝从主干上发出，植株直立高大。乔木分为常绿乔木和落叶乔木两大类，如桂花、广玉兰、鹅掌楸、悬铃木等。

② 灌木：地上部分无明显主干和主枝，多呈丛状生长。灌木分为常绿灌木和落叶灌木两大类，如月季、牡丹、迎春、栀子、茉莉等。

③ 藤木：地上部分不能直立生长，茎蔓攀附在其他物体上，如紫藤、凌霄、常春藤、络石等。

④ 竹类：园林植物的特殊分支，在形态特征、生长繁殖等方面与其他树木不同。根据其地下茎的生长特性，分为丛生竹、散生竹、混生竹三大类。常见栽培的有刚竹、紫竹、佛肚竹、凤尾竹等。

⑤ 棕榈类：园林绿化中重要的一类，其生长习性、形态特征与其他植物有明显的差异。常见栽培的有棕榈、加拿利海枣等。

5）水生花卉：多为宿根草本植物，地下部分多肥大呈根茎状，生长在浅水或沼泽地上，如荷花、睡莲、凤眼莲等。

6）兰科花卉：本类按其性状属于多年生草本植物，因其种类多，在栽培方面有其独特的要求，而将其单独列出。兰科植物因其性状和生态习性不同，又可分成国兰和洋兰两类，如建兰、春兰、卡特兰、兜兰等。

7）仙人掌及多肉、多浆植物：这类植物多原产于热带半荒漠地区，其茎部变态成扇状、片状、球状或多形柱状，多数种类的叶变态成针刺状。茎内多汁并能贮存大量水分，以适应干旱的环境条件。如仙人掌、蟹爪兰、仙人柱等。

8）蕨类植物：高等植物中较低级而不开花的一个类群。常见栽培的有铁线蕨、凤尾蕨、肾蕨等。

9）岩生植物：具有较强抗逆性，植株低矮或匍匐，如偃柏、点地梅、亚麻、景天、百里香等。

10）草坪与地被植物：从广义的概念上讲，草坪植物也属于地被植物的范畴。随着园艺事业的发展和人们园林艺术欣赏水平的提高，草坪和地被植物已成为现代园林建设中不可缺少的组成部分，在绿化、美化城市，保护和改善环境方面发挥着重要而不可替代的作用。

（2）依观赏部位和特性分类

1）观花类：该类植物的花的形状、大小、色彩多种多样，花期较长，花期差异也较大。具体有以下几方面的观赏点：

① 花期：分为春季开花、夏季开花、秋季开花、冬季开花和四季开花等。

② 花式：即开花与展叶的前后关系，具体分为先花后叶、先叶后花、花叶同放等。

③ 花形：多数植物的花形为常见的钟形、十字形、坛形、辐射形、蝶形等，但也有部分植物的花发生变化形成奇异的花形。

④ 花色：分为红色花系、蓝紫色花系、黄色花系、白色花系、彩斑类花系等。

⑤ 花瓣：有单瓣型、重瓣型、复瓣型及套瓣型等。

⑥ 花香：大致可分为清香、甜香、淡香、幽香、暗香等。

⑦ 花相：即花朵或花序在植株上着生的状态，具体分为独生花相、线条花相、星散花相、团簇花相、覆被花相、密满花相、干生花相等。

⑧ 花韵：即花所具有的独特风韵，是人们对客观事物所引起的一种感觉或印象。

2）观果类：果实具有突出的美化作用，其观赏价值主要体现在形状与色泽两方面。

① 果实的形状：以奇、巨、丰为标准。所谓“奇”，指形状奇异有趣；所谓“巨”，指单体的果形较大，或果虽小但果色鲜艳，均可收到“引人注目”之效；所谓“丰”，乃就全树而言，无论单果或果穗，均应有一定的丰盛数量，才能发挥较高的观赏效果。

② 果实的色泽：根据果色的不同可分为红果系列、黄果系列、蓝紫果系列、黑果系列、白果系列等。

3）观叶类：叶的颜色变化极为丰富，具有很高的观赏价值。根据叶色的深浅、季相的变化等特点，可分为以下几种类型：

① 绿色类：绿色属叶子的基本颜色，绝大多数观赏植物在年生长周期中的大部分时间内均为绿色的。依叶色的深浅（浓淡）又可分为深绿色和淡绿色两类。

② 春色叶类：叶色因季节的不同而发生变化，春季新发之嫩叶有显著不同叶色（与其他季节叶色相比）的植物，统称为春色叶植物。

③ 新叶有色类：许多常绿植物的新叶不限于在春季发生，不论季节只要发出新叶为非常色的，即可称为新叶有色类。

④ 秋色叶类：凡在秋季叶子颜色能显著变化的植物，均称为秋色叶植物，主要以木本植物为主，草本植物秋季变色的不多见。

⑤ 常色叶类：有些植物的变种或品种，叶常年均为异色（非绿色），而不必待秋季来临才变色，特称为常色叶植物。

⑥ 双色叶类：叶背与叶面的颜色显著不同的植物，称为双色叶植物。

⑦ 斑色叶类：叶面具有其他显著不同颜色的植物，称为斑色叶植物。

4）观芽类：有些植物的花、叶观赏价值不高，但其芽比较独特，如银芽柳等。

5）观茎类：有些植物的枝、茎有特别的风姿，如虎刺梅、卫矛、木瓜等。

6）赏根类：有些植物裸露的根部或特化的根系有一定的观赏价值，尤其是一些多年生的木本植物，如松、榆、朴、梅、银杏、榕树等，自古以来都将此观赏特点用于园林美化和桩景的栽培。

7）赏姿态类：有些植物的株形有特点，具较高观赏价值。常可分为圆柱形、尖塔形、伞形、棕榈形、丛生形、球形、馒头形、拱枝形、苍虬形等。

（3）依园林用途分类

1）庭荫树：冠大荫浓，在园林中起庇荫和装点空间作用的乔木。庭荫树应具备树形优美、枝叶茂密、冠幅较大、有一定的枝下高、有花果可赏等特点。常用的庭荫树有香樟、广玉兰、悬铃木、鹅掌楸等。

2）园景树：具有较高观赏价值，在园林绿地中能独自构成景致的树木，又称为孤植树。常用的园景树有银杏、枫香、槐树、桂花、雪松等。

3）行道树：指种植于道路两侧及分车带的树木的总称。主要作用是为车辆和行人庇荫，减少路面辐射和反射光，降温、防风、滞尘、减噪和美化街景。常用的树种有悬铃木、鹅掌楸、枫香、香樟等。

4）花灌木：指叶、花、果、枝或全株可供观赏的灌木。具有美化和改善环境的作用，是构成园景的主要素材，在绿化中占有重要地位。如园林中用于点缀山坡、池畔、草坪、道路的蜡梅、蔷薇、金钟花、牡丹、绣线菊、八仙花等。

5）绿篱植物：指园林中用于密集栽植形成绿篱的植物，多为木本植物，如小叶女贞、金边大叶黄杨、金边六月雪、大花六道木等。

6）攀援植物：指茎蔓细长，不能直立生长，攀附支持物向上生长的植物。主要用于垂直绿化，可植于墙面、山石、枯树、灯柱、拱门、棚架、篱垣等旁边，使其攀附生长，形成各种立体的绿化效果，如紫藤、凌霄、爬山虎、多花蔷薇等。

7）草坪和地被植物：从广义的概念上讲，草坪植物也属于地被植物的范畴。但按照习惯，把草坪单独列为一类。

8）切花花卉：切花是从植株上剪下带有茎叶的花枝，常见的切花花卉有月季、蜡梅、菊花、康乃馨、满天星等。

9）盆栽花卉：指能盆栽观赏，并能布置各种立体花坛的花卉植物。

（4）依自然分布分类

1）热带观赏植物：本类植物在离开原产地后，冬季需进入温室越冬，如变叶木、绿萝、花叶芋等。

2）热带雨林观赏植物：要求夏季凉爽、冬季温暖、空气相对湿度在80%以上的荫蔽环境。在栽培中夏季需庇荫养护，冬季需进入温室越冬，如海芋、龟背竹、散尾葵等。

3）亚热带观赏植物：喜温暖而湿润的气候条件，冬季需在中温温室越冬，盛夏季节需适当遮阴防护，如山茶花、米兰、桃叶珊瑚等。

4）暖温带观赏植物：在长江流域及其以南地区均可露地自然越冬，北方需进入低温温室越冬，如杜鹃花、栀子花等。

5）温带观赏植物：在黄河流域及其以南地区均可露地栽培，在北方地区可在人工保护下露地越冬，如月季、牡丹、石榴、碧桃等。

6）亚寒带观赏植物：在北方可露地自然越冬，如紫薇、丁香、榆叶梅、连翘等。

7）亚高山观赏植物：大多原产于亚热带和暖温带地区，但多生长在海拔2000m以上的高山上。因此，既不耐暑热，也怕严寒，如龙胆、绿绒蒿等。

8）热带及亚热带沙生植物：喜充足的阳光、夏季高温而又干燥的环境条件，常作温室花卉栽培，如芦荟、仙人掌等。

9）温带和亚寒带沙生植物：多分布于北部和西北部的半荒漠中，可在全国各地露地越冬，但不能忍受南方多雨的环境条件，如沙拐枣、麻黄等。

（5）依栽培方式分类

1）露地观赏植物：在自然条件下就能完成全部生长过程的植物，如万寿菊、矮牵牛、紫茉莉等。

2）温室观赏植物：原产于热带、亚热带温暖地区的观赏植物，引种于北方寒冷地区栽培，在冬季需要在温室内保护越冬，如仙客来、瓜叶菊、蝴蝶兰等。

四、园林植物的配置方式

配置方式是指园林植物搭配的样式。园林植物的配置方式，分为规则式和自然式两大类。前者整齐、严谨，具有一定的种植株行距，且按固定的方式排列；后者自然、灵活，参差有致，没有一定的株行距和固定的排列方式。

1. 规则式配置方式

（1）孤植　在重要的位置，如建筑物的正门、广场的中央、轴线的交点等重要地点，可种植树形整齐、轮廓端正、生长缓慢、四季常青的观赏树木。在北方可用松、柏、云杉等，在南方可用雪松、香樟、桂花等。

（2）对植　在进出口、建筑物前等处，在其轴线的左右，相对地栽植同种、同形的树木，使之相对称。对植的树种，要求外形整齐美观，树体大小一致，常用的有龙柏、桧柏、海桐、桂花、罗汉松、龙爪槐等。

（3）列植　将同形同种的树木按一定的株行距排列种植（单行或双行，也可为多行）。如果间隔狭窄，树木排列很密，能起到遮蔽后方的效果；如果树冠相接，则树列的密闭性更大；也可以等距离反复种植异形或异种树，使之产生韵律感。列植多用于行道树、绿篱、林带及水边种植等。

（4）正方形栽植　按方格网在交点种植树木，株行距相等。其优点是透光、通风性好，便于管理和机械操作；缺点是幼龄树苗易受干旱、霜冻、日灼及风害，且易造成树冠密接，一般园林绿地中极少应用。

(5) 三角形种植　株行距按等边式或等腰三角形排列。此法可经济利用土地，但通风透光较差，不利于机械化操作。

(6) 长方形栽植　正方形栽植的一般变形，它的行距大于株距。长方形栽植兼有正方形和三角形两种栽植方式的优点，并避免了它们的缺点，是一种较好的栽植方式。

(7) 环植　这是按一定株距把树木栽为圆环的一种方式，有时仅有一个圆环，甚至半个圆环，有时则有多重圆环。

(8) 花样栽植　像西洋庭园常见的花坛那样，构成装饰花样的图形。

2. 自然式配置方式

(1) 孤植　孤植树主要是表现树木的个体美，其园林功能有两个，一是单纯为观赏，二是庇荫与观赏结合。孤植树的构图位置应该十分突出，体形要巨大，树冠轮廓要富于变化，树姿要优美，开花要繁茂，香味要浓郁或叶色具有丰富季相变化。许多树种可以用作孤植树，如雪松、白皮松、香樟、广玉兰、银杏、鸡爪槭、红枫等。

(2) 丛植　由2～10株乔木组成，若加入灌木，总数最多可达数十株。树丛的组合主要考虑群体美，但其单株植物的选择条件与孤植树相似。

树丛在功能和配置上与孤植树基本相似，但其观赏效果要比孤植树更为突出。作为纯观赏性或诱导树丛，可以用两种以上的乔木搭配栽植，或乔灌木混合栽植，也可同山石、花卉相结合。庇荫用的树丛，以采用树种相同、树冠开展的高大乔木为宜，一般不用灌木配合。

配置的基本形式一般有以下两种方式：

1) 两株配合。两树必须既有调和又有对比。因此两株配合，首先必须有通相，即采用同一树种（或外形十分相似），才能使二者统一起来；但又必须有其殊相，即姿态和大小应有差异，才能既有对比，又生动活泼。一般来说两株树的距离应小于两树冠半径之和。

2) 三株配合。三株配合最好采用姿态大小有差异的同一树种，栽植忌三株在同一线上或成等边三角形。三株的距离都不要相等，一般最大和最小的要靠近一些成为一组，中等大小的远离一些另为一组。如果是采用不同树种，最好同为常绿或同为落叶，或同为乔木，或同为灌木，其中大的和中等的应为同一种。

(3) 群植　由十多株以上，七八十株以下的乔灌木组成的树木群体。这主要是表现群体美，因而对单株要求不严格，树种也不宜过多。

树群在园林功能和配置上与树丛类同。不同之处是树群属于多层结构，须从整体上来考虑生物学与美观的问题，同时要考虑每株树在人工群体中的生态环境。

树群可分为单纯树群和混交树群两类。单纯树群的观赏效果相对稳定，树下可再配置耐荫宿根花卉作地被植物。混交树群在外貌上应该注意季节变化，树群内部的树种组合必须符合生态要求，高大的乔木应居中央作为背景，小乔木和花灌木作外缘。

树群中不允许有园路穿过，其任何方向上的断面，其林冠线应该是起伏错落的，水平轮廓要有丰富的曲折变化，树木的间距要疏密有度。

(4) 林植　较大规模成片成带的树林状的种植方式。园林中的林带与片林种植，方式上可较整齐，有规则，但比真正的森林，仍可略为灵活自然，做到因地制宜。并应在防护功能之外，着重注意在树种选择和搭配时考虑到美观和符合园林的实际需要。

树林可粗略分为密林（郁闭度0.7～1.0）与疏林（郁闭度0.4～0.6）。密林又有单纯密林和混交密林之分，前者简洁壮阔，后者华丽多彩，但从生物学的特性来看，混交密林比单纯密林好。疏林中的树种应具有较高观赏价值，树木种植要三五成群，疏密相间，有断有续，错落有致，务使构图生动活泼。疏林还常与草地和花卉结合，形成草地疏林和嵌花草地疏林。

项目1

裸子植物识别与应用

模块1　落叶针叶树种识别与应用

教学目标

知识目标：

◆ 掌握落叶针叶树种的形态特征、生态习性、观赏特性。

◆ 了解落叶针叶树种的园林应用。

能力目标：

◆ 识别常见的落叶针叶树种。

素质目标：

◆ 学生通过收集、整理、总结和应用相关信息资料，培养自主学习的能力。

◆ 培养学生能吃苦耐劳、实事求是、善于调研的精神，并能与组内同学分工协作，相互帮助，共同提高。

◆ 通过对落叶针叶树种不断深入地学习和认识，提高学生识别植物的能力。

能力训练

［活动］校园或公园落叶针叶树种识别

活动目的	能识别常见的落叶针叶树种，熟悉落叶针叶树种的配置形式
活动要求	正确识别树木种类
活动程序	教师现场讲解、指导学生识别
	学生分组活动，观察树木的形态，确定树木名称，记录每种树木的名称、科属、生态习性、观赏特性、园林应用 拍摄照片
	各组制作 PPT，并进行交流讨论
	考核评估：树木识别考核（口试）

1. 银杏（白果树、鸭掌树）***Ginkgo biloba* L.**（图1-1）

（1）识别要点　树高达40m。树冠广卵形，大枝斜上伸展，近轮生，雌株的大枝常较雄株的大枝开展或下垂。叶先端常二裂，有长叶柄。种子椭圆形或近球形，成熟时淡黄色或橙黄色，被白粉，有臭味，中种皮骨质，白色，具2～3条纵脊。花期3～4月；种熟期8～10月。

（2）分布　银杏是现存种子植物中最古老的种类之一，被称为“活化石”，现广泛栽培于沈阳以南、广州以北，云南、四川以东的广大地区。

（3）习性　喜光，耐干旱，不耐水涝。对土壤的适应性强，喜深厚、湿润、肥沃、排水良好的中性或酸性沙质土壤。耐寒性较强。具有一定的抗污染能力。深根性。寿命长，可达千年以上。

图1-1　银杏

（4）用途　树姿挺拔、雄伟，古朴有致；树冠浓荫如盖；叶形奇特似鸭掌；春叶嫩绿，秋叶金黄。可孤植于草坪中，丛植或混植于槭类、黄栌、乌桕等秋天红叶树种当中，列植于甬道、广场、街道两侧作行道树、庭荫树，对植于前庭入口等均极优美，也可作树桩盆景，是结合生产的好树种。

2. 金钱松 ***Pseudolarix kaempferi***（Lindl.）**Gord.**（图1-2）

（1）识别要点　落叶乔木。树高达40m。叶条形，柔软，叶长2～5.5cm，宽1.5～4mm，在长枝上螺旋状排列，在短枝上簇生，呈辐射状平展。雌雄同株，雄球花簇生于短枝顶端，雌球花单生于短枝顶端。球果卵形或倒卵形，直立，熟时淡红褐色；种鳞木质，熟时脱落，苞鳞小，不露出。种子有宽大的种翅。花期4～5月；球果10～11月成熟。

（2）分布　分布于安徽、江苏、浙江、江西、福建、湖南、湖北、四川等地。

（3）习性　喜光，喜温凉湿润气候及深厚、肥沃、排水良好的中性或酸性土壤，不耐干旱瘠薄，不适应盐碱地和长期积水地。深根性，耐寒，抗风能力强。

（4）用途　树姿优美，挺拔雄伟，雅致悦目，新叶翠绿，秋叶金黄，为珍贵的观赏树。世界五大庭园树种之一。可孤植、对植、丛植，若与阔叶树混植，并衬以常绿的灌木，效果更好。

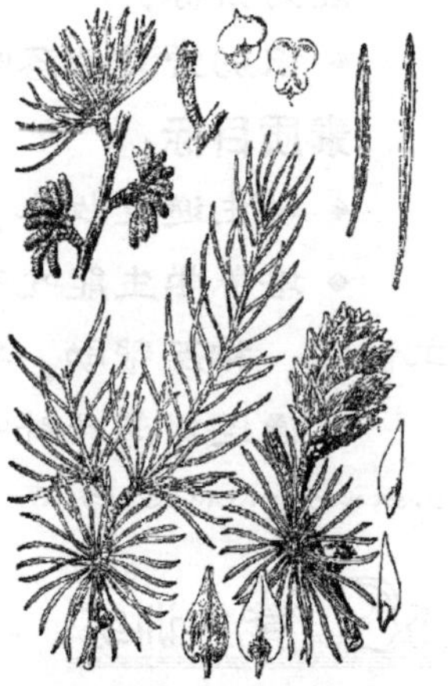

图1-2　金钱松

3. 水松 ***Glyptostrobus pensilis***（Staunt.）**Koch.**（图1-3）

（1）识别要点　落叶或半常绿乔木，树高8～16m。树干基部常膨大，常有伸出地面或水面的呼吸根，树干具扭纹。1～3年生小枝冬季保持绿色。叶互生，有三种类型：鳞形叶较小，紧贴于一年生短枝及萌生枝上，冬季宿存；条形叶和条状钻形叶较长，柔软，在小枝上各排成2～3列，冬季与小枝同时脱落。球花单生于枝顶。球果倒卵状球形，直立，种鳞木质，发育种鳞具2粒种子。种子椭圆形，微扁，种子下部具长翅。花期1～2月；球果10～11月成熟。

（2）分布 我国特有树种，产于广东、福建、广西、江西、四川、云南等地。长江流域各城市均有栽培。

（3）习性 极喜光，喜温暖湿润气候，不耐低温。最适于富含水分的冲积土，极耐水湿，不耐盐碱土。浅根性，根系发达，萌芽力强。

（4）用途 树形美丽，最适于河边、湖畔及低湿处栽植，若于湖中小岛群植数株，尤为雅致，也可作防风护堤树。

图1-3 水松

4. 水杉 *Metasequoia glyptostroboides* Hu et Cheng.（图1-4）

（1）识别要点 落叶乔木；树高达50m。干基膨大，大枝近轮生。叶条形，柔软，叶长0.8～3.5cm，宽1～2.5mm；在枝上交互对生，基部扭转排成羽状，冬季与无芽小枝同时脱落。雌雄同株，雄球花单生于叶腋和枝顶，排成总状或圆锥花序状；雌球花单生于枝顶。球果近球形，径1.6～2.5cm，熟时深褐色，下垂，种鳞木质，盾形，发育种鳞内有种子5～9粒。种子扁平，周围有翅，先端有凹缺。花期2～3月；球果10～11月成熟。

（2）分布 我国特有的古老珍稀树种，天然分布于四川石柱县、湖北利川县及湖南的龙山县和桑植县等地。新中国成立以来各地普遍引种栽培。现已成为长江中下游各地平原河网地带重要的“四旁”绿化树种之一。

（3）习性 喜光，喜温暖湿润气候，对环境条件适应性较强。在深厚肥沃的酸性土壤上生长最好；喜湿又怕涝，浅根性，生长速度快。对有毒气体抗性弱。

（4）用途 树姿优美挺拔，叶色秀丽，秋叶转棕褐色。宜在园林中丛植、列植或孤植，也可成片林植。城郊区、风景区绿化的重要树种，也可作防护林。国家一级重点保护树种。

5. 落羽杉 *Taxodium distichum*（L.）Rich.（图1-5）

（1）识别要点 落叶乔木，树高达50m。大枝水平开展，幼树树冠圆锥形，老时伞形。叶窄条形，长1～1.5cm，排成二列羽状。球果卵圆形，径2.5cm，被白粉。花期3～4月；球果10～11月成熟。

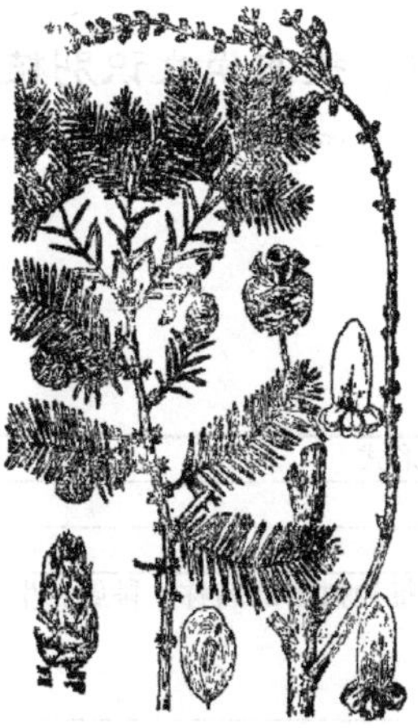
图1-4 水杉

图1-5 落羽杉及池杉

(2) 分布　原产于北美东南部沼泽地区。我国长江以南部分地区引种栽培。

(3) 习性　极喜光，耐寒性差；喜深厚、肥沃、湿润的酸性或微酸性土壤；耐水湿，不耐盐碱土；抗风力强，生长快。

(4) 用途　树形优美，枝叶秀丽婆娑，秋叶棕褐色，是观赏价值较高的园林树种。特别适于水滨、河滩、湖边、低湿草地成片栽植、孤植或丛植。

6. 池杉（池柏）*Taxodium ascendens* Brongn.

与落羽杉的主要区别是：大枝向上伸展，树冠窄尖塔形；叶多钻形，长4～10mm，螺旋状着生，紧贴小枝上，仅上部稍分离。

7. 墨西哥落羽杉 *Taxodium mucronatum* Tenore

与落羽杉的主要区别是：半常绿或常绿乔木。叶细条形扁平，长约1cm，排成紧密的羽状二列。

模块2　常绿针叶树种识别与应用

教学目标

知识目标：

◆ 掌握常绿针叶树种的形态特征、生态习性、观赏特性。

◆ 了解常绿针叶树种的园林应用。

能力目标：

◆ 识别常见的常绿针叶树种。

素质目标：

◆ 学生通过收集、整理、总结和应用相关信息资料，培养自主学习的能力。

◆ 培养学生能吃苦耐劳、实事求是、善于调研的精神，并能与组内同学分工协作，相互帮助，共同提高。

◆ 通过对常绿针叶树种不断深入地学习和认识，提高学生识别植物的能力。

能力训练

［活动］校园或公园常绿针叶树种识别

活动目的	能识别常见的常绿针叶树种，熟悉常绿针叶树种的配置形式
活动要求	正确识别树木种类
活动程序	教师现场讲解、指导学生识别
	学生分组活动，观察树木的形态，确定树木名称，记录每种树木的名称、科属、生态习性、观赏特性、园林应用 拍摄照片
	各组制作PPT，并进行交流讨论
	考核评估：树木识别现场考核（口试）

1. 苏铁（铁树，避火蕉）***Cycas revoluta* Thunb.**

（1）识别要点 树干高通常2m。羽状叶长75～200cm，羽片条形，长9～18cm，宽0.4～0.6cm，边缘显著反卷，小孢子叶球圆柱形，长30～70cm，大孢子叶球顶生，球形；大孢子叶长14～22cm，羽状分裂，胚珠2～6枚，生于大孢子叶柄的两侧。种子成熟时呈红褐色或橘红色。花期6～7月；种子10月成熟。

（2）分布 产于福建、台湾、广东。各地均有栽培，长江流域及华北地区常盆栽。

（3）习性 性喜温暖湿润气候，不耐严寒，低于0℃即受害。生长缓慢，寿命长达200余年。在华南地区10年以上树龄者，每年能开花。

（4）用途 树形古朴，主干粗壮坚硬，叶形似羽毛，四季常青，落叶痕斑似鱼鳞，为重要观赏树种。常植于花坛中心，孤植或丛植于草坪一角，对植于门口两侧；也可作大型盆栽，用来装饰居室，布置会场。羽叶是插花的好材料。

2. 日本五针松（日本五须松）***Pinus parviflora* Sieb. et Zucc.**

（1）识别要点 树高25m。树冠圆锥形，一年生小枝淡褐色，密生淡黄色柔毛。叶5针一束，长3.5～5.5cm，较细短，基部叶鞘脱落。球果小，长7～7.5cm，卵圆形，熟时淡褐色，种子无翅。花期4～5月；球果翌年6月成熟。

（2）分布 原产于日本，我国长江流域部分城市及青岛等地园林中有栽培。

（3）习性 喜光，但也能耐荫，以深厚、排水良好的微酸性土壤最适宜，不耐低湿及高温。生长速度缓慢。

（4）用途 珍贵的园林观赏树种之一。宜与山石配置形成优美的园景。可孤植为主景，也可对植于门庭建筑物两侧。适宜制作各类盆景。

3. 白皮松（白骨松、虎皮松）***Pinus bungeana* Zucc. ex Endl.**（图1-6）

（1）识别要点 树高达30m。树冠阔圆锥形，幼树树皮灰绿色，平滑。老树树皮灰褐色，薄鳞片状脱落，内皮乳白色；小枝灰绿色，无毛。叶3针一束，粗硬，叶鞘早落。球果圆锥状卵圆形；鳞盾多为菱形，横脊显著，鳞脐背生，有三角状的短尖刺。种子有短翅。花期4～5月；球果翌年9～11月成熟。

（2）分布 我国特产树种，是东亚唯一的三针松，分布于陕西、山西、河南、河北、山东、四川、湖北、甘肃等省。

（3）习性 喜光，幼年稍耐荫。适生于干冷气候，不耐湿热。在深厚、肥沃的钙质土或黄土上生长良好，不耐积水和盐碱土，耐干旱。深根性，生长慢，寿命长。对二氧化硫及烟尘抗性较强。

（4）用途 树姿优美，苍翠挺拔，树皮斑驳奇特，碧叶白干，宛若银龙，独具奇观。我国自古以来就将其用于宫廷、寺院以及名园之中。可对植、孤植、列植或群植成林。

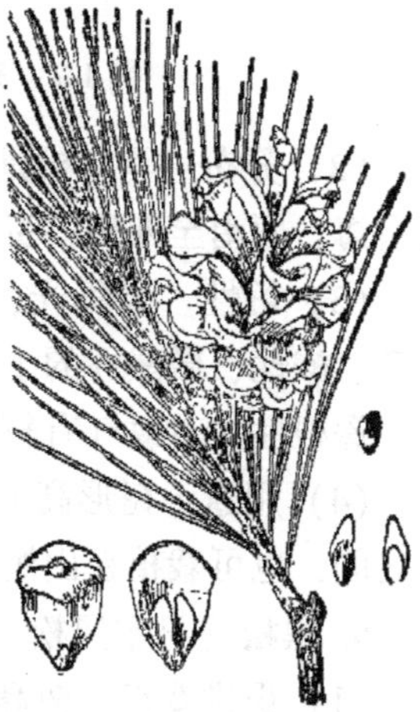

图1-6 白皮松

4. 赤松（日本赤松）***Pinus densiflora* Sieb. et Zucc.**（图1-7）

（1）识别要点 树高达30m，树冠圆锥形或扁平伞形。树皮橙红色，小枝淡橘红色，微被白粉。叶2针一束，长5～12cm，细而较软，叶鞘宿存。球果圆锥状卵形或卵圆形，有短柄；种鳞较薄，鳞盾扁菱形，较平坦，横脊微隆起；鳞脐平或微凸起，常有短刺。种翅长达1.5cm。花期4~5月；球果翌年9~10月成熟。

(2) 分布　产于江苏、华北沿海低山区、山东半岛及辽东半岛、吉林、黑龙江。

(3) 习性　极喜光，适生于温带沿海山区或平地。喜酸性或中性排水良好土壤，在石灰质沙地及多湿处生长略差，在黏重土壤上生长不良。不耐盐碱，深根性，抗风力强。

(4) 用途　可在草坪上孤植，门庭 、入口两侧对植，风景区成片种植，在瀑口、溪流、池畔及树林内群植，或与黄栌、槭树类混植。

5. 马尾松 ***Pinus massoniana*** **Lamb.** （图1-8）

(1) 识别要点　树高达45m，树冠壮年期狭圆锥形，老年期伞状。叶2针一束，细软，长12~20cm，叶鞘宿存。球果卵圆形，熟时栗褐色；鳞盾菱形，平或微隆起，微具横脊，鳞脐微凹常无刺。种子有长翅。花期4~5月；球果翌年10~12月成熟。

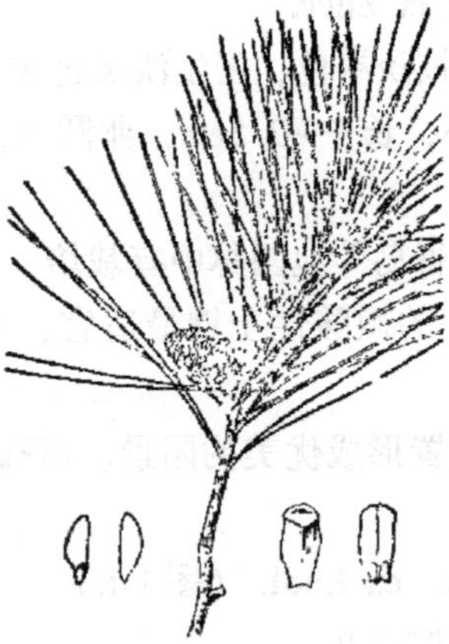

图1-7　赤松

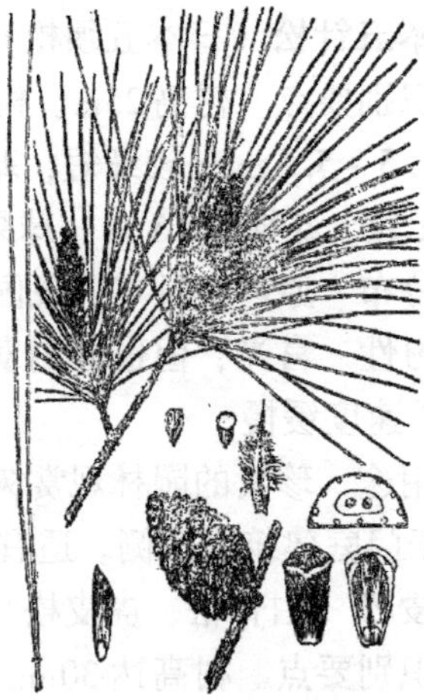

图1-8　马尾松

(2) 分布　马尾松是我国分布最广、数量最多的一种松树。北自河南、山东南部，东起沿海，西南至四川、贵州，遍布于华中、华南各地。

(3) 习性　极喜光，喜温暖湿润的气候，耐寒性差。对土壤要求不严，喜土层深厚、肥沃、酸性、微酸性的土壤。在钙质土、黏重土上生长不良。耐干旱瘠薄，不耐水涝及盐碱土。深根性。对氯气有较强的抗性。

(4) 用途　树形高大雄伟，树冠如伞，姿态古奇。适于孤植或丛植在庭前、亭旁、假山之间，也可栽植在山涧、岩际、池畔及道旁。

6. 黑松（日本黑松、白芽松）***Pinus thunbergii*** **Parl.** （图1-9）

(1) 识别要点　树高达35m。冬芽圆柱形，银白色。叶2针一束，粗硬，叶鞘宿存。球果圆锥状卵形至圆卵形，有短柄，熟时褐色；鳞盾微肥厚，横脊显著，鳞脐凹下，有短尖刺。种子有长翅。花期4~5月；球果翌年9~10月成熟。

(2) 分布　原产于日本及朝鲜。我国山东沿海、辽东半岛、江苏、浙江、安徽、福建、台湾等地均有栽培。

(3) 习性　喜光，喜温暖湿润的海洋性气候。耐干旱瘠薄及盐碱，不耐积水。以排水良好、适当湿润、富含腐殖质的中性壤土生长最好。极耐海潮风、海雾。深根性。对二氧化硫和氯气抗性强。

（4）用途 著名的海岸绿化树种，可作防风、防潮、防沙林带及海滨浴场附近的风景林、行道树或庭荫树。姿态古雅，易盘扎造型，是制作树桩盆景的好材料。可用于厂矿绿化。

7. 湿地松 *Pinus elliottii* Engelm.（图1-10）

（1）识别要点 在原产地树高达40m。树冠圆形。叶2针、3针一束并存，长18～30cm，粗硬，叶鞘宿存，长1.2cm。球果鳞盾肥厚，鳞脐瘤状，具短尖刺。种子有翅，但易脱落。花期2～4月；球果翌年9～11月成熟。

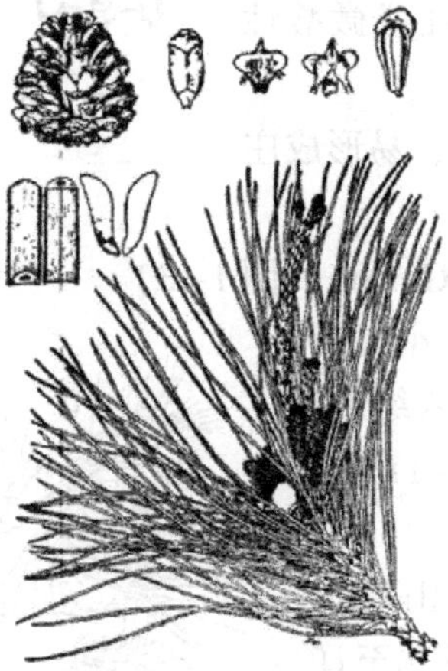
图1-9 黑松

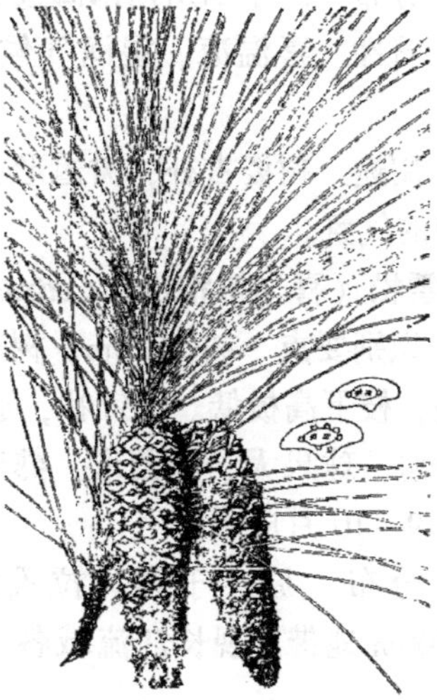
图1-10 湿地松

（2）分布 原产于美国东南部。我国20世纪30年代开始引栽，现在长江以南各地广为栽种。

（3）习性 极喜光，适应性强。适生于中性至强酸性土壤。耐水湿，可生长在低洼沼泽地、湖泊、河边，故名湿地松。深根性，抗风力强。

（4）用途 在园林中可孤植、列植、丛植。

8. 黄山松（台湾松）***Pinus taiwanensis* Hayata**（图1-11）

（1）识别要点 树高达30m。老树冠呈广卵形。冬芽褐色或栗褐色。叶2针一束，长5～13cm（多为7～10cm），稍粗硬；叶鞘宿存。球果卵圆形，熟时栗褐色；鳞盾扁菱形，稍肥厚隆起，横脊显著，鳞脐有短刺。种子具翅。花期4～5月；球果翌年10月成熟。

（2）分布 我国特有树种。分布于台湾、福建、浙江、安徽、江西、湖南、湖北、河南、贵州等省。

（3）习性 极喜光，喜凉润的高山气候，在空气相对湿度较大、土层深厚、排水良好的酸性黄壤土上生长良好。深根性，抗风雪。

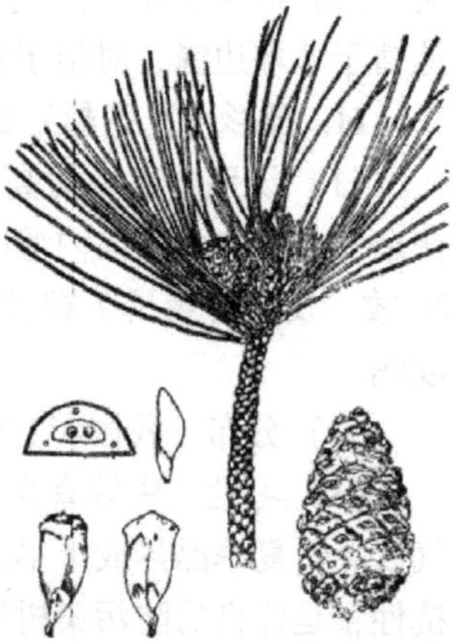
图1-11 黄山松

（4）用途 树姿雄伟，极为美观。适于自然风景区成片栽植。园林中可植于岩际、道旁，或聚或散，或与枫、栎混植。可作树桩盆景。

9. 冷杉（塔杉）***Abies fabri***（Mast.）**Craib**（图1-12）

（1）识别要点　树高达40m。树冠尖塔形。树皮深灰色，呈不规则的薄片状开裂。一年生枝淡褐色或灰黄色。凹槽内有疏生短毛或无毛。叶长1.5～3cm，先端微凹或钝，边缘反卷或微反卷。球果卵状圆柱形或短圆柱形，熟时暗蓝黑色，略被白粉。种子长椭圆形，与种翅近等长。花期5月；球果10月成熟。

（2）分布　产于四川西部海拔2000～4000m的高山地带。

（3）习性　喜温凉、湿润气候，耐荫性强；喜中性或微酸性土壤。

（4）用途　树姿古朴，树冠形状优美。丛植、群植，易形成庄严、肃静的气氛。

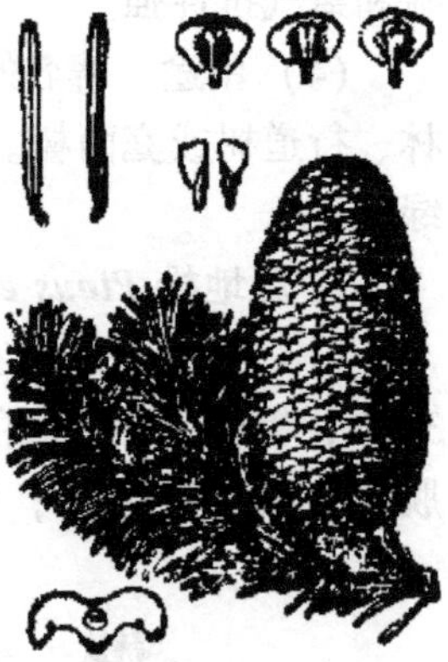

图1-12　冷杉

10. 雪松（喜马拉雅松）***Cedrus deodara***（Roxb.）**G. Don**（图1-13）

（1）识别要点　树高70m。树冠塔形。大枝平展，小枝细长微下垂，枝下高极低。叶针状，通常三棱形，坚硬，灰绿色，幼时被白粉，球果大，卵圆形，熟时红褐色。花期10～11月；球果翌年9～10月成熟。

（2）分布　原产于喜马拉雅山西部及喀喇昆仑山海拔1200～3300m地带。现长江流域各大城市多有栽植，最北至辽宁大连。

（3）习性　喜光，稍耐荫，喜温暖湿润气候，适宜在深厚、肥沃、疏松、排水良好的微酸性土壤上生长，不耐水湿，在盐碱土上生长不良。浅根性，抗风性弱。不耐烟尘，对氟化氢、二氧化硫反应极为敏感，受害后叶迅速枯萎脱落，严重时导致树木死亡。可作大气监测树种。

（4）用途　树体高大雄伟，树形优美，为世界著名的观赏树。最宜孤植于草坪、花坛中央、建筑前庭中心、广场中心，丛植于草坪边缘，对植于建筑物两侧及园门入口处。列植于干道、甬道两侧极为壮观。

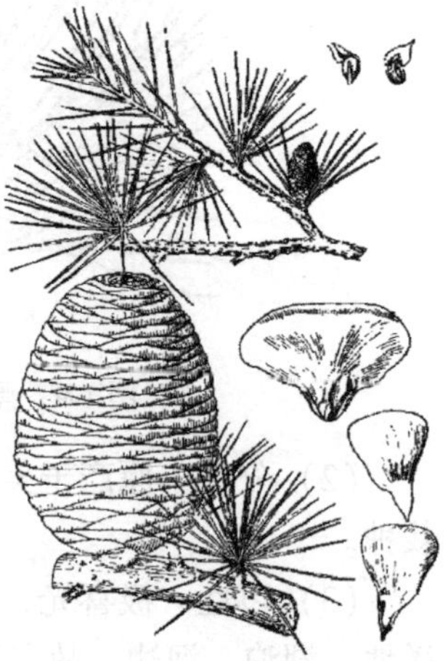

图1-13　雪松

11. 柳杉（孔雀杉）***Cryptomeria fortunei*** **Hooibrenk ex Otto et Dietr.**（图1-14）

（1）识别要点　树高达40m。树冠塔圆锥形。大枝近轮生，小枝常下垂。叶钻形，两侧扁，先端尖而微向内弯曲，长1～1.5cm，全缘，基部下延生长。球果近圆球形，种鳞约20枚，发育种鳞具2粒种子。种子近椭圆形，褐色，周围有窄翅。花期4月；球果10月成熟。

（2）分布　我国特有树种，产于长江流域以南至广东、广西、云南、贵州、四川等地。

（3）习性　中等喜光，略耐荫。喜温暖湿润、空气湿度大、云雾弥漫、夏季较凉爽的气候。怕夏季酷热或干旱。在积水处易烂根。浅根性。对二氧化硫、氯气、氟化氢均有一定抗性，是优良的防污染树种。

（4）用途　树形圆整而高大，树干粗壮，极为雄伟。适于孤植、对植、列植，也适于丛植或群植。自古以来常将其用作墓道和风景林树种。

12. 侧柏（扁桧、扁柏）***Platycladus orientalis*（L.）Franco**（图1-15）

（1）识别要点　树高达20m。小枝扁平成一平面，两面同形，斜上展，不下垂。鳞叶长1~3mm，先端微钝，背面有腺点。雌雄同株，球花单生于小枝顶端；雄球花有6对雄蕊；雌球花有4对珠鳞。球果卵圆形，长1.5~2.5cm，熟时红褐色，开裂，种鳞木质、厚，背部近顶端有一反曲的钩状尖头，发育种鳞内有1~2粒种子。种子长卵圆形，无翅。花期3~4月；球果9~10月成熟。

图1-14　柳杉

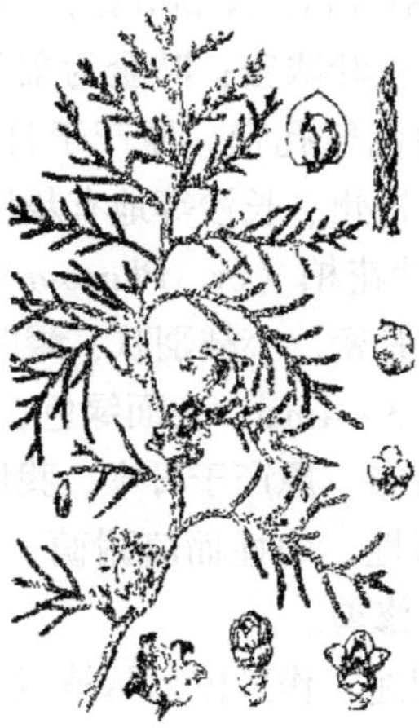

图1-15　侧柏

常见栽培变种如下：

1）千头柏（cv. *Siebodldii*）：丛生灌木，无明显主干，高3~5m，枝密生，直伸，树冠呈紧密的卵圆形或球形。叶绿色。

2）金塔柏（金枝侧柏）（cv. *Beverleyensis*）：小乔木，树冠窄塔形，叶金黄色。

3）洒金千头柏（金枝千头柏）（cv. *Aurea*）：矮生密丛，树冠圆形至卵形，高1.5m。叶淡黄绿色，入冬略转褐绿色。

4）金黄球柏（金叶千头柏）（cv. *Semperaurescens*）：矮型紧密灌木，树冠近球形，高达3m。叶全年金黄色。

（2）分布　侧柏产于我国北部及西南部，栽培遍及全国。

（3）习性　喜光，喜温暖湿润气候，喜深厚、肥沃、湿润、排水良好的钙质土壤，但在酸性、中性或微盐碱土上均能生长，抗盐性很强。耐旱，较耐寒。浅根性，侧根发达，萌芽性强，耐修剪；生长偏慢，寿命极长，可达两千年以上。对二氧化硫、氯化氢等有害气体有一定的抗性。

（4）用途　侧柏是我国广泛应用的园林树种之一，自古以来多将其栽于庭园、寺庙、墓地等处。在园林中需成片种植时，以与圆柏、油松、黄栌、臭椿等混交为佳。可用于道旁庇荫或作绿篱，也可用于工厂和“四旁”绿化。常用作花坛中心植物，也可用来装饰建筑、雕塑、假山石或对植于入口两侧。

13. 日本花柏（花柏）***Chamaecyparis pisifera***（Sieb. et Zucc.）**Endl.**（图 1-16）

（1）识别要点　树高达 50m。树冠尖塔形。鳞叶表面暗绿色，下面明显有白粉，先端锐尖，略开展。球果圆球形，径约 6mm，种鳞 5～6 对。花期 3 月；球果 11 月成熟。

常见栽培变种如下：

1）线柏（cv. *Filifera*）：灌木或小乔木，树冠球形；小枝细长而下垂，鳞形叶小，先端锐尖。原产于日本。我国江西庐山、南京、杭州等地引种栽培，生长良好。

2）绒柏（cv. *Squarrosa*）：灌木或小乔木，树冠塔形；大枝斜展，枝叶浓密；叶全为柔软的条形刺叶，先端尖，下面有 2 条白色气孔带。原产于日本。我国江西庐山、南京、安徽黄山、杭州、长沙等地有栽培。

3）羽叶花柏（cv. *Plumosa*）：小乔木，高 5m；树冠圆锥形；枝叶紧密，小枝羽状，鳞叶较细长，开展，稍呈刺状，但质软，长 3～4mm，表面绿色，背面粉白色。

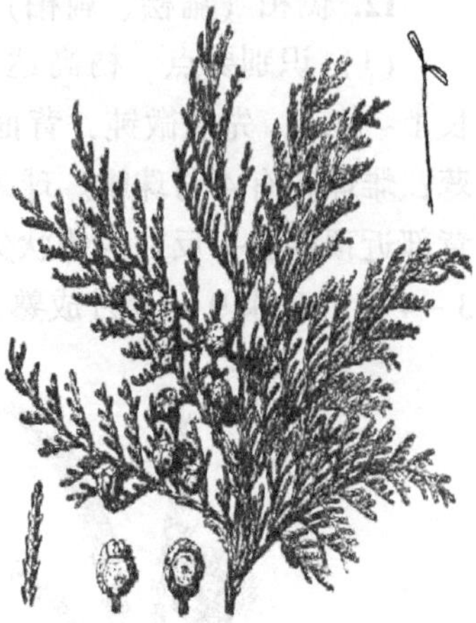

图 1-16　日本花柏

（2）分布　原产于日本。我国青岛、江西庐山、南京、上海、杭州等地有栽培。

（3）习性　中性而略耐荫，喜温暖湿润气候，喜湿润土壤。适应平原环境能力较强，较耐寒，耐修剪。

（4）用途　作孤植、丛植或绿篱用。枝叶纤细，优美秀丽，特别是栽培品种具有独特的姿态，有较高的观赏价值。

14. 日本扁柏（扁柏）***Chamaecyparis obtusa***（Sieb. et Zucc.）**Endl.**（图 1-17）

（1）识别要点　在原产地高达 40m。树冠尖塔形。鳞叶背面微有白粉，肥厚，先端较钝，紧贴小枝。球果圆形，径 0.8～1cm，种鳞 4 对。花期 4 月；球果 10～11 月成熟。

常见栽培变种如下：

1）云片柏（cv. *Breviramea*）：小乔木，高达 5m；树冠窄塔形。生鳞叶的小枝呈云片状。原产于日本。我国江西庐山、南京、上海、杭州等地引种观赏。

2）凤尾柏（cv. *Filicoides*）：丛生灌木，小枝短，末端鳞叶枝短，扁平，在主枝上排列紧密，外观像凤尾蕨状；鳞叶小而厚，顶端钝，背具脊，常有腺点。我国江西庐山、南京、杭州等地栽培观赏。生长缓慢。

3）孔雀柏（cv. *Tetragona*）：灌木或小乔木；枝近直展，生鳞叶的小枝辐射状排列，或微排成平面，短，末端鳞叶枝四棱形；鳞叶背部有纵脊，叶亮金黄色。

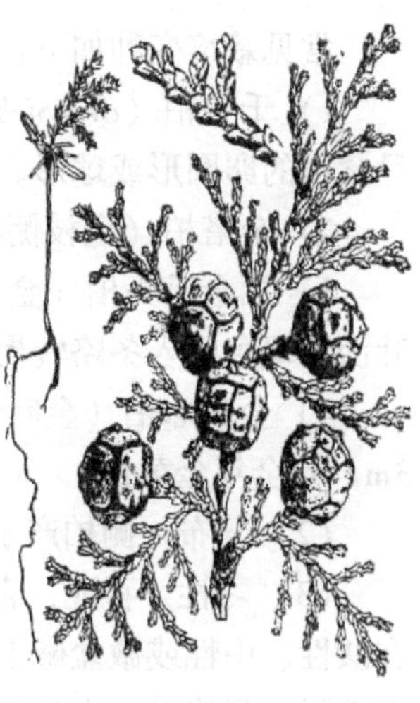

图 1-17　日本扁柏

（2）分布　原产于日本。我国青岛、上海、河南、浙江、广东、广西、江西庐山、南京、杭州、台湾等地引种栽培。

（3）习性　中等喜光，略耐荫。喜温暖湿润气候，在肥沃、湿润、排水良好的中性或微酸性沙土上生长最佳。

（4）用途　树形及枝叶均美丽可观，许多品种具有独特的枝形或树形。可作园景树、行道树，可丛植、群植、列植或作绿篱用。

15. 柏木（垂丝柏、柏树）***Cupressus funebris* Endl.**（图1-18）

（1）识别要点　树高35m。树冠圆锥形。生鳞叶的小枝扁平，两面同型，细软下垂。鳞叶小，先端锐尖，叶背中部有纵腺点。球果近球形，径0.8～1.2cm，种鳞4对，发育种鳞内具5～6粒种子。花期3～5月；球果翌年5～6月成熟。

（2）分布　广布于长江流域各省地，南达广东、广西，西至甘肃、陕西，以四川、湖南、贵州栽植最多。

（3）习性　喜光，稍耐荫，喜温暖湿润气候，不耐寒，最适于深厚肥沃的钙质土壤。耐干旱瘠薄，又略耐水湿。亚热带地区石灰岩山地钙质土的指示树种。浅根性，萌芽力强，耐修剪，抗有毒气体能力强。寿命长。

（4）用途　树姿秀丽清雅。可孤植、丛植、群植，适于风景区成片栽植，也可对植、列植于园路及庭园入口两侧。

图1-18　柏木

16. 福建柏（建柏）***Fokienia hodginsii* Henry et Thomas**（图1-19）

（1）识别要点　树高达20m。三出羽状分枝。叶、枝扁平，排成一平面。鳞叶二型，中央的叶较小，两侧的鳞叶较长，长3～6mm，明显成节，上面绿色，下面被白粉。雌雄同株，球果翌年成熟，种鳞6～8对，木质，盾形，顶部中间微凹，有小凸起尖头，熟时开裂，种脐明显，上部有两个大小不等的翅。花期3～4月；球果翌年10～11月成熟。

（2）分布　产于浙江、福建、江西、湖南、广东、广西、贵州、四川、云南等地。

（3）习性　喜光，稍耐荫，适生于温暖湿润气候，在肥沃、湿润的酸性或强酸性黄壤土上生长良好，较耐干旱瘠薄。浅根性。

（4）用途　树干挺拔雄伟，鳞叶紧密，蓝白相间，奇特可爱。在园林中片植、列植、混植或孤植于草坪，也可盆栽作桩景。国家二级保护树种。

图1-19　福建柏

17. 圆柏（桧柏、刺柏）***Sabina chinensis*（L.）Ant.**（图1-20）

（1）识别要点　树高达20m。干有时呈扭转状；树冠尖塔形或圆锥形，老树则成广圆形。叶二型，幼树全为刺形叶，3枚轮生；老树多为鳞形叶，交叉对生；壮龄树则刺形叶与鳞形叶并存。球果近球形，熟时暗褐色，被白粉，不开裂。内有种子1～4粒。花期4月；球果翌年10～11月成熟。

常见栽培变种如下：

1）偃柏（var. *sargentii*（Henry）Cheng et L. K. Fu）：野生变种，匍匐灌木，小枝上伸，成密丛状，树高0.6～0.8m。老树多鳞形叶，幼树刺形叶，交叉对生，排列紧密。球果带蓝色，被白粉，内具种子3粒。

2）龙柏（cv. *Kaizuka*）：树冠柱状塔形，侧枝短而环抱主干，端梢扭曲斜上展，形似龙“抱柱”；小枝密，全为鳞形叶，密生，幼叶淡黄绿色，后呈翠绿色。球果蓝黑色，微被白粉。

3）金球桧（cv. *Aureaglobosa*）：丛生灌木，树冠近球形，枝密生；叶多为鳞形叶，在绿叶丛中杂有金黄色枝叶。

4）球柏（cv. *Globosa*）：丛生灌木，树冠近球形，枝密生；叶多为鳞形叶，间有刺叶。

5）匍地龙柏（cv. *Kaizuca procumbens*）：植株无直立主干，枝就地平展。

6）鹿角桧（cv. *Pfitzeriana*）：丛生灌木，干枝自地面向四周斜上伸展。

7）塔柏（cv. *Pyramidalis*）：树冠圆柱状或圆柱状尖塔形；枝密生，向上直展；叶多为刺形，稀间有鳞叶。

图 1-20　圆柏

（2）分布　产于东北南部及华北各省，长江流域至广东、广西北部，西南各省区。

（3）习性　喜光，幼树耐庇荫，喜温凉气候，较耐寒。在酸性、中性及钙质土上均能生长，但以深厚、肥沃、湿润、排水良好的中性土壤生长最佳。耐干旱瘠薄，深根性，耐修剪，易整形，寿命长。对二氧化硫、氯气和氟化氢等多种有毒气体抗性强，阻尘和隔声效果良好。

（4）用途　树形优美，青年期呈整齐的圆锥形，老年则干枝扭曲，奇姿古态，可独成一景。多配置于庙宇、陵墓作甬道树和纪念树。宜与宫殿式建筑相配合，能起到相互呼应的效果。可群植、丛植、作绿篱或用于工矿区绿化。应用时应注意勿在苹果园及梨园附近栽植，以免锈病猖獗。根据树形，可对植、列植、中心植或作盆景、桩景等用。

18. 铺地柏（爬地柏）***Sabina procumbens***（Endl.）**Iwata et Kusaka**

（1）识别要点　匍匐小灌木，高达 75cm。枝梢及小枝向上斜展。叶全为刺形，3 枚轮生，上面凹，有两条上部汇合的白粉气孔带，下面蓝绿色，叶基下延生长。球果近圆球形，熟时黑色，外被白粉；种子 2～3 粒，有棱脊。

（2）分布　原产于日本。北京、天津、山东、河南、上海、南京、江西庐山、杭州、青岛、昆明等地有引种栽培。

（3）习性　喜光；喜海滨气候及肥沃的石灰质土壤，不耐低湿。耐寒，萌芽力强。

（4）用途　姿态蜿蜒匍匐，色彩苍翠葱茏，是理想的地被植物。在园林中可配置在悬崖、假山石、斜坡、草坪角隅，群植、片植，创造大面积平面美。可盆栽，悬垂倒挂，古雅别致。

19. 铅笔柏（北美圆柏）***Sabina virginiana***（L.）**Ant.**

（1）识别要点　在原产地树高达 30m。树冠柱状圆锥形，刺叶交互对生，不等长，上面凹，被白粉，生鳞叶小枝细，先端尖。球果近球形或卵圆形，熟时蓝绿色，被白粉。内有种子 1～2 粒。花期 3 月；球果 10 月成熟。

（2）分布　原产于北美，我国华东地区引种栽培。

（3）习性　喜温暖，适应性强，能在酸性土、轻碱土及石灰岩山地生长，抗锈病能力强，对二氧化硫及其他有害气体抗性较强。

（4）用途　树形挺拔，枝叶清秀。宜在草坪中群植、孤植，也可列植于甬道两侧。在大片水杉、池杉林中成丛散植，既可以增加层次感，又可以避免冬季萧条。

20. 刺柏（刺松、山刺柏）***Juniperus formosana*** **Hayata**（图1-21）

（1）识别要点　树高达12m。树冠窄塔形或圆柱形。小枝稍下垂。叶条状刺形，长1.2～2cm，先端渐尖，具锐尖头，上面微凹，中脉绿色，两侧各有一条白色气孔带。球果径6～10mm，熟时淡红褐色，被白粉或脱落。花期3月；球果翌年10月成熟。

（2）分布　东起台湾，西至西藏，西北至甘肃、青海，长江流域各地普遍分布。

（3）习性　喜光，适应性广，耐干瘠，常出现于石灰岩上或石灰质土壤中。

（4）用途　其枝条斜展，小枝下垂，树冠塔形或圆柱形，姿态优美，适于庭园和公园中对植、列植、群植，也可作水土保持林树种。

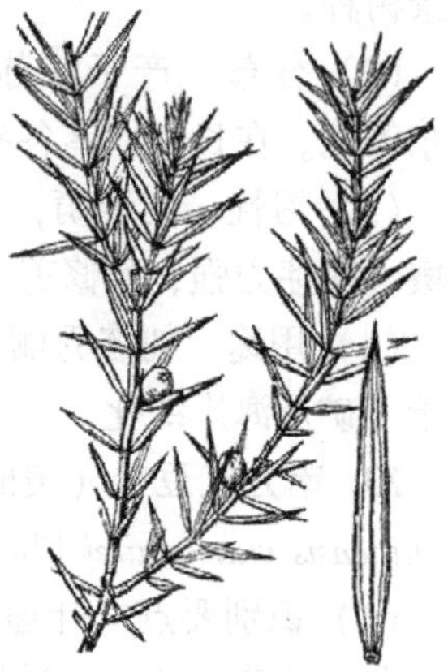

图1-21　刺柏

21. 竹柏（猪油木、罗汉柴）***Negeia nagi***（Thunb.）**O. Kuntge.**（图1-22）

（1）识别要点　树高20m。树冠广圆锥形，树皮平滑。叶卵形至椭圆状披针形，长3.5～9cm，似竹叶。种子球形，径1.4cm，熟时假种皮紫黑色，被白粉。花期3～5月；种子9～10月成熟。

（2）分布　产于浙江、江西、湖南、四川、台湾、福建、广东、广西等地。

（3）习性　耐荫树种，喜温暖湿润气候，适生于深厚、肥沃、疏松的酸性沙质土壤，在贫瘠干旱土壤上生长极差。不耐修剪、不耐移植。种子忌暴晒。

（4）用途　树冠浓郁，树形美观，枝叶青翠而有光泽，四季常青。适宜在建筑物门庭入口、园路两边配置，还可丛植于林缘、池畔及疏林草地，是良好的庭荫树和行道树，也是城乡“四旁”绿化的优良树种。

图1-22　竹柏

22. 罗汉松（土杉）***Podocarpus macrophyllus***（Thunb.）**D. Don**（图1-23）

（1）识别要点　树高达20m。树冠广卵形。树皮浅纵裂，枝叶稠密。叶条状披针形，长7～12cm，螺旋状排列，先端尖，基部楔形，两面中脉明显。种子卵圆形，长约1cm，熟时紫色，被白粉，肉质种托短柱状，红色或紫红色，有柄。花期4～5月；种子8月成熟。

常见栽培变种如下：

1）狭叶罗汉松（var. *angustifolius* Bl.）：灌木或小乔木。叶较窄，长5～9cm，宽3～6mm，先端渐窄成长尖头。

2）短叶罗汉松（var. *maki*（Sieb.）Endl.）：小乔木或成灌木状，枝条向上斜展。叶短而密生，长2.5～7cm，宽3～7mm，先端

图1-23　罗汉松

钝或圆。

3）小叶罗汉松（珍珠罗汉松）（var. *maki f. condensatus* Makin）：叶特短小，为珍贵的桩景树种。

（2）分布　产于江苏、浙江、福建、安徽、江西、湖南、四川、云南、贵州、广西、广东等地。在长江以南各省均有栽培。

（3）习性　耐半荫，喜温暖湿润气候，耐寒性较差，喜肥沃、湿润、排水良好的沙质土壤。萌芽力强，耐修剪，对有毒气体及病虫害均有较强的抗性。寿命长。

（4）用途　树姿秀丽葱郁。可孤植于庭园或对植、列植于建筑物前，也可作盆景观赏。适于工矿及海岸绿化。

23. 南方红豆杉（美丽红豆杉）***Taxus mairei*** (Lemee et Levl.) **S. Y. Hu ex Liu.** (*Taxus chinensis* var. *mairei* Cheng et L. K. Fu)

（1）识别要点　叶通常较宽、较长，多呈弯镰状，长2~3.5cm，宽3~4.5mm，叶缘不反曲，叶背绿色，边带较宽，中脉带上凸点较大，呈片状分节，或无凸点。种子卵形或倒卵形，微具二纵棱脊。

（2）分布　分布于长江流域以南各省。喜气候较温暖多雨的地方。

（3）习性　耐荫树种，喜阴湿环境。喜温暖湿润的气候。自然生长在山谷、溪边、缓坡腐殖质丰富的酸性土壤中，中性土、钙质土也能生长。耐干旱瘠薄，不耐低洼积水。很少有病虫害，生长缓慢，寿命长。

（4）用途　红豆杉是第三世纪冰川遗留植物，被称为植物王国里的“活化石”，因其资源稀少，被列为世界珍稀树种加以保护。红豆杉集药用、材用、观赏于一体，具有极高的开发利用价值。从红豆杉树皮和枝叶中提取的紫杉醇是世界上公认的抗癌药。南方红豆杉枝叶浓郁，树形优美，种子成熟时果实满枝逗人喜爱。适合在庭园一角孤植点缀，也可在建筑背阴面的门庭或路口对植，或在山坡、草坪边缘、池边、片林边缘丛植。

24. 榧树（玉榧、野杉）***Torreya grandis*** **Fort. et Lindl.**（图1-24）

（1）识别要点　树高达25m。树冠广卵形。一年生小枝绿色。叶条形直伸，叶上面绿色，有光泽，中脉不明显，叶下面有两条黄白色气孔带。种子椭圆形或卵圆形，成熟时假种皮淡紫褐色，外被白粉。花期4月；种子翌年10月成熟。

（2）分布　我国特有树种。产于江苏、浙江、福建、江西、贵州、安徽及湖南等地。

（3）习性　耐荫性树种。喜温暖、湿润、凉爽、多雾气候；不耐寒，宜深厚、肥沃、排水良好的酸性或微酸性土壤。在干旱瘠薄、排水不良、地下水位较高的地方生长不良。寿命长，抗烟尘。

（4）用途　树冠圆整，枝条繁密。适于孤植、列植、对植、丛植、群植。可作主景树，也可作背景树，为我国特有的观赏兼干果树种，可园林结合种子生产栽植。

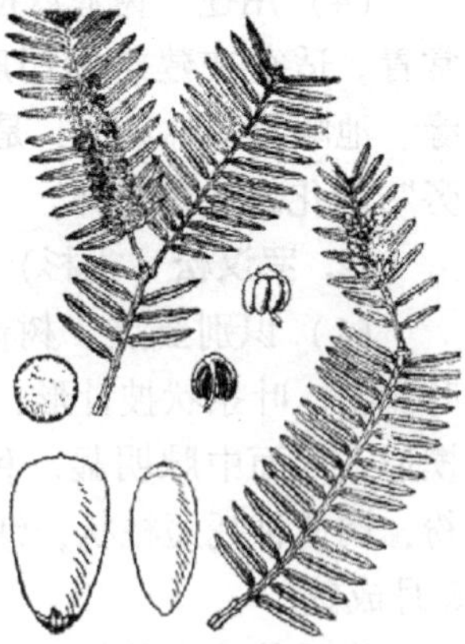

图1-24　榧树

思考训练

1. 相近种识别：水杉、落羽杉、池杉
   马尾松、湿地松、黑松
   侧柏、北美香柏
   日本扁柏、日本花柏
2. 水杉、落羽杉、池杉的配置方式。
3. 日本五针松、湿地松的配置方式。

项目2

被子植物识别与应用

模块1 园林树木主要科的识别

教学目标

知识目标：

◆ 掌握被子植物主要科的主要特征、识别要点。

◆ 了解被子植物主要科分属、各属分种。

能力目标：

◆ 识别各科常见树种。

素质目标：

◆ 学生通过收集、整理、总结和应用相关信息资料，培养自主学习的能力。

◆ 培养学生能吃苦耐劳、实事求是、善于调研的精神，并能与组内同学分工协作，相互帮助，共同提高。

◆ 通过对被子植物主要科的不断深入地学习和认识，提高学生识别植物的能力。

能力训练

［活动］被子植物主要科的特征识别

活动目的	能掌握被子植物主要科的特征
活动要求	正确识别树木种类，编制分属、分种检索表
活动地点	校园或公园
活动程序	教师现场讲解、指导学生识别
	学生分组活动，观察树木的形态、确定树木名称，记录科的识别要点，每种树木的名称、科属、生态习性、观赏特性、园林应用 拍摄照片
	编制分属、分种检索表 各组制作 PPT，并进行交流讨论
	考核评估：被子植物主要科的识别要点（口试）

一、木兰科 Magnoliaceae

乔木或灌木，稀藤本，常绿或落叶。单叶互生，全缘，稀浅裂。托叶大，包被幼芽，脱落后在枝上留有环状托叶痕，花两性或单性，单生，萼片 3，常为花瓣状，花瓣 6 或更多，稀缺乏；雄蕊多数，螺旋状排列，心皮多数离生，螺旋状排列，蓇葖果、蒴果或浆果，稀为带翅坚果。

本科共 14 属，250 种，产于亚洲和北美的温带至热带。中国约 11 属 90 种。

分属检索表

1. 叶全缘；聚合蓇葖果
  2. 花顶生，雌蕊群无柄
    3. 每心皮具 2 枚胚珠
      4. 叶柄有托叶痕，雌蕊群无柄 …………………… 木兰属
      4. 叶柄无托叶痕，雌蕊群具短柄 …………………… 拟单性木兰属
    3. 每心皮具 4 枚以上胚珠 …………………… 木莲属
  2. 花腋生，雌蕊群明显具柄
    5. 心皮部分不发育，分离 …………………… 含笑属
    5. 心皮全部发育，合生或部分合生 …………………… 观光木属
1. 叶有裂片；聚合带翅坚果 …………………… 鹅掌楸属

1. 木兰属 *Magnolia* Linn.

乔木或灌木，落叶或常绿。单叶互生，全缘，稀叶端 2 裂，托叶与叶柄相连并包裹嫩芽，脱落后在枝上留下环状托叶痕。花两性，常大而美丽，单生枝顶，萼片 3，常花瓣状，花瓣 6 ~ 12，雄蕊、雌蕊均多数，螺旋状着生于伸长的花托上。蓇葖果聚合成球果状，各具 1 ~ 2 粒种子。种子有红色假种皮，成熟时悬挂于丝状种柄上。

本属约有 90 种；中国约 30 种。花大而美丽，芳香，多数为观赏树种。

分种检索表

1. 花先叶开放或花叶同放
  2. 花叶同放；萼片 3，绿色，披针形，长约为花瓣的 1/3，花瓣 6，紫色 …………………… 木兰
  2. 花先叶开放
    3. 萼片与花瓣相似，共 9 片，纯白色 …………………… 玉兰
    3. 萼片 3，花瓣状，其长度为花瓣之半或近等长；花瓣 6，外面略呈玫瑰红色，内面白色 …………………… 二乔玉兰
1. 花于叶后开放
  4. 落叶性
    5. 叶较大，长 15cm 以上，侧脉 20 ~ 30 对
      6. 叶端圆钝 …………………… 厚朴
      6. 叶端凹入成二浅裂状 …………………… 凹叶厚朴
    5. 叶较小，长 6 ~ 12cm，侧脉 6 ~ 8 对 …………………… 天女花
  4. 常绿性
    7. 叶背粉白色，托叶痕延至叶柄顶部 …………………… 山玉兰

7. 叶背密被锈褐色绒毛，叶柄上无托叶痕 ………………………………………………………… 广玉兰

2. 拟单性木兰属 *Parakmeria* Hu et Cheng

常绿乔木，全体无毛。托叶不连生于叶柄上。花单生枝顶，雄花与两性花异株，花被片约12片，雄花的雄蕊10～30枚，花药室内向开裂，两性花的雄蕊群与雄花相同，雌蕊约10～20枚，雌蕊群具柄明显，心皮发育时全部互相愈合。聚合果之蓇葖沿背缝及顶端开裂。种子2粒。

本属约有6种，我国5种，分布于东南至西南部。

3. 木莲属 *Manglietia* Bl.

常绿乔木。花顶生；托叶包被幼芽，下部一侧贴生于叶柄，脱落后在小枝及叶柄内侧均留有托叶痕。花两性，单生枝顶；花被片常9枚，排成3轮，稀为6或13，排成2至数轮，大小近相等；雄蕊多数，花药条形，内向纵裂，药隔延伸成短或长的尖头；雌蕊群无柄，心皮多数，螺旋状排列于一延长的花托上，每心皮有胚珠4或更多。聚合果近球状；蓇葖果成熟时木质，顶端有喙，背裂为2瓣。

本属约有30种。我国约有20种。分布于亚洲亚热带及热带。

4. 含笑属（白兰花属）*Michelia* L.

常绿乔木或灌木，枝上有环状托叶痕；叶柄与托叶分离。花两性，单生叶腋，芳香，萼片花瓣状，花被6～9枚，排为2～3轮，雄蕊群与雌蕊群间有间隔，每雌蕊有2枚以上胚珠。聚合果中有部分蓇葖果不发育，自背部开裂，种子2至数粒，红色或褐色。

本属约60种，产于亚洲热带至亚热带，中国约35种，分布于南部各省区。

分种检索表

1. 叶柄上无托叶痕，芽、幼枝、叶下面均被白粉，无毛，叶片长圆状椭圆形或倒卵状椭圆形 … 深山含笑
1. 叶柄上有托叶痕，芽、幼枝、叶下面有毛
  2. 叶柄短于5mm，叶片革质，长4～11cm，宽1.5～4.5cm，花被片6，2轮，叶片先端短钝尖，倒卵形或倒卵状椭圆形，花被片边缘带红色或紫红色 ………………………………………………………… 含笑
  2. 叶柄长大于1.5cm，叶片薄革质，长10～27cm，宽4～9cm，花被片10～20。3～4轮
    3. 花白色；托叶痕短于叶柄之半 ……………………………………………………………… 白兰花
    3. 花橙黄色；托叶痕长于叶柄之半 …………………………………………………………… 黄兰

5. 鹅掌楸属 *Liriodendron* L.

落叶乔木。冬芽外被2芽鳞状托叶。叶马褂形，叶端平截或微凹，两侧各具1～2裂，托叶痕不延至叶柄。花两性，单生枝顶，萼片3；花瓣6，雄蕊心皮多数，覆瓦状排列于纺锤状花托上，胚珠2。聚合果纺锤形，由具翅小坚果组成。

本属在新生代有10余种，广布于北半球，第四纪冰期后大部分灭绝，现仅存2种，中国1种，北美1种。

分种检索表

1. 叶两侧通常1裂，向中部凹入较深，老叶背面有乳头状白粉点，花丝长约0.5cm ……………… 鹅掌楸
1. 叶两侧各有1～2（3）裂，不向中部凹入，老叶背面无白粉，花丝长1～1.2cm ………… 美国鹅掌楸

二、樟科 Lauraceae

乔木或灌木，具油细胞，有香气。单叶互生，稀对生或簇生，全缘，稀有裂，无托叶。

花小，两性或单性，成伞形、总状或圆锥花序，花各部多为3基数，花被片为6或4，2轮，雄蕊3~4轮，每轮3，第4轮雄蕊通常退化，花药瓣裂，单雌蕊，子房上位，1室，1胚珠。核果或浆果，种子无胚乳。

本科约45属，近2000种，广布于热带和亚热带地区。中国约产20属，近400种，多分布于长江以南温暖地区，以西南、华南最盛。本科树种多为我国南方常绿阔叶林中常见的建群种及优良用材或特种经济树种。

分属检索表

1. 花两性，第3轮雄蕊花药外向
  2. 常绿性，聚伞状圆锥花序
    3. 花被片脱落；叶三出脉或羽状脉；果生于肥厚果托上 ………………………… 樟属
    3. 花被片宿存；叶为羽状脉，花柄不增粗
      4. 花被裂片薄而长，向外开展或反曲 ………………………… 润楠属
      4. 花被裂片厚而短，直立或紧抱果实基部 ………………………… 楠属
  2. 落叶性，总状花序，花药4室 ………………………… 檫木属
1. 花雌雄异株，伞形花序，常绿或落叶
  5. 花药2室
    6. 花被片6，发育雄蕊9；常绿或落叶 ………………………… 山胡椒属
    6. 花被片4，发育雄蕊常为12，常绿 ………………………… 月桂属
  5. 花药4室，常具羽状脉；花被片6 ………………………… 木姜子属

1. 樟属 *Cinnamomum* L

常绿乔木或灌木，叶互生，稀对生，全缘，三出脉，离基三出脉或羽状脉，脉腋常有腺体。圆锥花序，花两性，稀单性，花被裂片早落。浆果状核果具果托。本属约250种，中国约产50种。

分种检索表

1. 果时花被片脱落，芽鳞明显，覆瓦状排列，叶互生，羽状脉或离基三出脉，脉腋带有腺窝
  2. 老叶两面或下面被毛。羽状脉，果托盘状，小枝叶下面及花序密被白色绢毛 ………………………… 银木
  2. 老叶两面无毛或近无毛。花序无毛，叶干时不为黄绿色，叶下面侧脉脉腋具腺窝，离基三出脉，叶卵状椭圆形或卵形 ………………………… 樟树
1. 果时花被裂片宿存，芽鳞少数，对生，叶对生或近对生，三出脉或离基三出脉，脉腋无腺窝
  3. 叶无毛或幼时略被毛，后脱落近无毛，花序多花，近总状或圆锥状
    4. 果托边缘平、波状或不规则齿裂，花序无毛，叶卵状长圆形或长圆状披针形 ………………………… 天竺桂
    4. 果托具整齐6齿裂 ………………………… 阴香
  3. 叶幼时两面或下面被毛，老叶下面多少被毛，植株各部被暗黄色、黄褐色或锈色短柔毛或短绒毛
    5. 幼枝被绒毛或短绒毛，叶下面横脉不明显，叶下面和花序被黄色短绒毛 ………………………… 肉桂
    5. 幼枝被平伏绢状短柔毛，叶下面和花序被平伏绢状短柔毛 ………………………… 香桂

2. 润楠属 *Machilus* Nees

常绿乔木，稀落叶或灌木状。顶芽大，有多数覆瓦状鳞片。叶互生，全缘，羽状脉。花两性，成腋生圆锥花序，花被片薄而长，宿存并开展或反曲。浆果状核果，果柄顶端不肥大。

本属共约100种，产于东南亚及东亚的热带和亚热带。中国产68种，分布于西南、华

中、华南至台湾省，多属优良用材树种。

3. 楠属 *Phoebe* Nees

常绿乔木或灌木。叶互生，羽状脉，全缘。花两性或杂性，圆锥花序，花被片6，短而厚，宿存，直立或紧抱果实基部。果卵形或椭球形。

本属共约80种，中国约有30种；多为珍贵用材树种。

分种检索表

1. 小枝有柔毛，叶椭圆形至长椭圆形，长7~11cm，背面密被柔毛 ………………………………………… 楠木
1. 小枝密生锈色绒毛，叶倒卵状椭圆形，长8~22cm，背面网脉甚隆起并密被锈色绒毛 ………… 紫楠

4. 山胡椒属 *Lindera* Thunb.

落叶或常绿，乔木或灌木。叶互生，全缘，稀3裂。花单性异株，有时杂性，花序伞形或簇生状，具4枚脱落性总苞；发育雄蕊常为9，花药2室，花被片6。浆果状核果球形，果托盘状。

本属约100种，主产亚洲及北美的热带和亚热带。中国约产50种。

5. 月桂属 *Laurus* L.

常绿小乔木。叶互生，羽状脉。花雌雄异株或两性，伞形花序呈球形，具4枚总苞片，花被片4，发育雄蕊常为12，花药2室。果卵球形，有宿存花被筒。

本属共2种，产于地中海沿岸。我国引入栽培1种。

6. 木姜子属 *Litsea* Lam.

常绿或落叶，小乔木或灌木。叶互生，稀对生或轮生，侧脉羽状。花单性，雌雄异株，伞形花序或再组成圆锥花序，有总苞，苞片4~6枚，交互对生，花时着生花序下；花被裂片6，雄花具雄蕊9或12，稀更多；花药4室，全部内向，雌花具退化雄蕊，雌蕊具盾状柱头。浆果，果托杯状或盘状。

本属有200种，分布于亚洲和美洲的热带和亚热带。我国有72种，产于秦岭、大别山、淮河以南。

三、蔷薇科 Rosaceae

草本或木本，有刺或无刺。单叶或复叶，多互生，通常有托叶。花两性，整齐，单生或排成伞房、圆锥花序，花萼基部多少与花托愈合成碟状或坛状萼管，萼片和花瓣常5枚，雄蕊多数（常为5的倍数），着生于花托（或萼管）的边缘，心皮一至多数，离生或合生，子房上位，有时与花托合生成子房下位。蓇葖果、瘦果，核果、或梨果。种子一般无胚乳，子叶出土。

本科有4亚科，约120属，3300余种，广布于世界各地，尤以北温带较多。包括许多著名的花木及果树，是园艺上特别重要的一科。中国约有48属，1056种。

分亚科检索表

1. 果为开裂之蓇葖果或蒴果，单叶或复叶，通常无托叶 ………………………………………… Ⅰ. 绣线菊亚科
1. 果不开裂，叶有托叶
  2. 子房下位，萼筒与花托在果时变成肉质之梨果，有时浆果状 ………………………………… Ⅱ. 梨亚科
  2. 子房上位

3. 心皮通常多数，生于膨大之花托上，聚合瘦果或小核果，萼宿存，常为复叶…………Ⅲ. 蔷薇亚科
3. 心皮常为1，稀2或5；核果；萼常脱落，单叶 ……………………………………………Ⅳ. 梅亚科

Ⅰ. 绣线菊亚科 Spiraeoideae

1. 蓇葖果，种子无翅，花径不超过2cm
2. 单叶，无托叶，伞形、伞形总状、伞房或圆锥花序，心皮离生 ……………………… 1. 绣线菊属
2. 羽状复叶，有托叶，大型圆锥花序，心皮基部连合 ……………………………………… 2. 珍珠梅属
1. 蒴果，种子有翅，花径约4cm，单叶，无托叶 ……………………………………………… 3. 白鹃梅属

Ⅱ. 梨亚科 Maioideae

1. 心皮成熟时为坚硬骨质，果具1~6小硬核
2. 枝无刺，叶常全缘 ……………………………………………………………………………… 4. 栒子属
2. 枝常有刺，叶常有齿或裂
3. 常绿灌木，叶具钝齿或全缘，心皮5，各具成熟胚珠2 ……………………………………… 5. 火棘属
3. 落叶小乔木，叶具锯齿并常分裂，心皮1~5，各具成熟胚珠1 …………………………… 6. 山楂属
1. 心皮成熟时具革质或纸质壁，梨果1~5室
4. 复伞房花序或圆锥花序
5. 心皮完全合生，圆锥花序，梨果内含1至少数大型种子，常绿 ……………………… 7. 枇杷属
5. 心皮部分离生，伞房花序或伞房状圆锥花序
6. 花梗及花序无瘤状物，落叶 …………………………………………………………………… 8. 花楸属
6. 花梗及花序常具瘤状物，叶多常绿 …………………………………………………………… 9. 石楠属
4. 伞形或伞房花序，有时花单生
7. 各心皮内含4至多数种子。花柱基部合生，枝条有刺…………………………………… 10. 木瓜属
7. 各心皮内含1~2粒种子，叶凋落，伞房花序
8. 花柱基部合生，果无石细胞……………………………………………………………………… 11. 苹果属
8. 花柱基部离生，果有多数石细胞……………………………………………………………… 12. 梨属

Ⅲ. 蔷薇亚科 Rosoideae

1. 有刺灌木或藤本；羽状复叶；瘦果多数生于坛状花托内…………………………………… 13. 蔷薇属
1. 无刺落叶灌木；瘦果着生扁平或微凹花托基部；单叶，托叶不与叶柄连合
2. 叶互生，花黄色，5基数，无副萼，心皮5~8，各含1胚珠……………………………… 14. 棣棠属
2. 叶对生，花白色，4基数，有副萼，心皮4，各含2胚珠 ………………………………… 15. 鸡麻属

Ⅳ. 梅亚科 Prunoideae

乔木或灌木，无刺，枝条髓部坚实，花柱顶生，胚珠下垂 ……………………………………… 16. 梅属

1. 木瓜属 *Chaenomeles* Lindl.

落叶或半常绿灌木或小乔木，有时具枝刺。单叶互生，缘有锯齿，托叶大。花单生或成簇生，萼片5，花瓣5，雄蕊20或更多，花柱5，基部合生，子房下位，5室，各含多数胚珠。果为具多数褐色种子的大型梨果。

本属共5种，中国4种，日本1种。

分种检索表

1. 枝有刺，花簇生，萼片全缘，直立；托叶大
2. 小枝平滑，2年生枝无疣状突起
3. 叶卵形至椭圆形，幼时背面无毛或稍有毛，锯齿尖锐 ……………………………………… 贴梗海棠
3. 叶长椭圆形至披针形，幼时背面密被褐色绒毛，锯齿刺芒状 …………………………… 木瓜海棠

2. 小枝粗糙，2年生枝有疣状突起，叶倒卵形至匙形，背面无毛，锯齿圆钝……………… 日本贴梗海棠
1. 枝无刺，花单生，萼片有细齿，反折，托叶小 ………………………………………………………… 木瓜

2. 苹果属 *Malus* Mill.

落叶乔木或灌木。叶有锯齿或缺裂，有托叶。花白色、粉红色至紫红色，成伞形总状花序，雄蕊15~50，花药通常黄色，子房下位，3~5室，花柱2~5，基部合生。梨果，无或稍有石细胞。

本属约35种，广泛分布于北半球温带；中国23种。多数为重要果树及砧木或观赏树种。

分种检索表

1. 萼片宿存
  2. 萼片较萼筒长，先端尖
    3. 叶缘锯齿圆钝，果扁球形或球形，果柄粗短 …………………………………………………… 苹果
    3. 叶缘锯齿尖锐，果卵圆形，果梗细长
      4. 果较大，径4~6cm，黄色或红果，宿存萼片无毛 ………………………………………… 花红
      4. 果较小，径2~2.5cm，红色，宿存萼片有毛 ……………………………………………… 海棠果
  2. 萼片较萼筒短或等长
    5. 叶基部广楔形或近圆形，叶柄长1~2.5cm，果黄色，基部无凹陷 …………………… 海棠花
    5. 叶基渐狭，叶柄长2~2.5cm，果红色，基部有凹陷 ……………………………………… 西府海棠
1. 萼片脱落
  6. 萼片长于萼筒，狭披针形；花白色，花柱5，罕为4 ………………………………………… 山荆子
  6. 萼片短于萼筒或等长，三角状卵形，花白色或粉红色
    7. 叶缘锯齿细钝，花梗细长下垂，花柱4~5 ……………………………………………… 垂丝海棠
    7. 叶缘锯齿细锐，花梗不下垂，花柱3，稀4枚 ………………………………………… 湖北海棠

3. 蔷薇属 *Rosa* L.

落叶或常绿灌木，茎直立或攀援，通常有皮刺。叶互生，奇数羽状复叶，具托叶，罕为单叶而无托叶。花单生成伞房花序，生于新梢顶端，萼片及花瓣各5，罕为4，雄蕊多数，雌蕊通常多数，包藏于壶状花托内。花托老熟即变为肉质的浆果状假果，特称为蔷薇果，内含少数或多数骨质瘦果。

本属约160种，主产于北半球温带及亚热带；中国60余种。

分种检索表

1. 托叶至少有一半与叶柄合生，宿存，多为直立灌木
  2. 花柱伸出花托口外甚长
    3. 花柱合成柱状，约与雄蕊等长；托叶边缘蓖齿状，刺常生在托叶下；叶表面绿色，无光泽…野蔷薇
    3. 花柱离生或半离生，长约为雄蕊之半
      4. 花微香；生长季连续开花；花较大；植株较矮，枝纤弱，花多紫红或粉红，叶较小而薄 ……………………………………………………………………………………………… 月季花
      4. 花极香；生长季开1~2次花，多为紫、粉或白色；植株健壮 ……………………………… 香水月季
  2. 花柱短，聚成头状，不或稍伸出花托口外
    5. 花序聚伞状，若单生花梗上必有苞片，茎多具刺及刺毛；小叶厚而表面皱 ………………… 玫瑰
    5. 花常单生，无苞片，花黄色；叶缘具单锯齿，无腺；小枝无刺毛 ……………………………… 黄刺玫

1. 托叶离生或近离生，早落，常绿攀援灌木，几无刺，花小，白色或淡黄色，浓香 ……………… 木香

4. 梅属（樱属）***Prunus* L.**

乔木或灌木，多落叶，罕常绿。单叶互生，有锯齿，罕全缘，叶柄或叶片基部有时有腺体，托叶小、早落。花两性，常为白色、粉红色或红色，萼片、花瓣各5，雄蕊多数，周位生，雌蕊1，子房上位，具伸长花柱及2胚珠；核果，通常含1粒种子。

本属近200种，主产北温带，中国约有140种。其中有许多种类为栽培果树，并大多数种类为庭园观赏树木，赏其开于叶前或叶后的美丽花朵。

分种检索表

1. 果实外面有沟槽
  2. 腋芽单生，顶芽缺；叶在芽中席卷状
    3. 子房和果实无毛，花具较长花梗
      4. 花常3朵簇生，白色；叶绿色 …………………… 李
      4. 花常单生，粉红；叶紫红色 …………………… 红叶李
    3. 子房和果实被短毛，花多无梗
      5. 小枝红褐色；果肉离核，核不具点穴 …………………… 杏
      5. 小枝绿色；果肉粘核，核具蜂窝状点穴 …………………… 梅
  2. 腋芽3，具顶芽；叶在芽中对折状
    6. 乔木或小乔木，叶缘为单锯齿
      7. 萼筒有短柔毛，叶片中部或中部以上最宽，叶柄具腺体 …………………… 桃
      7. 萼筒无毛，叶片近基部最宽，叶柄常无腺体 …………………… 山桃
    6. 灌木；叶缘为重锯齿，叶端常三裂状 …………………… 榆叶梅
1. 果实外面无沟槽；具顶芽，叶在芽中对折状
  8. 花单生或少数成短总状花序，苞片常显著
    9. 腋芽3，灌木；花具中长梗，花萼钟状 …………………… 郁李
    9. 腋芽单生，乔木或小乔木
      10. 苞片小而脱落，叶缘重锯齿尖，具腺而无芒，花白色，果红色 …………………… 樱桃
      10. 苞片大而常宿存，叶缘具芒状重锯齿
        11. 花先开，后生叶；花梗及萼均有毛；花萼筒状，下部不膨大 …………………… 东京樱花
        11. 花与叶同时开放，花梗及萼均无毛
          12. 花无香气，花色淡红或白色，花形较小；花梗无毛，缘齿有短芒 …………………… 樱花
          12. 花有香气；叶缘齿端有长芒 …………………… 日本晚樱
  8. 花10朵以上，排成长总状花序，花序总梗具叶 …………………… 稠李

四、云实科（苏木科）Caesalpinioiaceae

乔木、灌木或藤本，稀草本。常绿或落叶。一回或二回羽状复叶，稀单叶，互生，托叶早落或无。花两性，稀单性或杂性异株。花通常两侧对称，稀辐射对称。萼片5或4（上方2片连合），离生或基部合生，覆瓦状排列，稀镊合状；花瓣5或更少，稀无花瓣，近轴1片在内，余覆瓦状排列，雄蕊10或较少，稀多数，分离或部分连合，花药2室，纵裂或孔裂；有时具花盘，单心皮雌蕊，子房上位，1室，边缘胎座。荚果，开裂或不裂，种子有胚乳或无胚乳。

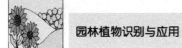

本科有150属，2800种，分布于热带、亚热带地区，少数分布至温带，我国连引入栽培的共有25属，110余种。

分属检索表

1. 羽状复叶
  2. 二回羽状复叶，或兼有一回羽状复叶
    3. 花中至大型，总状或圆锥花序，萼筒短，裂片5，子房无柄或具短柄，雄蕊10（6）
      4. 花两性
        5. 萼裂片覆瓦状排列，植株具皮刺，果扁平或肿胀，种子无胚乳 ………………………… 苏木属
        5. 萼裂片镊合状排列，花大而美丽，果带状木质，种子具胚乳 ………………………… 凤凰木属
      4. 花杂性或单性异株，种子具角质胚乳
        6. 植株无刺，顶生圆锥花序，果肥厚肉质 ……………………………………………… 肥皂荚属
        6. 具分枝的枝刺，侧生穗形总状花序，果扁平带状 ………………………………… 皂荚属
    3. 花小，穗状花序状的总状花序，萼钟状，裂片5，雄蕊10，子房具柄 ………………… 格木属
  2. 一回羽状复叶，萼筒短，杯状；花瓣5，偶数羽状复叶，雄蕊5~10；果形多样 …………… 铁刀木属
1. 单叶全缘或先端2裂，或2裂至基部成2小叶
  7. 单叶全缘，花于老枝上簇生或成总状花序，假蝶形花冠（旗瓣位于最内方） ………………… 紫荆属
  7. 单叶2裂或沿中脉分为2小叶，稀不裂，总状或圆锥花序，花稍不整齐，果无翅………… 羊蹄甲属

五、含羞草科 Mimosaceae

乔木或灌木，偶有藤本，极稀草本。二回稀一回羽状复叶，或为叶状柄或鳞片状，叶轴或叶柄上常具腺体；具托叶或成刺状或无。花小，两性，辐射对称，头状、穗状或总状花序，或再组成复花序，萼管状，齿裂，裂片镊合状，稀覆瓦状排列，花瓣与萼齿同数，镊合状排列，分离或合生成短管，雄蕊5~10或多数，分离或合生成束，花药小，2室纵裂，顶端常具腺体，花丝细长；单心皮雌蕊，子房上位，1室，边缘胎座，花柱细长，柱头小。荚果，不裂或开裂；种子有少量胚乳或无胚乳。

本科有56属，2800种，分布于热带、亚热带地区，少数至温带地区。我国8属，44种，引入栽培10余属，30余种，主产于华南和西南。耐干旱瘠薄，多为荒山造林和水土保持树种。

其可观赏或用材，有些树皮含鞣质，可提取栲胶。

分属检索表

1. 花丝多少连成管状；雄蕊多数，果扁平，种子间无隔膜 ………………………………………… 合欢属
1. 花丝分离或基部合生，雄蕊多数，每药室内花粉粒粘结成2~6花粉块 ………………………… 金合欢属

合欢属 *Albizia* Dtlrazz.

落叶乔木或灌木。二回羽状重复叶，互生，叶总柄下有腺体，羽片及小叶均对生，全缘，近无柄，中脉常偏于一边。头状或穗状花序，花序柄细长，萼筒状，端5裂，花冠小，5裂，深达中部以上，雄蕊多数，花丝细长，基部合生。荚果呈带状，成熟后宿存枝梢，通常不开裂。

本属约50种，产于亚洲、非洲及澳大利亚的热带和亚热带。中国产13种。

分种检索表

1. 羽片4~12对；小叶10~30对；花粉色 ……………………………………………………………… 合欢

1. 羽片2～3对；小叶5～14对；花白色 ………………………………………………………………… 山合欢

六、蝶形花科 Fabaceae

乔木、灌木或草本，直立或为藤本。复叶，稀单叶，具托叶，稀无。花常两性，两侧对称，蝶形花冠；花序各式，萼片5，分离或连合成管，花瓣5，覆瓦状排列，上部1枚在外，名旗瓣，两侧2枚多少平行，名翼瓣，下部2枚在内，下侧边缘合生，名龙骨瓣，或仅具旗瓣，余均退化，雄蕊10，单体或两体或全部分离，单心皮雌蕊，子房上位，1室。边缘胎座。荚果开裂或不裂。种子无胚乳或有少量胚乳。

本科有480余属，12000种，广布于全世界，主要分布于温带。我国共119属，1100种，各省均产。本科植物与农、林、牧等生产有密切关系。植物根部常有根瘤菌共生，可改良土壤并用作绿肥，有些种类供药用或生产纤维、染料、树脂、树胶等工业原料用。

分属检索表

1. 雄蕊10枚，离生或仅基部合生，乔木，羽状复叶，萼具5齿
  2. 荚果扁平，不在种子间紧缩成念珠状，花瓣有柄，有顶芽，果开裂，种皮朱红色 ………… 红豆树属
  2. 荚果圆筒状，在种子间紧缩为念珠状 ……………………………………………………………… 槐属
1. 雄蕊10枚，合生成1或2组，荚果含2枚种子以上者，不在种子间裂为节荚
  3. 羽状复叶，小叶互生，果扁平，不裂；枝叶无丁字毛
    4. 基着药，果无翅 ……………………………………………………………………………………… 黄檀属
    4. 丁字药，果扁圆形，周围有翅 ……………………………………………………………………… 紫檀属
  3. 羽状复叶，小叶对生
    5. 小叶下面有腺点或透明油点，具旗瓣，无翼瓣及龙骨瓣，荚果含1粒种子，不开裂 …… 紫穗槐属
    5. 叶片上无透明点，荚果含2至多枚种子，开裂
      6. 乔木，奇数羽状复叶，花序生于老枝节部；荚果扁平 …………………………………………… 刺槐属
      6. 花序生于当年生枝上
        7. 旗瓣比翼瓣及龙骨瓣为大 ………………………………………………………………………… 刺桐属
        7. 花瓣近等长
          8. 藤本；花萼5裂（3长2短） ……………………………………………………………………… 紫藤属
          8. 直立木本，偶数羽状复叶，小叶顶端成刺状、花白色或黄色，果圆筒形或肿胀 ………………………………………………………………………………………………… 锦鸡儿属

七、杨柳科 Salicaceae

落叶乔木或灌木。单叶，互生，稀对生，有托叶。花单性，雌雄异株，柔荑花序，花无被，生于苞腋，有腺体或花盘，雄蕊2至多数，雌蕊2由心皮合成，1室，子房上位。蒴果2～4裂，种子细小，基部有白色丝状长毛，无胚乳。

本科共3属，500余种。我国产3属，300余种，各地均有分布。

分属检索表

1. 小枝顶芽发达，髓心五角形，叶片较宽，叶柄长，花序下垂，具花盘 ……………………………… 杨属
1. 小枝无顶芽，髓心近圆形，叶片狭长，叶柄短，花序直立，具腺体 ………………………………… 柳属

1. 杨属 *Populus* L.

乔木，小枝较粗，有顶芽，芽鳞数枚，常有树脂。花序下垂，苞片多具不规则的缺刻，花盘杯状。

本属约100余种，我国约产50种。分布以华北、西北及西南为主。

分种检索表

1. 叶两面为灰蓝色，叶形多样，有披针形、卵形，扁圆形、肾形 ………………………… 胡杨
1. 叶两面不为灰蓝色
  2. 芽具柔毛，叶缘具缺裂、缺刻或波状锯齿
    3. 叶缘具波状粗锯齿，不分裂 ………………………… 毛白杨
    3. 叶缘掌状3~5裂或为不规则波状缺刻
      4. 树冠宽大，树皮灰白色，短枝叶侧裂片不对称，长枝叶浅裂 ………………………… 银白杨
      4. 树冠圆柱形，树皮灰绿色，短枝叶侧裂片对称，长枝叶深裂 ………………………… 新疆杨
2. 芽无毛，叶缘具整齐锯齿
  5. 叶片近正三角形，基部截形，叶缘具圆钝锯齿 ………………………… 加杨
  5. 叶片卵状三角形，基部宽楔形或近圆形，叶缘具腺质浅钝锯齿 ………………………… 响叶杨

2. 柳属 *Salix* L.

乔木或灌木，芽鳞1，无顶芽。叶互生，稀对生。花序直立，苞片全缘，花基部具腺体1~2。本属约350种，主产北半球，我国约250种，遍及全国各地。

分种检索表

1. 乔木
  2. 叶狭长，披针形或条状披针形，稀倒披针形，小枝无白粉，叶下面微被白粉，叶披针形或条状披针形
    3. 枝条直伸或斜展，叶柄短，2~4mm，子房背腹各具腺体1 ………………………… 旱柳
    3. 小枝细长下垂，叶柄长，5~15 mm，子房仅腹面具腺体1 ………………………… 垂柳
  2. 叶较宽阔，卵状披针形至长椭圆形，叶质地较薄，锯齿较尖，雄蕊3~5 ………………………… 河柳
1. 灌木
  4. 芽对生，红褐色，叶互生或对生，通常倒披针形 ………………………… 红皮杞柳
  4. 芽与叶均互生，叶下面密被白色绢毛，不脱落，银白色，叶长椭圆形，缘具浅钝齿 ………… 银芽柳

模块2 常绿乔木识别与应用

教学目标

知识目标：

◆ 掌握常绿乔木的形态特证、生态习性、观赏特性。

◆ 了解常绿乔木的园林应用。

能力目标：

◆ 识别常见的常绿乔木。

素质目标：

◆ 学生通过收集、整理、总结和应用相关信息资料，培养自主学习的能力。

◆ 培养学生能吃苦耐劳、实事求是、善于调研的精神，并能与组内同学分工协作，相互帮助，共同提高。

◆ 通过对常绿乔木不断深入地学习和认识，提高学生的植物识别与应用能力。

能力训练

[活动] 校园或公园常绿乔木识别

活动目的	能识别常见的常绿乔木，熟悉常绿乔木的配置形式
活动要求	正确识别树木种类，画出植物配置平面图
活动程序	教师现场讲解、指导学生识别
	学生分组活动，观察树木的形态、确定树木名称，记录每种树木的名称、科属、生态习性、观赏特性、园林应用 拍摄照片
	各组制作 PPT，并进行交流讨论
	考核评估：树木识别现场考核（口试）

常绿乔木是一种终年具有绿叶的乔木，这种乔木的叶寿命是两三年或更长，并且每年都有新叶长出，在新叶长出的时候也有部分旧叶脱落，由于是陆续更新，所以终年都能保持常绿。这种乔木由于其有四季常青的特性，因此常被用来作为绿化的首选植物，由于它们常年保持绿色，其美化和观赏价值更高。

常见常绿乔木有荷花玉兰、深山含笑、乐昌含笑、木莲、乐东拟单性木兰、莽草、浙江樟、细叶香桂、樟树、红楠、紫楠、浙江楠、华东楠、红豆树、蚊母树、杨梅、青冈栎、杜英、木荷、大叶冬青、女贞、桂花、棕榈等。

1. 广玉兰（洋玉兰、荷花玉兰）***Magnolia grandiflora* Linn.**（图 2-1）

（1）识别要点　常绿乔木，高 30m。树冠阔圆锥形。芽及小枝有锈色柔毛。叶倒卵状长椭圆形，长 12 ~ 20cm，革质，叶端钝，叶基楔形，叶表有光泽，叶背有铁锈色短柔毛，有时具灰毛，叶缘稍稍微波状；叶柄粗，长约 2cm。花杯形，白色，极大，径达 20 ~ 25cm，有芳香，花瓣通常 6 枚，少有达 9 ~ 12 枚的；萼片花瓣状，3 枚；花丝紫色。聚合果圆柱状卵形，密被锈色毛，长 7 ~ 10cm；种子红色。花期 5 ~ 8 月；果 10 月成熟。

图 2-1　广玉兰

（2）分布　原产于北美东部，中国长江流域至珠江流域的园林中常见栽培。

（3）习性　喜阳光，颇耐荫，是弱阴性树种。喜温暖湿润气候，有一定的耐寒力。喜肥沃湿润而排水良好的土壤。能抗烟尘、抗二氧化硫。生长速度中等。

（4）用途　本种叶厚而有光泽，花大而芳香，树姿雄伟、壮丽，绿荫浓密，为珍贵的树种之一，其聚合果成熟后，蓇葖开裂露出鲜红色的种子也颇美观。宜孤植在草坪上或列植于道路两侧或作背景树。

2. 深山含笑 *Michelia maudiae* Dunn（图2-2）

（1）识别要点　常绿乔木，高20m，全株无毛。叶宽椭圆形，长7～18cm，宽4～8cm；叶表深绿色，叶背有白粉，中脉隆起，网脉明显。花大，直径10～12cm，白色、芳香，花被9片。聚合果，长7～15cm。

（2）分布　分布于浙江、福建、湖南、广东、广西、贵州。其是常绿阔叶林中的习见树种。

（3）习性　喜阴湿、酸性、肥沃的土壤。

（4）用途　枝叶光洁，花大而早开，可植于庭园。花可供观赏及药用，也可提取芳香油。

图2-2　深山含笑

3. 乐昌含笑 *Michelia chapensis* Dandy

（1）识别要点　乔木，高15～30m，树皮灰褐色至深褐色，平滑。小枝无毛，但幼时芽及节上被灰褐色平伏细柔毛。叶薄革质，倒卵形或长圆状倒卵形，长6.5～16cm，宽3.6～6.5cm，先端渐尖或近渐尖，尖头钝，基部楔形或宽楔形，上面深绿色，有光泽，干后两面近淡褐色，侧脉稀疏，9～12对，叶柄长1.5～2.5cm，无托叶痕。花被片6，2轮。聚合果长约10cm，果梗长约2cm。种子卵形或长圆状卵形，长约1cm，宽约6mm。花期3～4月；果期8～9月。

（2）分布　产于江西南部、湖南南部、广西东北部及东南部、广东西部及北部。

（3）习性　喜温暖湿润的气候，生长适宜温度为15～32℃，喜光。喜土壤深厚、疏松、肥沃、排水良好的酸性至微碱性土壤。

（4）用途　树形优美，叶色翠绿，为重要的园林绿花树种。

4. 白兰花 *Michelia alba* DC.（图2-3）

（1）识别要点　乔木，高17m，胸径40cm。干皮灰色。新枝及芽有浅白色绢毛，一年生枝无毛。叶薄革质，长圆状椭圆形或椭圆状披针形，长10～25cm，宽4～10cm，两端均渐狭，叶表、背均无毛或背面脉上有疏毛，叶柄长1.5～3cm；托叶痕仅达叶柄中部以下。花白色，极芳香，长3～4cm，花瓣披针形，约为10枚以上，通常多不结实，在热带地方果成熟时随着花托的延伸而形成疏生的穗状聚合果，蓇葖革质。花期4月下旬至9月下旬开放不绝。

（2）分布　原产于印度尼西亚、爪哇。中国华南各省多有栽培，在长江流域及华北有盆栽。

（3）习性　喜阳光充分、暖热多湿气候及肥沃富含腐殖质而排水良好的微酸性沙质土壤。不耐寒、根肉质，怕积水。

（4）用途　本种为著名香花树种，在华南多作庭荫树及行道树用，是芳香类花园的良好树种。花朵常作襟花佩戴，极受欢迎。

图2-3　白兰花

5. 木莲 *Manglietia fordiana*（Hemsl.）Oliv（图2-4）

（1）识别要点　常绿乔木，高20m。嫩枝有褐色绢毛，皮孔及环状纹显著。叶厚革质，长椭圆状披针形，长8～17cm，端尖，基楔形，叶背灰绿色或有白粉；叶柄红褐色。花白色，单生于枝顶，聚合果卵形，长4～5cm，蓇葖肉质，深红色，成熟后木质，紫色，表面有疣点。

（2）分布　分布于长江以南地区。常散生于海拔1000～2000m的阔叶林中。

（3）习性　喜温暖湿润的酸性土。幼年耐荫，后喜光。

（4）用途　可供园林绿化用，树皮、果实可入药。

图2-4　木莲

6. 乳源木莲 *Manglietia yuyuanensis* Law

形态与木莲相似，除芽被锈黄色平伏柔毛外，余均无毛。叶革质，倒披针形或窄倒卵状长圆形；花各部较小。

7. 红花木莲 *Manglietia insignis*（Wall.）Bhme

（1）识别要点　乔木，高达30m。小枝无毛或幼时在节上被锈色或黄褐色柔毛。叶革质，倒披针形，长圆形或长圆状椭圆形，长10～26cm，宽4～10cm，先端渐尖或尾状渐尖，2/3以下渐窄至基部，上面无毛，下面中脉具红褐色柔毛或散生平伏微毛，侧脉12～24对；叶柄长为3～5cm，托叶痕为叶柄长的1/4～1/3。花芳香，花被片9～12，红色。聚合果紫红色，卵状长圆形，长7～9cm；蓇葖背缝全裂，具明显的瘤状凸起，先端具短喙。花期5～6月；果期8～9月。

（2）分布　产于西藏东南部，云南南部，广西、贵州南部、湖南西南部，生于海拔600～2000m的林中。印度东北部，缅甸北部也有分布。

（3）习性　耐荫，喜湿润、深厚、肥沃土壤。

（4）用途　花色美丽，可作庭园观赏树种。

8. 樟树（香樟）***Cinnamomum camphora*（L.）Presl**（图2-5）

（1）识别要点　常绿乔木，一般高20～30m，最高可达50m，胸径4～5m，树冠广卵形。树皮灰褐色，纵裂。叶互生，卵状椭圆形，长5～8cm，薄革质，离基三出脉，脉腋有腺体，全缘，两面无毛，背面灰绿色。圆锥花序腋生于新枝，花被淡黄绿色，6裂。核果球形，径约6mm，熟时紫黑色，果托盘状。花期5月；果9～11月成熟。

（2）分布　樟树分布大体以长江为北界，南至广东、广西及西南，尤以江西、浙江、福建、台湾等东南沿海省分为最多。垂直分布可达海拔1000m。在自然界多见于低山、丘陵及村庄附近。朝鲜、日本也有分布。其他各国常有引种栽培。

（3）习性　喜光。稍耐荫，喜温暖湿润气候，耐寒性不强，对土壤要求不严，而以深厚、肥沃、湿润的微酸性

图2-5　樟树

黏质土最好，较耐水湿，但不耐干旱瘠薄和盐碱土。主根发达，深根性，能抗风。萌芽力强，耐修剪。生长速度中等偏慢。寿命长，可达千年以上。有一定抗海潮风、耐烟尘和有毒气体能力，并能吸收多种有毒气体，较能适应城市环境。

（4）用途　本种枝叶茂密，冠大荫浓，树姿雄伟，是城市绿化的优良树种，广泛用作庭荫树、行道树，防护林及风景林。配置于池畔，水边、山坡、平地无不相宜。若孤植于空旷地，让树冠充分发展，浓荫覆地，效果更佳。在草地中丛植、群植或作背景树都很合适。樟树的吸毒和抗毒性能较强，故也可选作厂矿区的绿化树种。

9. 红楠 *Machilus thunbergii* L.（图 2-6）

（1）识别要点　常绿乔木，高达 20m，胸径 1m。树皮幼时灰白色，平滑，后渐变淡棕灰色。小枝无毛。叶革质，长椭圆状倒卵形至椭圆形，长 5～10cm，全缘，先端突钝尖，基部楔形，两面无毛，背面有白粉，侧脉 7～10 对，叶柄长 1～2.5cm。果球形，径约 1cm，熟时蓝黑色。果梗肉质增粗，鲜红色。花期 4 月，果 9～10 月成熟。

图 2-6　红楠

（2）分布　产于山东、江苏、浙江、安徽南部、江西、福建、台湾、湖南、广东、广西等省区；朝鲜、日本及越南北部也有分布。

（3）习性　喜温暖湿润气候，稍耐荫，有一定的耐寒能力，是楠木类中最耐寒者。喜肥沃湿润之中性或微酸性土壤，但也能在石隙和瘠薄地生长。在自然界多生于低山阴坡湿润处，常与山毛榉科及樟科的其他树种混生。有较强的耐盐性及抗海潮风能力。生长尚快。寿命长达 600 年以上。

（4）用途　本种叶色光亮，树形优美，果柄鲜红色，具很高的观赏价值，值得开发利用。

10. 紫楠 *Phoebe sheareri*（Hesml）Gamble（图 2-7）

（1）识别要点　常绿乔木，高达 20m，胸径 50cm。树皮灰褐色；小枝密生锈色绒毛。叶倒卵状椭圆形，革质，长 8～22cm，先端突短尖或突渐尖，基部楔形，背面网脉甚隆起并密被锈色绒毛；叶柄长 1～2cm。聚伞状圆锥花序，腋生。果卵状椭球形，宿存花被片较大，果熟时蓝黑色，种皮有黑斑。花期 5～6 月，果 10～11 月成熟。

图 2-7　紫楠

（2）分布　广泛分布于长江流域及其以南和西南各省，多生于海拔 1000m 以下的阴湿山谷和杂木林中；中南半岛也有分布。

（3）习性　耐荫树种，喜温暖湿润气候及深厚、肥沃、湿润而排水良好的微酸性及中性土壤；有一定的耐寒能力。深根性，萌芽性强，生长较慢。可用播种及扦插法繁殖。

（4）用途　树形端正美观，叶大荫浓，宜作庭荫树及绿化、风景树。在草坪孤植、丛植，或在大型建筑物前后配置作为背景。紫楠还有较好的防风、防火效能，可栽作防护林带。

11. 浙江楠 *Phoebe chekiangensis* C. B. Shang

（1）识别要点　乔木，高达23m，胸径达62cm。树皮淡黄褐色，呈不规则薄片状剥落，小枝具棱脊，密被黄褐色至灰黑色柔毛或绒毛。叶互生，革质，叶片倒卵状椭圆形至倒卵状披针形，叶缘向下翻卷，叶下面被灰褐色柔毛，脉上被长柔毛，侧脉8～10对，与中脉在上面凹下，在下面隆起，网脉下面明显，叶柄长1～1.5cm，密被黄褐色绒毛或柔毛。圆锥花序腋生，长5～10cm，总梗与花梗密被黄褐色绒毛，花梗长2～3cm，花被裂片卵形，长约4mm，两面被毛。果椭圆状卵形，长1.2～1.5cm，熟时蓝黑色，外被白粉，宿存花被裂片革质，紧贴果实基部。花期4～5月；果期9～10月。

（2）分布　产于浙江。生于低山丘陵常绿阔叶林中。长江流域及其以南各地区均有分布。

（3）习性　喜温暖湿润气候，耐荫树种，但在一定龄期要求适当的光照条件。深根性，抗风强。

（4）用途　其枝叶浓密，树姿雄伟，为优良绿化观赏的庭荫、园景树种。

12. 蚊母树 *Distylium racemosum* Sieb. et Zucc.（图2-8）

（1）识别要点　常绿乔木，高可达16m，栽培时常呈灌木状，树冠开展，呈球形。小枝略呈“之”字形曲折，嫩枝端具星状鳞毛。叶倒卵状长椭圆形，长3～7cm，先端钝或稍圆，全缘，厚革质，光滑无毛，侧脉5～6对，在表面不显著，在背面略隆起。总状花序长约2cm，花药红色。蒴果卵形，长约1cm，密生星状毛，顶端有2宿存花柱。花期4月；果9月成熟。

图2-8　蚊母树

（2）分布　产于中国广东、福建、台湾、浙江等省，日本也有分布。

（3）习性　喜光，稍耐荫，喜温暖湿润气候，耐寒性不强，对土壤要求不严，酸性、中性土壤均能适应，以排水良好且肥沃、湿润土壤为最好。萌芽、发枝力强，耐修剪。对烟尘及多种有毒气体抗性很强，能适应城市环境。

（4）用途　枝叶密集，树形整齐，叶色浓绿，经冬不凋，春日开细小红花也很美丽；抗性强、防尘及隔声效果好，是理想的城市及工矿区绿化及观赏树种。可植于路旁、庭前草坪上及大树下，或成丛、成片栽植作为分隔空间或作为其他花木的背景，也可栽作绿篱和防护林带。

13. 杨梅 *Myrica rubra*（Lour.）S. et Z.（图2-9）

（1）识别要点　常绿灌木或小乔木，树高可达12m，树冠近球形。树皮黄灰黑色，老时浅纵裂。小枝粗糙，皮孔明显。幼枝及下面有金黄色小油腺点。叶革质，倒卵状针形或倒卵状长椭圆形，长4～12cm，先端较钝，基部狭楔形，全缘或近端部有浅齿，叶柄长0.5～1cm。花雌雄异株，雄花序紫红色。核果圆球形，熟时深红、紫红或白色，味酸甜。花期3～4月，果期6～7月。

（2）分布　产于长江流域以南，西南至云南、贵州等地。

(3) 习性　耐荫，不耐强烈日晒。喜温暖湿润气候，不耐寒。喜排水良好的酸性土壤，中性至微碱性土壤也能生长。深根性，萌芽性强，寿命长。对二氧化硫等有毒气体有一定抗性。

(4) 用途　树冠球形整齐，枝叶茂密，初夏有红果累累，缀于绿叶丛中，玲珑可爱。园林绿化结合生产的优良树种。孤植、丛植于草坪、庭院，或列植于路边，或密植作分隔空间、隐蔽遮挡的绿墙。著名水果，可生食、制果干、酿酒。叶可提取芳香油。

14. 苦槠 *Castanopsis sclerophylla* (Lindl.) **Schott** (图 2-10)

(1) 识别要点　乔木，树高可达 20m，树冠球形，树皮暗灰色，浅纵裂。小枝无毛，常有棱沟。叶厚革质，长椭圆形至卵状矩圆形，长 7 ~ 14cm，顶端渐尖或短尖，基部楔形或圆形，叶缘中部以上有疏生锐锯齿。叶下面有灰白色或浅褐色蜡层。坚果单生于球状壳斗内，外被环列的瘤状苞片。壳斗成串生于干枝上。花期 4 ~ 5 月，果熟期 10 月。

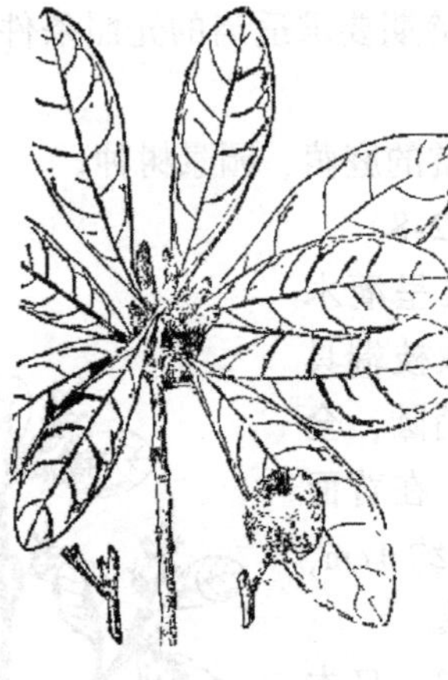

图 2-9　杨梅

图 2-10　苦槠

(2) 分布　分布于长江中、下游以南各地，南至南岭以北，为该属中分布最北的一种。

(3) 习性　喜温暖湿润气候，能耐荫。喜深厚、湿润的中性和酸性土壤，也能耐干旱和瘠薄。深根性，主根发达，萌芽力极强，寿命长。

(4) 用途　枝叶浓密，树冠浑圆，适于孤植、丛植于草坪或山麓坡地，混植于片林中作常绿基调树种或作花木丛的背景树。又因抗毒、防尘、隔声及防火性能好，适作工厂绿化和防护林树种。

15. 青冈栎 (青冈) ***Cyclobalanopsis glauca*** (Thunb.) **Oerst** (图 2-11)

(1) 识别要点　乔木，树高可达 20m，树皮平滑不裂，树冠扁球形。小枝无毛。叶片倒卵状椭圆形至长椭圆形，长为 8 ~ 14cm，先端渐尖或短尾状，基部宽楔形或圆形，边缘中部以上有钝锯齿。上面深绿色，有光泽，下面灰绿色，有整齐平伏白色单毛。壳斗杯状，包围坚果 1/3 ~ 1/2，苞片合生成 5 ~ 8 条同心环带。环带全缘或有稀缺刻。花期 4 月，果熟期 10 月。

(2) 分布　产于长江流域以南各地，南达广东、广西，西南至云南、西藏，北至河南、陕西、青海、甘肃南部，是本属中分布范围最广、最北的 1 种。

(3) 习性　较耐荫，喜温暖多雨气候，对土壤适应能力强，在酸性、弱碱性和石灰性土壤上均能生长。生长速度中等，萌芽力强，耐修剪。深根性，抗有毒气体能力较强。

（4）用途 树姿优美，枝叶茂密，四季常绿，是良好的绿化、观赏和造林树种。宜丛植或群植，组成树群和片林时，多作常绿基调树种配置，可作观花灌木的背景树配置。也可作隔音林带和防火林带、厂矿绿化树种。

16. 木麻黄（短枝木麻黄、驳骨松）***Casuarina equisetifolia* L.**（图2-12）

（1）识别要点 乔木，树高可达30m，树皮暗褐色，窄长条状剥落，内皮鲜红或深红色。小枝细长下垂，灰绿色，长10～27cm，径约0.6～0.8mm，节间长0.4～0.6cm，具6～8细棱，每节鳞叶6～8枚，轮生，淡绿色，紧贴小枝，部分小枝冬季脱落。雌花序紫红色。果序椭圆形，木质小苞片被毛，小坚果具翅，倒卵形，长5～7mm。花期4～5月；果熟期8～9月。

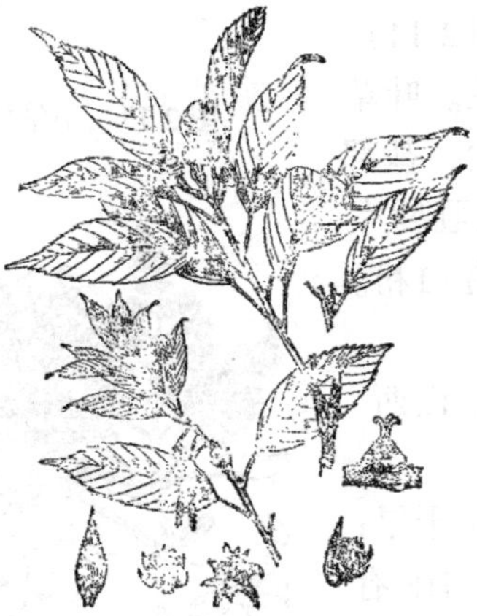

图2-11 青冈栎

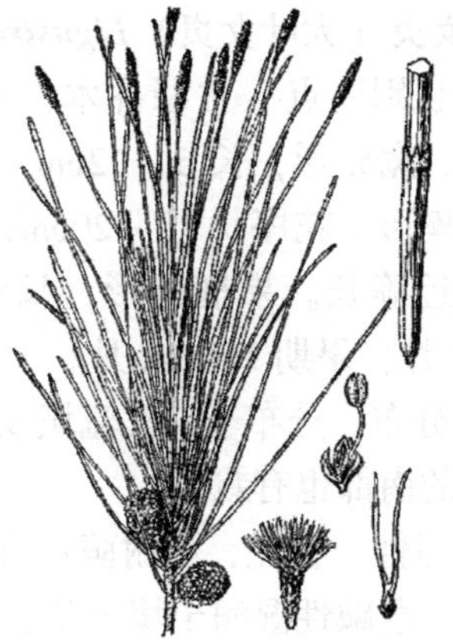

图2-12 木麻黄

（2）分布 原产于澳大利亚及太平洋群岛的热带地区，我国浙江南部、福建、台湾、海南、广东和广西南部沿海都有栽培。

（3）习性 极喜光，喜高温多湿气候。耐干旱、抗风沙、耐盐碱、生长迅速、萌芽力强。

（4）用途 树干通直，小枝酷似松针，姿态优美，可混交于风景林区，列植作行道树，或孤植、群植于广场、庭园中。为华南沿海地区优良的防风固沙林和农田防护林的先锋树种。

17. 椤木石楠 *Photinia davidsoniae* Lindl

（1）识别要点 常绿乔木，高6～15m，幼枝棕色，贴生短毛，后呈紫褐色，最后呈灰色无毛。树干及枝条上有刺。叶革质，长圆形至倒卵状披针形，长5～15cm，宽2～5cm，叶端渐尖而有短尖头，叶基楔形，叶缘有带腺的细锯齿，叶柄长0.8～1.5cm。花多而密，呈顶生复伞房花序；花序梗、花柄均贴生短柔毛，花白色，径1～1.2cm。梨果，黄红色，径7～10mm。花期5月；果9～10月成熟。

（2）分布 分布于华中、华南、西南各省。

（3）习性 喜光，稍耐荫，喜温暖，喜排水良好的肥沃壤土，也耐干旱瘠薄，不耐水湿。

（4）用途　花、叶均美，可作刺篱用。

18. 中华杜英 ***Elaeocarpus chinensis*** (Gardn et Champ) **Hook. f.**（图2-13）

（1）识别要点　小乔木；小枝被短柔毛。叶片卵状披针形至披针形，长5～8cm，两面无毛，下面有黑色腺点，叶缘有钝锯齿。花瓣先端有锯齿；雄蕊8～10。果长7mm。

（2）分布　浙江、福建、江西、广东、广西、贵州、云南。

（3）习性　喜温暖湿润气候，稍耐荫，不耐寒，不耐积水，抗二氧化硫；根系发达，萌芽力强，耐修剪。

（4）用途　树冠圆整，枝叶繁茂，秋冬、早春叶片常显绯红色，红绿相间，鲜艳夺目，可用于工矿企业绿化。

图2-13　中华杜英

19. 女贞（大叶女贞）***Ligustrum lucidum*** **Ait.**（图2-14）

（1）识别要点　常绿乔木，高达15m。全株无毛。叶革质，卵形，宽卵形，长6～12cm，宽3～7cm，顶端尖，基部圆形或宽楔形。花序长10～20cm；花白色，芳香，花冠裂片与花冠筒近等长。果椭圆形，长约1cm，紫黑色，有白粉。花期6～7月，果期11～12月。

（2）分布　分布于长江流域及以南各省区。山东、山西、河南等省的南部也有栽培。

（3）习性　喜光，稍耐荫；喜温暖，不耐寒；不耐干旱；在微酸性至微碱性湿润土壤上生长良好。对SO_2、Cl_2、HF有较强抗性。生长快，萌芽力强，耐修剪。侧根发达，移栽极易成活。

（4）用途　终年常绿，枝叶清秀，苍翠可爱；夏日白花满树，微带芳香；冬季紫果经久不凋。是优良绿化树种和抗污染树种。可孤植、列植于绿地、广场、建筑物周围。也是很好的城市行道树种。

图2-14　女贞

20. 桂花（木樨）***Osmanthus fragrans*** (Thunb.) **Lour.**（图2-15）

（1）识别要点　高达12m。树冠圆头形或椭圆形，全体无毛。叶革质，椭圆形至椭圆状披针形，长4～12cm，先端急尖或渐尖，全缘或上半部疏生细锯齿，侧脉6～10对，上面下凹，下面微凸。花序聚伞状簇生叶腋；花冠淡黄色或橙黄色，浓香，长2～4.5mm，近基部4裂。果椭圆形，长1～1.5cm，熟时紫黑色。花期9～10月，果期翌年4～5月。

常见栽培品种如下：

1）金桂（var. *thunbergii* Mak.）：花金黄色，香味浓或极浓。

2）银桂（var. *latifolius* Mak.）：花黄白或淡黄色，香味浓至极浓。

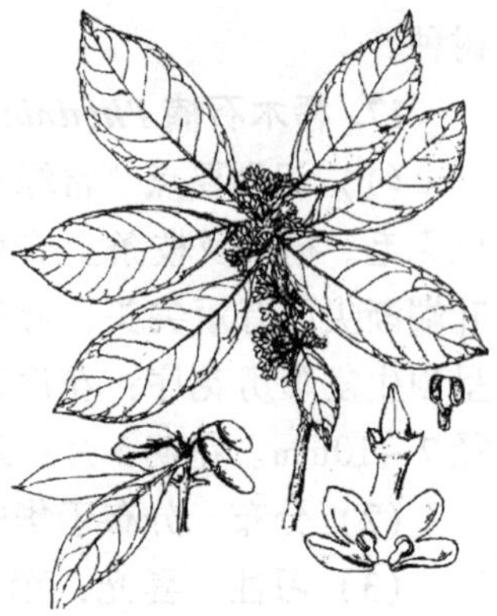

图2-15　桂花

3）丹桂（var. *aurantiacus* Mak.）：花橙黄或橙红色，香味较淡。

4）四季桂（var. *semperflorens* Hort.）：花淡黄或黄白色，一年内花开数次，香味淡。

（2）分布　原产于我国华中、华南、西南地区，广东、广西、湖北、四川、云南等地有野生；淮河流域至黄河下游以南各地普遍地栽。

（3）习性　喜光，喜温暖湿润气候，耐半荫，不耐寒。对土壤要求不严，不耐干旱瘠薄，忌积水。萌发力强，寿命长。对有毒气体抗性较强。

（4）用途　四季常青，枝繁叶茂，秋日花开，芳香四溢。常作园景树，孤植，对植，或成丛、成林栽植。在古典厅前多采用两株对称栽植，古称“双桂当庭”或“双桂留芳”；与牡丹、荷花、山茶等配置，可使园林四时花开。对有毒气体有一定的抗性，可用于厂矿绿化。花用于食品加工或提取芳香油，叶、果、根等可入药。

21. 冬青 *Ilex purpurea* Hassk.（*Ilex chinensis* Sims）（图2-16）

（1）识别要点　常绿大乔木，高达15m；树冠卵圆形，树皮暗灰色。小枝浅绿色，具棱线。叶薄革质，长椭圆形至披针形，长5～11cm，先端渐尖，基部楔形，有疏浅锯齿，表面深绿色，有光泽，侧脉6～9对。聚伞花序，生于当年嫩枝叶腋，淡紫红色，有香气。核果椭圆形，红色光亮，经冬不落。花期5月；果期10～11月。

（2）分布　长江流域及其以南，西至四川，南达海南。

（3）习性　喜温暖湿润气候和排水良好的酸性土壤。不耐寒，较耐湿。深根性，萌芽力强，耐修剪。

（4）用途　冬青枝叶繁茂，果实红若丹珠，分外艳丽，是优良庭园观赏树种，也可作绿篱。

（5）同属相近植物　大叶冬青 *Ilex latifolia* Thunb.（图2-17）。

图2-16　冬青

图2-17　大叶冬青

与冬青的区别：全体无毛，小枝粗而有纵棱。叶片长椭圆形，厚革质，长8～18cm，上面中脉凹下，有光泽，侧脉15～17对，具疏锯齿。聚伞花序圆锥状，花黄绿色。果球形，红色。

分布于长江流域各地及福建、广东、广西。树姿优美，可栽培观赏。其余同冬青。

22. 柚 *Citrus grandis*（L.）Osbeck（图2-18）

（1）识别要点　常绿乔木、高5~10m。小枝有毛，刺较大。叶卵状椭圆形，长6~17cm，叶缘有钝齿；叶柄具宽大倒心形翼。花两性，白色，单生或簇生叶腋。果圆球形、扁球形或梨形，径15~25cm，果皮平滑，淡黄色。春季开花，果9~10月成熟。

（2）分布　原产于印度，中国南部地区有较久的栽培。

（3）习性　喜暖热湿润气候及深厚、肥沃而排水良好的中性或微酸性沙质土壤或黏质壤土，但在过分酸性及黏土地区生长不良。繁殖可用播种、嫁接、扦插、空中压条等法。

（4）用途　亚热带重要果树之一；成熟期一般较早，又耐贮藏。果实可鲜食，果皮可作蜜饯，硕大的果实且有很强的观赏价值。根、叶、果皮均可入药，有消食化痰、理气散结之效，种子榨油供制皂、润滑及食用。木材坚实致密，为优良的家具用材。

图2-18　柚

23. 木荷（荷树）*Schima superba* Gardn. et Champ.（图2-19）

（1）识别要点　树高达30m。树冠广卵形；树皮褐色，纵裂。嫩枝带紫色，略有毛。顶芽尖圆锥形，被白色长毛。叶卵状长椭圆形至矩圆形，长10~12cm，叶端渐尖，叶基楔形，叶缘中部以上有钝锯齿，叶背绿色无毛。花白色，芳香；子房基部密被细毛。蒴果球形，径约1.5cm。花期5月；果9~11月成熟。

（2）分布　原产于华南、西南。长江流域以南广泛分布。

（3）习性　喜光，适生于温暖气候及肥沃酸性土壤，生长较快。

（4）用途　树冠浓荫，花芳香，可作庭荫树、风景树。

24. 棕榈 *Trachycarpus fortunei*（Hook. f.）H. Wendl（图2-20）

（1）识别要点　常绿乔木。树干圆柱形，高达10m，干径达24cm。叶簇竖干顶，近圆形，径50~70cm，掌状裂深达中下部；叶柄长40~100cm，两侧细齿明显。雌雄异株，圆锥状肉穗花序腋生，花小而黄色。核果肾状球形，径约1cm，蓝黑色，被白粉。花期4~5月；10~11月果熟。

图2-19　木荷

图2-20　棕榈

(2) 分布 原产于我国。日本、印度、缅甸也有。在我国分布很广，北起陕西南部，南到广东、广西和云南，西达西藏边界，东至上海和浙江。从长江出海口，沿着长江上游两岸500km的广阔地带分布最广。

(3) 习性 棕榈是本科中最耐寒的植物，但喜温暖湿润气候。野生棕榈往往生长在林下和林缘，有较强的耐荫能力。喜排水良好、湿润肥沃的中性、石灰性、微酸性的黏质壤土，耐轻盐碱土，也耐一定干旱与水湿。喜肥，抗烟尘，对有毒气体（二氧化硫和氟化氢）抗性强，有很强的吸毒能力。根系浅，须根发达，生长缓慢。棕榈挺拔秀丽，一派南国风光。适应性强，能抗多种有毒气体。

(4) 用途 棕榈是园林结合生产的理想树种，又是工厂绿化的优良树种，可列植、丛植或成片栽植；也常用盆栽或桶栽作室内或建筑前装饰及布置会场之用。

模块3 落叶乔木识别与应用

教学目标

知识目标：

- 掌握落叶乔木的形态特征、生态习性、观赏特性。
- 了解落叶乔木的园林应用。

能力目标：

- 识别常见的落叶乔木。

素质目标：

- 学生通过收集、整理、总结和应用相关信息资料，培养自主学习的能力。
- 培养学生能吃苦耐劳、实事求是、善于调研的精神，并能与组内同学分工协作，相互帮助，共同提高。
- 通过对落叶乔木不断深入地学习和认识，提高学生的植物识别与应用能力。

能力训练

[活动] 校园或公园落叶乔木识别

活动目的	能识别常见的落叶乔木，熟悉落叶乔木的配置形式
活动要求	正确识别树木种类
活动程序	教师现场讲解、指导学生识别
	学生分组活动，观察树木的形态、确定树木名称，记录每种树木的名称、科属、生态习性、观赏特性、园林应用 拍摄照片
	各组制作PPT，并进行交流讨论
	考核评估：树木识别现场考核（口试）

落叶乔木是每年秋冬季节或干旱季节叶全部脱落的乔木。落叶乔木树叶存在期短，一年内叶子便会全数脱落，全部老叶脱落后便进入休眠时期。一般绝大多数的落叶树都处于温带气候条件下，夏天繁茂、冬天落叶，少数树种可以带着枯叶越冬。落叶是植物减少蒸腾、渡过寒冷或干旱季节的一种习性，这一习性是植物在长期进化过程中形成的。

常见落叶乔木有鹅掌楸、北美鹅掌楸、玉兰、凹叶厚朴、日本樱花、山楂、刺槐、黄檀、槐树、合欢、山合欢、肥皂荚、山皂荚、垂柳、旱柳、龙爪柳、枫杨、胡桃、板栗、栓皮栎、麻栎、槲栎、朴树、榆树、榉树、檫树、枫香、杜仲、悬铃木、臭椿、楝、香椿、重阳木、乌桕、油桐、南酸枣、黄连木、三角枫、元宝槭、五角槭、茶条槭、七叶树、无患子、栾树、全缘叶栾树（黄山栾树）枣、枳椇、梧桐、柽柳、紫薇、喜树、珙桐、刺楸、山茱萸、灯台树、柿、浙江柿、油柿、君迁子、泡桐、楸树、梓树、白蜡树、水曲柳等。

1. 玉兰（白玉兰、望春花）***Magnolia denudata* Desr.**（图 2-21）

（1）识别要点　落叶乔木。树冠卵形、近球形。幼枝及芽均有毛。花芽大，密被灰黄色长绢毛。叶倒卵状长椭圆形，长 10～15cm，先端突短尖，基部广形或近圆形，幼时背面有毛。花大，径 12～15cm，纯白色，芳香，花萼、花瓣相似，共 9 片。花期 3 月，叶前开放；果 9～10 月成熟。

（2）分布　原产于中国中部山野中；现国内外庭园常见栽培。

（3）习性　喜光，稍耐荫，颇耐寒，喜肥沃适当湿润而排水良好的弱酸性土壤（pH 5～6），但也能生长于碱性土（pH 7～8）中。根肉质，忌积水低洼处。生长速度较慢。

（4）用途　玉兰花大，洁白而芳香，是我国著名的早春花木。早春先叶开花，满树皆白，晶莹如玉，幽香似兰，故以玉兰名之。宜植于厅前、院后，配置西府海棠、牡丹、桂花，象征“玉堂富贵”，如丛植于草坪或针叶树丛之前，则能形成春光明媚的景色。现为上海市市花，也可药用。

2. 鹅掌楸 ***Liriodendron chinense* Sarg.**（图 2-22）

（1）识别要点　乔木，高 40m，树冠圆锥状。一年生枝灰色或灰褐色。叶马褂形，长 12～15cm，各边 1 裂，向中腰部缩入，老叶背部有白色乳状突点。花黄绿色，外面绿色较多而内面黄色较多；花瓣长 3～4cm，花丝短，约 0.5cm。聚合果，长 7～9cm，翅状小坚果，先端钝或钝尖。花期 5～6 月；果 10 月成熟。

图 2-21　玉兰

图 2-22　鹅掌楸

(2) 分布 浙江、江苏、安徽、江西、湖南、湖北、四川、贵州、广西、云南等省；越南北部也有。

(3) 习性 喜光及温和湿润气候，有一定的耐寒性。喜深厚肥沃、湿润而排水良好的酸性或微酸性土壤（pH 4.5～6.5），在干旱土地上生长不良，忌低湿水涝。生长速度快。本树种对空气中的 SO_2 气体有中等的抗性。

(4) 用途 树形端正，叶形奇特，是优美的庭荫树和行道树种。花淡黄绿色，美而不艳，秋叶呈黄色，丛植、列植、片植均可。

3. 皂荚（皂角）***Gleditsia sinensis* Lam.**（图2-23）

(1) 识别要点 乔木，高达15～30m，树冠扁球形。枝刺圆而有分歧。一回羽状复叶，小叶6～14枚，卵形至卵状长椭圆形，长3～8cm，叶端钝而具短尖头，叶缘有细钝锯齿，叶背网脉明显。总状花序腋生，萼、瓣各为4。荚果较肥厚，直而不扭转，长12～30 cm，黑棕色，被白粉。花期5～6月；果10月成熟。

(2) 分布 分布极广，自中国北部至南部以及西南均有分布。多生于平原、山谷及丘陵地区。但在温暖地区可分布在海拔1600m处。

(3) 习性 性喜光而稍耐荫，喜温暖湿润气候及深厚肥沃适当湿润土壤，但对土壤要求不严，在石灰质及盐碱性土壤甚至黏土或沙土上均能正常生长。

(4) 用途 树冠宽广，叶密荫浓，宜作庭荫树及四旁绿化或造林用。

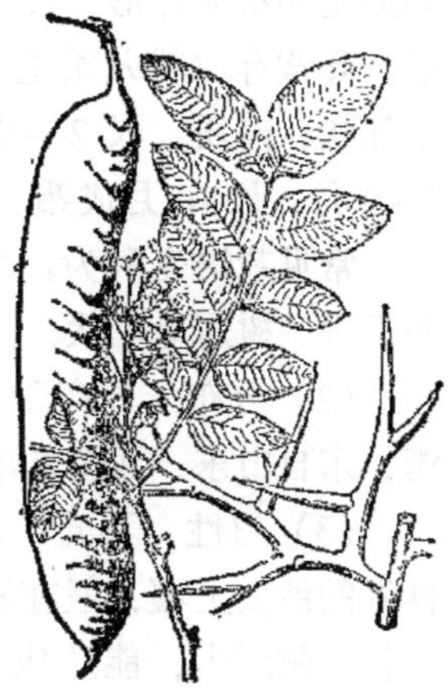

图2-23 皂荚

4. 山皂荚（日本皂荚）***Gleditsia japonica* Miq.**（C. horrida Mak.）

(1) 识别要点 乔木，高达20～25m，枝刺扁，小枝淡紫色。一回偶数羽状复叶，小叶6～10对，卵形至卵状披针形，长2～6.5cm，疏生钝锯齿或近全缘；萌芽枝上常为二回羽状复叶。花杂性异株，穗状花序，花柄极短。荚果薄而扭曲或为镰刀状，长18～30cm。花期5～7月；果10～11月成熟。

(2) 分布 产于我国辽宁、河北、山东、江苏、安徽、陕西等省。朝鲜及日本也有分布。

(3) 习性 性喜光，多生于山地林缘或沟谷旁，在酸性土及石灰质土壤上均可生长良好。

(4) 用途 作庭荫树及“四旁”绿化树种。

5. 合欢（夜合花）***Albizzia julibrissin* Durazz.**（图2-24）

(1) 识别要点 落叶乔木，高达16m，树冠扁圆形，常呈伞状。树皮褐灰色，主枝较低。叶为二回偶数羽状复叶，羽片4～12对，各有小叶10～30对，小叶镰刀状长圆形，长6～12mm，宽1～4mm，中脉明显偏于一边，叶背中脉处有毛。花序头状，多数，细长的总柄排成伞房状，腋生或顶生，萼及花瓣均黄绿色，雄蕊多数，长25～40mm，如绒缨状。荚果扁条形，长9～17cm。花期6～7月；果9～10月成熟；花丝粉

图2-24 合欢

红色。

(2) 分布　产于亚洲及非洲。分布于黄河流域至珠江流域的广大地区。

(3) 习性　喜光。耐寒性略差。对土壤要求不严，能耐干旱，但不耐水涝。生长迅速。

(4) 用途　合欢树姿优美，叶形雅致，盛夏绒花满树，有色有香，宜作庭荫树、行道树，植于林缘、房前、草坪、山坡等地。

6. 槐（国槐）***Sophora japonica* L.**（图2-25）

(1) 识别要点　乔木，高达25m，树冠圆形，干皮暗灰色，小枝绿色，皮孔明显，芽被青紫色毛。小叶7～17枚，卵形至卵状披针形，长2.5～5cm，叶端尖，叶基圆形至广楔形，叶背有白粉及柔毛。花浅黄绿色，排成圆锥花序。荚果串珠状，肉质，长2～9cm，熟后不开裂，也不脱落。花期7～9月；果10月成熟。

常见栽培变种为：龙爪槐（var. *pendula* Loud.）：小枝弯曲下垂，树冠呈伞状，园林中多有栽植。

图2-25　槐

(2) 分布　原产于中国北部，北自辽宁，南至广东、台湾，东自山东，西至甘肃、四川、云南，均有栽植。

(3) 习性　喜光，略耐荫，喜干冷气候，喜深厚、排水良好的沙质土壤，但在石灰性、酸性及轻盐碱土上均可正常生长。耐烟尘，能适应城市街道环境，对二氧化硫、氯气、氯化氢气均有较强的抗性。生长速度中等，根系发达，为深根性树种，萌芽力强，寿命极长。

(4) 用途　槐树树冠宽广，枝叶繁茂，寿命长而又耐城市环境，因而是良好的行道树和庭荫树。由于耐烟毒能力强，因此是厂矿区的良好绿化树种。龙爪槐是中国庭园绿化中的传统树种之一，富于民族特色的情调，常成对地用于配置门前或庭院中，又宜植于建筑前或草坪边缘。

7. 刺槐（洋槐）***Robinia pseudoacacia* L.**（图2-26）

(1) 识别要点　乔木，高10～25m，树冠椭圆状倒卵形。树皮灰褐色，纵裂，枝条具托叶刺，冬芽小，奇数羽状复叶，小叶7～19，椭圆形至卵状长圆形，长2～5cm，叶端钝或微凹，有小尖头。花蝶形，白色，芳香，成腋生总状花序。荚果扁平，长4～10cm。花期5月；果10～11月成熟。

(2) 分布　原产于北美，现欧、亚各国广泛栽培。19世纪末先在中国青岛引种，目前已遍布全国各地，尤以黄河、淮河流域最常见，多植于平原及低山丘陵地带。

(3) 习性　强阳性树种，不耐荫蔽，幼苗也不耐荫。喜较干燥而凉爽气候。较耐干旱瘠薄，能在石灰性土、酸性土、中性土以及轻度盐碱土上正常生长，但以肥沃、湿润、排水良好的冲积沙质土壤上生长最佳。浅根性，侧根

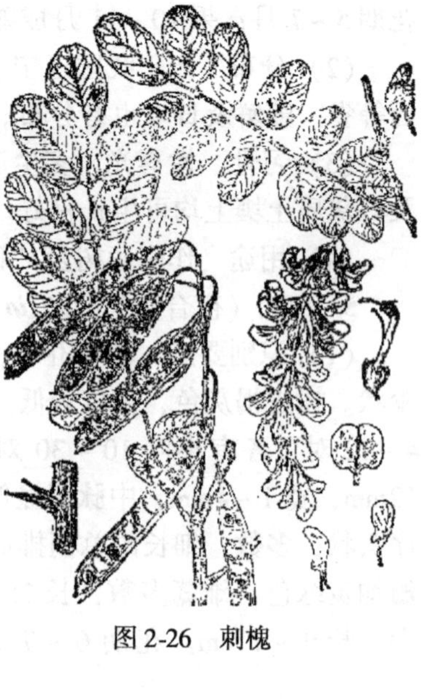

图2-26　刺槐

发达，萌蘖性强。

(4) 用途 刺槐树冠高大，叶色鲜绿，每当开花季节绿白相映非常素雅而且芳香宜人，故可作庭荫树及行道树。因其抗性强，生长迅速，又是工矿区绿化及荒山荒地绿化的先锋树种。

8. 喜树（旱莲、千丈树）***Camptotheca acuminata* Decne.**（图2-27）

(1) 识别要点 落叶乔木，高达25～30m。单叶互生，椭圆形至长卵形，长8～20cm，先端突渐尖，基部广楔形，全缘（萌蘖枝及幼树枝的叶常疏生锯齿）或微呈波状，羽状脉弧形而在表面下凹，表面亮绿色，背面淡绿色，疏生短柔毛，脉上尤密。叶柄长1.5～3cm，常带红色。花单性同株，头状花序具长柄，雌花序顶生，雄花序腋生，花萼5裂，花瓣5，淡绿色；雄蕊10，子房1室。坚果香蕉形，有窄翅，长2～2.5cm，集生成球形。花期7月；果10～11月成熟。

(2) 分布 分布于四川、安徽、江苏、河南、江西、福建、湖北、湖南、云南、贵州、广西、广东等长江以南各省及部分长江以北地区。垂直分布在海拔1000m以下的林边和溪边。

图2-27 喜树

(3) 习性 喜光，稍耐荫；喜温暖湿润气候，不耐寒。喜深厚肥沃湿润土壤，较耐水湿，不耐干旱瘠薄土地，在酸性、中性及弱碱性土上均能生长。萌芽力强，在前10年生长迅速，以后则变缓慢。抗病虫能力强，但耐烟性弱。

(4) 用途 主干通直，树冠宽展，叶荫浓郁，是良好的“四旁”绿化树种。

9. 蓝果树（紫树）***Nyssa sinensis* Oliv.**

(1) 识别要点 高30m，树皮褐色，浅纵裂。叶椭圆状卵形，长8～16cm，全缘，背面沿脉腋有毛。雌雄异株，伞形或短总状花序腋生，含2～4花，5基数，雄蕊2轮，有花盘。核果椭圆形，长1～2.5cm。4月开花；8月果熟。

(2) 分布 分布于我国江苏、浙江、安徽、福建、江西、湖北、湖南、重庆、四川、贵州、云南、广东、广西等地。

(3) 习性 喜光。亚热带及暖温带树种，要求温暖湿润气候，在深厚、肥沃的微酸性土壤中生长良好。速生。

(4) 用途 该树种树体雄伟，干皮美观，秋叶红艳，冬季犹有黑果悬挂枝头，是很有价值的观赏树。在园林中可以孤植、丛植，也可作城市行道树。

10. 珙桐（鸽子树）***Davidia involucrata* Baill.**（图2-28）

(1) 识别要点 落叶乔木，高20m。树冠呈圆锥形，树皮深灰褐色，呈不规则薄片状脱落。单叶互生，广卵形，长7～16cm，先端渐长尖，基部心形，缘有粗尖锯齿，背面密生绒毛；叶柄长4～5cm。花杂性同株，由多数雄花和1朵两性花组成顶生头状花序，花序下有2片大型白色苞片，苞片卵状椭圆形，长8～15cm，上部有疏浅齿，常下垂，花后脱落。花瓣退化或无，雄蕊1～7，子房6～10室。核果椭球形，长3～4cm，紫绿色，锈色皮孔显著，内含3～5核。花期4～5月；果10月成熟。

常见栽培变种为：光叶珙桐（var. *vilmorimiana* Hemsl.）：叶仅背面脉上及脉腋有毛，其余无毛。

(2) 分布　产于湖北西部、四川、贵州及云南北部，生于海拔1300～2500m山地林中。

(3) 习性　喜半荫和温凉湿润气候，以空中湿度较高处为佳。略耐寒，喜深厚、肥沃、湿润而排水良好的酸性或中性土壤，忌碱性和干燥土壤。不耐炎热和阳光曝晒。

(4) 用途　珙桐为世界著名的珍贵观赏树，树形高大端整，开花时白色的苞片远观似许多白色的鸽子栖于树端，蔚为奇观，故有“鸽子树”之称。宜植于温暖地带的较高海拔地区的庭院、山坡、休疗养所、宾馆、展览馆前作庭荫树，并有象征和平的含意。

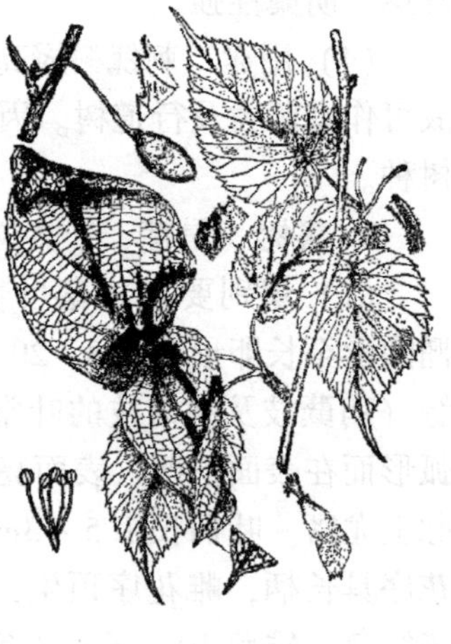

图2-28　珙桐

11. 枫香（枫树）***Liquidambar formosana* Hance**（图2-29）

(1) 识别要点　乔木，高可达40m，树冠广卵形或略扁平。树皮灰色，浅纵裂，老时不规则深裂。叶常为掌状3裂，长6～12cm，基部心形或截形，裂片先端尖，缘有锯齿，幼叶有毛，后渐脱落。果序较大，径3～4cm，宿存花柱长达1.5cm；刺状萼片宿存。花期3～4月；果10月成熟。

常见栽培变种为：短萼枫香（var. *brevicalycina* Cheng et P. C. Huang)：蒴果之宿存花柱粗短，长不足1cm，刺状萼片也短，产于江苏。

图2-29　枫香

(2) 分布　产于中国长江流域及其以南地区。日本也有分布。垂直分布一般在海拔1000～1500m以下的丘陵及平原。

(3) 习性　喜光，幼树稍耐荫，喜温暖湿润气候及深厚湿润土壤，也能耐干旱瘠薄，但较不耐水湿。萌蘖性强，可天然更新。深根性，抗风力强。对二氧化硫、氯气等有较强抗性。

(4) 用途　树高干直，树冠宽阔，气势雄伟，深秋叶色红艳，美丽壮观，是南方著名的秋色叶树种。在园林中栽作庭荫树，或在草地孤植、丛植，或于山坡，池畔与其他树木混植。如与常绿树丛配合种植，秋季红绿相衬，会显得格外美丽。又因枫香具有较强的耐火性和对有毒气体的抗性，可用于厂矿区绿化。一般不宜用作行道树。

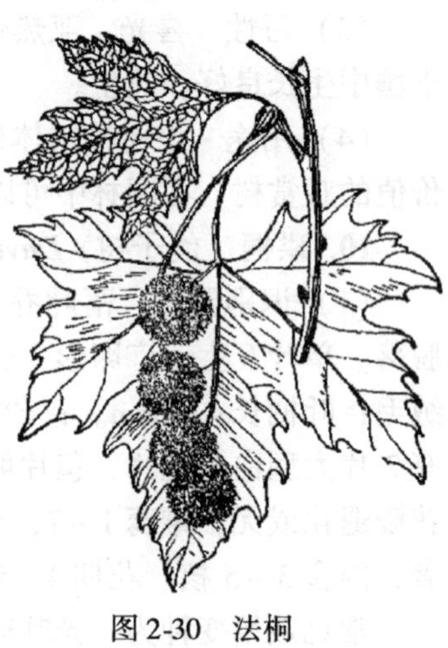

图2-30　法桐

12. 法桐（三球悬铃木）***Platanus orientalis* L.**（图2-30）

(1) 识别要点　大乔木，高20～30m，树冠阔钟形，干皮灰褐绿色至灰白色，呈薄片状剥落。幼枝、幼叶密生褐色星状毛。叶掌状5～7裂，深裂达中部，裂片的长大于宽，叶基阔楔形或截形，叶缘有齿牙，掌状脉，托叶圆领状。花序头状，黄绿色。多数坚果聚合呈球形，3～6球成一串，宿存花柱长，呈刺毛状，果柄长而下垂。花期4～5月；果9～10

月成熟。

(2) 分布　原产于欧洲；印度、小亚细亚亦有分布；中国有栽培。

(3) 习性　喜阳光充足、温暖湿润气候，略耐寒。较能耐湿及耐干。生长迅速，寿命长。

(4) 用途　萌芽力强，耐修剪，对城市环境耐性强，是世界著名的优良庭荫树和行道树种。

13. 美桐（一球悬铃木）***Platanus occidentalis* L.**

(1) 识别要点　大乔木，高40～50m，树冠圆形或卵圆形。叶3～5浅裂，宽度大于长度，裂片呈广三角形。球果多数单生，但也偶有2球一串的，宿存的花柱短，故球面较平滑，小坚果之间无突伸毛。

(2) 分布　原产于北美东南部，中国有少量栽培。

(3) 习性　耐寒力比法桐稍差。

(4) 用途　同法桐。

14. 英桐（悬铃木、二球悬铃木）***Platanus acerifolia* Willd.**

(1) 识别要点　本种是前两种的杂交种。树高达35m，枝条开展，幼枝密生褐色绒毛，干皮呈片状剥落。叶裂形状似美桐，叶片广卵形至三角状广卵形，宽12～25cm，3～5裂，裂片三角形、卵形或宽三角形，叶裂深度约达全叶的1/3，叶柄长3～10 cm。球果通常为2球1串，也偶有单球或3球的，果径约2.5cm，有由宿存花柱形成的刺毛。花期4～5月；果9～10月成熟。

(2) 分布　世界各国多有栽培；中国各地栽培的也以本种为多。

(3) 习性　阳性树，喜温暖气候，有一定抗寒力。对土壤的适应能力极强，能耐干旱、瘠薄，又耐水湿。喜微酸性或中性、深厚肥沃、排水良好土壤。萌芽性强，很耐重剪，抗烟性强，对SO_2及Cl_2等有毒气体有较强的抗性。本种是三种悬铃木中对不良环境因子抗性最强的一种。生长迅速，是速生树种之一。

(4) 用途　树形雄伟端正，叶大荫浓，树冠广阔，干皮光洁，繁殖容易，生长迅速，具有极强的抗烟、抗尘能力，对城市环境的适应能力极强，故世界各国广为应用，有“行道树之王”的美称。在街道绿化时，若以树干颜色而言，则法桐皮色最白，老皮易落；英桐干皮虽也易落，但皮色较暗；美桐的皮色介于二者之间，而皮不易剥落。

15. 垂柳 *Salix babylonica* L.（图2-31）

(1) 识别要点　乔木，树高可达18m，树冠广倒卵形，小枝细长下垂。叶片狭披针形或条状披针形，长8～16cm，先端长渐尖，叶缘有细锯齿，上面绿色，下面有白粉，灰绿色。叶柄长约1cm，雄花具腺体2，雌花仅子房腹面具1腺体。花期2～3月；果期4月。

(2) 分布　主要分布于长江流域及其以南各省区的平原地区，华北、东北也有栽培。

(3) 习性　喜光，适应性强。喜水湿，也较耐寒，土层深厚的高燥地区也能生长。生长迅速，萌芽力强，根系发达。对有毒气体抗性较强。

图2-31　垂柳

(4) 用途　枝条细长，柔软下垂，随风飘舞，姿态优美潇洒，植于河岸及湖、池边最为理想，枝条依依拂水，别有风趣，自古即为重要的庭园观赏树。若与桃树间植，则桃红柳绿，婀娜多姿，实为江南园林春景特色。也可作行道树、庭荫树、固堤护岸树及平原造林树种。也适合于厂矿区绿化。

16. 板栗 *Castanea mollissima* Bl.（图 2-32）

(1) 识别要点　乔木，树高可达 20m，树冠扁球形，树皮深灰色，交错深纵裂。小枝有灰色绒毛。叶卵状椭圆形至椭圆状披针形，长 9～18cm，先端渐尖，基部圆形或广楔形，缘齿尖芒状，下面被灰白色星状短柔毛。雌花常 3 朵生于总苞内，排在雄花序基部。壳斗球形或扁球形，直径 6～8cm，密被长针刺，内有坚果 2～3 个。花期 6 月；果熟期 9～10 月。

图 2-32　板栗

(2) 分布　我国特产树种，产于辽宁以南各地，栽培历史悠久，以华北及长江流域各地栽培最为集中。

(3) 习性　喜光，对气候和土壤适应性强，耐寒，耐旱，较耐水湿。以阳坡、肥沃湿润、排水良好、富含有机质的沙质土壤上生长最好，在黏质土、钙质土和盐碱地上生长不良。深根性，根系发达，寿命长。生长较快，萌芽性较强，较耐修剪。

(4) 用途　树冠宽圆，枝茂叶大，为著名干果，是园林绿化结合生产的优良树种。在公园草坪及坡地孤植或群植均适宜。也可用作山区绿化和水土保持树种。

17. 麻栎（橡树、柴栎）***Quercus acutissima* Carr.**（图 2-33）

(1) 识别要点　落叶乔木，树高可达 25m，树皮交错深纵裂，树冠广卵形。小枝褐黄色，幼枝初被毛，后光滑。叶片长椭圆状披针形，长 8～18cm，先端渐尖，基部圆形或宽楔形，叶缘锯齿刺芒状，幼叶有短绒毛，后脱落，老叶下面无毛或仅脉腋有毛，淡绿色，侧脉直达齿端。壳斗杯状，包围坚果 1/2，苞片锥形，粗长刺状，反曲，有毛。果卵球形或长卵形，果顶圆形。花期 4～5 月；果翌年 10 月成熟。

图 2-33　麻栎

(2) 分布　分布极广，北起辽宁、河北，南至广东、广西，东至华东各省，西至云南、四川及西藏东部。

(3) 习性　喜光，不耐荫，耐寒，耐旱，耐瘠薄，以深厚、湿润、肥沃、排水良好的中性至酸性土壤生长最好。深根性，萌芽力强，寿命长。抗火耐烟能力也较强。

(4) 用途　树干通直，树冠开展，树姿雄伟，浓荫如盖，叶入秋转橙褐色，季相变化明显。园林中可孤植、群植或与其他树混植成风景林都很适宜。同时也是营造防风林、水源涵养林及防火林的重要树种。为我国著名的硬阔叶树优良用材树种。

18. 栓皮栎（软木栎）***Quercus variabilis* Bl.**（图2-34）

（1）识别要点　落叶乔木，树高可达25m，树冠广卵形，树皮灰褐色，深纵裂，栓皮层发达，特别厚。小枝淡褐黄色，无毛。叶形和叶缘与麻栎极相似，但叶下面密生灰白色星状毛，坚果果顶平圆为其与麻栎的区别点。花期4～5月；果翌年10月成熟。

（2）分布　与麻栎相似。

（3）习性　喜光，对气候、土壤的适应性强，耐旱、耐瘠薄，不耐积水。深根性，根系发达，抗风力强，耐火能力较强，萌芽力强，寿命长。

（4）用途　同麻栎。此外栓皮层可作绝缘、隔热、隔音、瓶塞的原材料。

19. 核桃（胡桃）***Juglans regia* L.**（图2-35）

（1）识别要点　乔木，树高可达20～25m，树冠广卵形至扁球形。树皮幼时灰绿色，平滑，老时灰白色纵向浅裂。小枝绿色，无毛或近无毛。小叶5～9，椭圆形、卵状椭圆形至倒卵形，长4.5～12.5（15）cm，先端钝尖，基部楔形或圆形，侧生小叶基部偏斜，全缘，幼树及萌芽枝上的叶有锯齿。雌花1～3朵生于枝顶。果序短，俯垂，果球形，直径4～6cm，无毛，果核近球形，径长2.8～3.7cm，先端钝，有不规则浅刻纹和2纵脊。花期4～5月；果熟期9～11月。

图2-34　栓皮栎

图2-35　核桃

（2）分布　原产于中亚，我国广为栽培，北起辽宁南部，南至广东、广西，东自华东，西至新疆及西南，以西北、华北为主要产区。

（3）习性　喜光，喜温暖凉爽气候，耐干冷，不耐湿热，喜深厚、肥沃、湿润而排水良好的微酸性至微碱性土壤。深根性，根肉质，怕水淹。

（4）用途　树冠庞大雄伟，枝叶茂密，绿荫覆地，树干灰白洁净，是良好的庭荫树。孤植、丛植于草地或园中隙地都很合适，也可成片、成林栽植于风景疗养区，其花、枝、叶、果挥发的气味具有杀菌、杀虫的保健功效。核桃为山区园林绿化结合生产的好树种，国家二级重点保护树种。

20. 薄壳山核桃（长山核桃、美国山核桃）***Carya illinoinensis* K. Koch**（图2-36）

（1）识别要点　乔木，在原产地高达45～55m，树冠初为圆锥形，后变为长圆形至广卵形。鳞芽被黄色短柔毛。小叶11~17，为不对称的卵状披针形，常镰状弯曲，长4.5~21cm，先端长渐尖，基部偏斜，楔形，缘具不整齐重锯齿或单锯齿。雌花3~10朵成短穗状。果长圆形，长3.5~5.7cm，有4条纵棱，核长卵形或长圆形，长2.5~4.5cm，平滑、淡褐色，核壳较薄。花期5月；果熟期10~11月。

图2-36 薄壳山核桃

(2) 分布 原产于美国东南部及墨西哥，20世纪初引入我国，各地常有栽培，以江苏南部、浙江、福建一带较集中。

(3) 习性 喜光，喜温暖湿润气候，但有一定抗寒性。在平原、河谷之深厚疏松而富含腐殖质的沙质土壤及冲击土生长最快，耐水湿，但不耐干旱。深根性，根萌蘖性强。生长速度中等，寿命长。

(4) 用途 树体高大，枝叶茂密，树姿优美，是优良的城乡绿化树种，可作行道树、庭荫树及成片营造果材两用林，很适于河流沿岸、湖泊周围及平原地区"四旁"绿化和营造防护林带。在园林绿地中孤植、丛植于坡地、草坪也颇为壮观。

21. 枫杨（平柳、柜柳、水麻柳、元宝枫）***Pterocarya stenoptera* C. DC.**（图2-37）

(1) 识别要点 乔木，树高可达30m，枝具片状分隔，裸芽密被褐色毛。羽状复叶的叶轴有翼。小叶10~28，纸质，矩圆形至矩圆状披针形，长5~10cm，先端短尖或钝，基部偏斜，缘有细锯齿，两面有细小腺鳞，下面脉腋有簇生毛。果序下垂，坚果近球形，具2长圆形果翅。花期3~4月；果熟期8~9月。

图2-37 枫杨

(2) 分布 北自辽宁、河北、陕西，南达广东、广西，东起江苏、浙江，西至云南、四川、贵州等省区。

(3) 习性 喜光，较耐寒，耐湿性强，但不耐长期积水。深根性，主根明显，侧根发达，萌芽力强。

(4) 用途 树冠宽广，枝叶茂密，可作庭荫树和行道树，也常用于水边护岸固堤及防风林树种。

22. 青钱柳（麻柳、摇钱树）***Cyclocarya paliurus*（Batal.）Iljinsk.**（图2-38）

(1) 识别要点 乔木，树高可达30m。芽被褐色腺鳞。幼树树皮灰色，平滑，老树皮灰褐色，深纵裂。幼枝密被褐色毛，后渐脱落。叶轴被白色弯曲毛及褐色腺鳞，小叶7~9(13)，椭圆形或长椭圆状披针形，长为3~14cm，先端渐尖，基部偏斜，具细锯齿，上面中脉密被褐色毛及腺鳞，下面被灰色腺鳞，叶脉及脉腋被白色毛。果翅圆形。花期5~6月；果熟期9月。

(2) 分布 产于华东、华中、华南及西南。

(3) 习性 喜光，稍耐旱，萌芽性强，抗病虫害。

(4) 用途 树形高大雄伟，果形奇特，可作庭荫树、行道树。

23. 白榆（家榆、榆树）***Ulmus pumila* L.**（图2-39）

(1) 识别要点 乔木，树高可达25m，树冠卵圆形，树皮暗灰色，纵裂而粗糙。小枝灰白色，细长，排成二列状。叶片椭圆形至椭圆状披针形，长2~7cm，先端尖或渐尖，基部楔形，仅下面脉腋有簇生毛。果近圆形或卵圆形，长1~2cm，熟时黄白色，无毛。花期3月；果熟期4~5月。

图2-38　青钱柳

图2-39　白榆

(2) 分布　产于华东、华北、东北、西北等地区，尤以东北、华北、淮北和西北平原栽培最为普遍。

(3) 习性　喜光，耐寒性强，能适应干冷气候。对土壤要求不严，耐干旱瘠薄，耐轻度盐碱。根系发达，抗风，萌芽力强，耐修剪，生长迅速，寿命可达百年以上。对烟尘和有毒气体的抗性较强。

(4) 用途　树干通直，树形高大，树冠浓荫，在城乡绿化中宜作行道树、庭荫树、防护林及“四旁”绿化树种，掘取残桩可制作树桩盆景。白榆也是营造防风林、水土保持林和盐碱地造林的主要树种之一。

24. 榔榆（小叶榆、脱皮榆）***Ulmus parvifolia* Jacq.**（图2-40）

(1) 识别要点　乔木，树高可达25m，树皮灰褐色，呈不规则的红褐、黄褐或绿褐色薄片状剥落，树冠扁球形或卵圆形。小枝灰褐色，初有毛，后渐脱落。叶较小而质厚，狭椭圆形、卵形或倒卵形，长2~5cm，先端短渐尖或钝，缘具单锯齿（萌芽枝的叶常有重锯齿）。翅果长椭圆形或卵形，较小，长0.8~1.0cm，果核位于翅果中央。花期8~9月；果熟期10~11月。

图2-40　榔榆

(2) 分布　产于长江流域及其以南地区，北至山东、河南、山西、陕西等省。

(3) 习性　喜光，稍耐荫。喜温暖气候，也能耐寒，喜肥沃湿润土壤，也有一定耐干旱瘠薄能力。在酸性、中性、石灰性的坡地、平原、溪边均能生长。生长速度中等，寿命较长。深根性，萌芽力强，对烟尘及有毒气体的抗性较强。

(4) 用途　树形优美，姿态潇洒，树皮斑驳可爱，枝叶细密，观赏价值较高。在园林中孤植、丛植，或与亭、榭、山石配置都十分合适，也可栽作行道树、庭荫树或制作盆景，并适合作厂矿区绿化树种。

25. 榉树（大叶榉）***Zelkova schneideriana* Hand. -Mazz.**（图2-41）

（1）识别要点　乔木，树高可达25m，树冠倒卵状伞形，树皮深灰色，不开裂。小枝细，红褐色，密被白柔毛。叶长椭圆状卵形或椭圆状披针形，长2～8（10）cm，先端尖，基部广楔形，小桃尖形锯齿钝尖，齿端略向前伸，叶上面粗糙，下面密被灰色柔毛。坚果小，果径2.5～4mm。花期3～4月；果熟期10～11月。

（2）分布　产淮河流域及秦岭以南，长江中下游至华南、西南各省区。

（3）习性　喜光，喜温暖气候和肥沃湿润土壤，忌积水地，也不耐干旱瘠薄，耐烟尘，抗有毒气体。深根性，侧根广展，抗风力强。生长慢，寿命长。

图2-41　榉树

（4）用途　树姿高大雄伟，枝细叶美，夏日浓荫如盖，秋季叶色转暗紫红色，观赏价值在榆科树种中最高。适作行道树、庭荫树，在园林绿地中孤植、丛植、列植皆可，若点缀于亭台池边则别有风趣。还适于用作厂矿区绿化和营造防风林的树种。其也是制作桩景的好材料。

26. 朴树（沙朴、霸王树）***Celtis sinensis* Pers.**（图2-42）

（1）识别要点　乔木，树高可达20m，树皮灰色，不开裂。树冠扁球形。小枝幼时密被柔毛，后渐脱净。叶卵状椭圆形，长2.5～10cm，先端短渐尖、钝尖或微渐尖，基部不对称，中部以上有浅钝锯齿。叶上面无毛，下面沿脉疏生短柔毛，叶柄长0.6～1cm。花1～3朵生于当年生叶腋，核果径4～5mm，单生或2个并生，果梗与叶柄近等长，熟时红褐色，果核有网纹及棱脊。花期4～5月；果熟期10～11月。

（2）分布　产于淮河流域、秦岭以南至华南各省区。

（3）习性　喜光，稍耐荫。耐水湿，也有一定抗旱能力。对土壤要求不严，能耐轻盐碱土。深根性，抗风力强，耐烟尘，对有毒气体有一定的抗性。生长快，寿命较长。

图2-42　朴树

（4）用途　树冠宽广，枝条开展，绿荫浓郁，适于城乡绿化。最宜作庭荫树，也可作行道树。可配置于草坪、坡地、池边等处，也适于厂矿区绿化。

27. 桑树（家桑、白桑）***Morus alba* Linn.**（图2-43）

（1）识别要点　乔木，树高可达16m，树冠宽广倒卵形，树皮灰黄色或黄褐色。叶卵形至宽卵形，长5～18cm，先端尖，基部圆形或心形，缘具粗锯齿，不裂或不规则分裂，叶基三出脉，叶上面有光泽，无毛，下面沿脉有疏毛，脉腋有簇生毛。花雌雄异株。聚花果长1～2.5cm，成熟紫褐色、红色或白色，多汁味甜。花期4月；果期5～7月。

（2）分布　原产于我国中部地区，现各地广泛栽培，以长江流域和黄河流域中下游各地栽培最多。

（3）习性　喜光，喜温暖湿润气候，耐寒，耐干旱瘠薄，耐积水，对土壤适应性强，能耐轻盐碱土。能抗烟尘。根系发达，有较强的抗风力，萌芽力强，耐修剪。

（4）用途　枝叶茂密，树冠广阔，秋季叶色变黄，有一定观赏性。适宜城市、厂矿区和农村“四旁”绿化，或栽作防护林。其观赏品种更适于庭园栽培。叶可饲蚕，可作桑园经营。果可生食或酿酒。幼果、枝、叶、根、皮可入药。

28. 构树（谷浆树、楮树）***Broussonetia papyrifera* Vent.**（图2-44）

（1）识别要点　乔木，树高可达15m，树皮平滑，浅灰色。小枝密生白色绒毛。叶片卵形，长7～20cm，先端渐尖或短尖，基部圆形或近心形，缘具粗锯齿，不裂或不规则3～5裂，两面密被粗毛，叶柄密生粗毛。聚花果球形，熟时橘红色。花期5月；果期9月。

图2-43　桑树

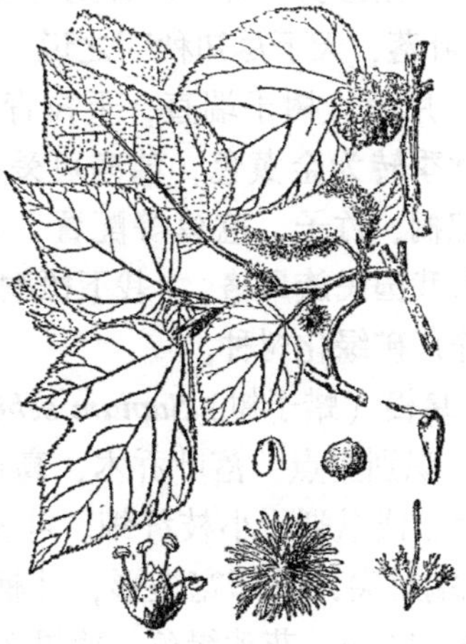

图2-44　构树

（2）分布　分布极广，主产于华东、华中、华南、西南及华北。

（3）习性　喜光，适应性强，能耐干冷和湿热气候，耐干旱瘠薄，又能生长于水边，萌芽力强，生长快，病虫害少。抗烟尘、粉尘和多种有毒气体。

（4）用途　是厂矿区绿化、荒山绿化的优良树种和防护林树种。

29. 杜仲（丝棉树、丝棉木）***Eucommia ulmoides* Oliv.**（图2-45）

（1）识别要点　树高可达20m，树干端直，树冠卵形，枝叶密集，小枝无毛，有明显皮孔。叶片椭圆形或椭圆状卵形，长6～18cm，先端渐尖，基部宽楔形或圆形，边缘有锯齿。翅果长3～4cm，熟时棕褐色，花期3～4月；果熟期10月。

（2）分布　产于华东、华中、华南、西北、西南各地，主要分布于长江流域以南各省区。

（3）习性　喜光，不耐庇荫。对气候、土壤适应能力强。深根性，萌芽力强。

（4）用途　树形整齐，枝叶茂密，适宜作庭荫树和行道树。体内胶丝可提炼优质硬性橡胶，树皮为名贵中药材，是我国重要的特用经济树种。在园林风景区及防护林带可结合生产绿化造林。

图2-45　杜仲

30. 梧桐（青梧）***Firmiana simplex***（L.）**W. F. Wight**（图2-46）

（1）识别要点　树高达16m。树干端直，树冠卵圆形；干、枝翠绿色，平滑。单叶互生，掌状3~5中裂，裂片全缘，径15~30cm，基部心形，下面被星状毛；叶柄约与叶片等长。萼裂片长条形，黄绿色带红，向外卷；子房基部有退化雄蕊。果匙形，网脉明显。花期6月；果期9~10月。

（2）分布　分布于华东、华中、华南、西南及华北各地。

（3）习性　喜光，喜温暖气候及土层深厚、肥沃、湿润、排水良好、含钙丰富的土壤。深根性，直根粗壮，萌芽力弱，不耐涝，不耐修剪。春季萌芽期较晚，但秋季落叶很早，故有“梧桐一叶落，天下尽知秋”之说。

图2-46　梧桐

（4）用途　树干端直，干枝青翠，绿荫深浓，叶大而形美，且秋季转为金黄色，洁净可爱。为优美的庭荫树和行道树。与棕榈、竹子、芭蕉等配置，点缀假山石园景，协调古雅，具有我国民族风格。“栽下梧桐树，引来金凤凰”即为此树。对多种有毒气体有较强抗性，可作厂矿绿化树种。

31. 乌桕（蜡子树）***Sapium sebiferum***（L.）Roxb.（图2-47）

（1）识别要点　落叶乔木，高达15m。树冠近球形，树皮暗灰色，浅纵裂；小枝纤细。叶菱形至菱状卵形，长5~9cm，先端尾尖，基部宽楔形，叶柄顶端有2腺体。花序穗状，长6~12cm，花黄绿色。蒴果3棱状球形，径约1.5cm，熟时黑色，果皮3裂，脱落；种子黑色，外被白蜡，固着于中轴上，经冬不落。花期5~7月；果期10~11月。

（2）分布　原产于我国，分布很广，西起广东、云南、四川，北至山东、河南、陕西均有栽培。

（3）习性　喜光，喜温暖气候；较耐旱。对土壤要求不严，在排水不良的低洼地和间断性水淹的江河堤塘两岸都能良好生长，酸性土和含盐量达0.25%的土壤也能适应。对二氧化硫及氯化氢抗性强。

图2-47　乌桕

（4）用途　叶形秀美，秋日红艳，绚丽诱人。在园林中可孤植、散植于池畔、河边、草坪中央或边缘；列植于堤岸、路旁作护堤树、行道树；混生于风景林中，秋日红绿相间，尤为壮观。冬天桕籽挂满枝头，经冬不落，古人有“喜看桕树梢头白，疑是红梅小着花”的诗句。乌桕也是重要的工业用木本油料树种；根、皮和乳液可入药。

32. 重阳木（朱树）***Bischofia polycarpa***（Levl.）Airy-Shaw（图2-48）

（1）识别要点　落叶乔木，高可达15m。树皮褐色，纵裂，树冠伞形。小叶片卵形至椭圆状卵形，长5~11cm，基部圆形或近心形，缘具细锯齿。总状花序；雌花具2（3）花柱。果较小，径0.5~0.7cm，熟时红褐色至蓝黑色。花期4~5月，果期8~10月。

（2）分布　产于秦岭、淮河流域以南至广东、广西北部。长江流域中下游地区习见树种。山东、河南有栽培。

（3）习性 喜光，稍耐荫，喜温暖气候，耐水湿，对土壤要求不严。根系发达，抗风力强。

（4）用途 树姿优美，绿荫如盖，秋日红叶，可形成层林的秋景。宜作庭荫树和行道树，也可点缀于湖边、池旁。对二氧化硫有一定抗性，可用于厂矿、街道绿化。

33. 丝棉木（桃叶卫矛、白杜）***Euonymus bungeanus*** **Maxim.**（图2-49）

（1）识别要点 落叶小乔木，高达8m。小枝绿色，四棱形，无木栓翅。叶卵形至卵状椭圆形，先端急长尖，缘有细锯齿，叶柄长2～3.5cm。花淡绿色，3～7朵成聚伞花序。蒴果粉红色，4深裂，种子具红色假种皮。花期5月；果熟期10月。

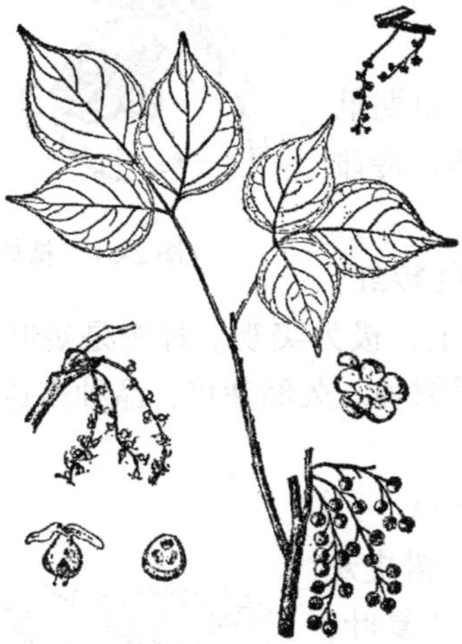

图2-48 重阳木

图2-49 丝棉木

（2）分布 分布于华东、华中、华北各地。

（3）习性 喜光，稍耐荫，耐寒；对土壤要求不严，耐干旱，也耐水湿；对有害气体有一定抗性。生长较慢，根系发达，根蘖性强。

（4）用途 枝叶秀丽，秋季叶果红艳，宜丛植于草坪、坡地、林缘、石隙、溪边、湖畔。也可用作防护林及工厂绿化树。

34. 枳椇（拐枣）***Hovenia dulcis*** **Thunb.**（图2-50）

（1）识别要点 树高达45m；小枝红褐色，初有毛。叶片宽卵形，长10～15cm，先端渐尖，基部近圆形，具粗钝锯齿；叶柄长3～5cm。聚伞圆锥花序，生于枝及侧枝顶端。果熟时黑色。

（2）分布 黄河流域至长江流域普遍分布，多生于阳光充足的沟边、路旁、山谷中。

（3）习性 喜光，有一定的耐寒力；对土壤要求不严；深根性，萌芽力强。

（4）用途 树姿优美，叶大荫浓，是良好的庭荫树、行道树。果序梗肥大可食，果实入药。

图2-50 枳椇

35. 柿树 *Diospyros kaki* Thunb.（图2-51）

（1）识别要点　落叶乔木；树皮呈长方块状深裂，不易剥落；树冠球形或圆锥形。叶片宽椭圆形至卵状椭圆形，长6~18cm，近革质，上面深绿色，有光泽，下面淡绿色；小枝及叶下面密被黄褐色柔毛。花钟状，黄白色，多为雌雄同株异花。果卵圆形或扁球形，形状多变，大小不一，熟时橙黄色或鲜黄色；萼宿存，称“柿蒂”。花期5~6月；果期9~10月。

野柿树（var. *sylvestris Makino*）与柿树的区别为：小枝、叶柄被锈色毛，叶片下面密生黄褐色短柔毛。

（2）分布　我国特有树种，自长城以南至长江流域以南各地均有栽培，其中以华北栽培最多。

（3）习性　喜光，喜温暖也耐寒，能耐－20℃的短期低温。对土壤要求不严。对有毒气体抗性较强。根系发达，寿命长，300年生的古树还能结果。

图2-51　柿树

（4）用途　树冠广展如伞，叶大荫浓，秋日叶色转红，丹实似火，悬于绿荫丛中，至11月落叶后，还高挂树上，极为美观。柿树是观叶、观果和结合生产的重要树种。可用于厂矿绿化，也是优良行道树种。久经栽培，品种多达300个以上，通常分“甜柿”和“涩柿”两大类。

36. 臭椿（樗）***Ailanthus altissima* Swingle**（图2-52）

（1）识别要点　高达30m，胸径1m。树冠开阔，树皮灰色，粗糙不裂。小枝粗壮，无顶芽。叶痕大，奇数羽状复叶，小叶13~25，卵状披针形，先端渐长尖，基部具腺齿1~2对，小叶中上部全缘，下面稍有白粉，无毛或仅沿中脉有毛。花杂性，黄绿色。翅果淡褐色，纺锤形。花期4~5月；果熟期9~10月。

（2）分布　原产于我国华南、西南、东北南部各地，现华北、西北分布最多。

（3）习性　喜光，适应干冷气候，能耐－35℃低温。对土壤适应性强，耐干瘠，是石灰岩山地常见树种。可耐含盐量0.6%的盐碱土，不耐积水，耐烟尘，抗有毒气体。深根性，根蘖性强，生长快，寿命可达200年。

图2-52　臭椿

（4）用途　臭椿树干通直高大，树冠开阔，叶大荫浓，新春嫩叶红色，秋季翅果红黄相间，是优良的庭荫树、行道树、公路树。臭椿适应性强，适于荒山造林和盐碱地绿化，更适于污染严重的工矿区、街头绿化。臭椿还是华北山地及平原防护林的重要速生用材树种。臭椿树也颇受国外欢迎，许多国家用作行道树，誉称天堂树，值得推广。

37. 香椿 *Toona sinensis*（A. Juss）Roem.（图2-53）

（1）识别要点　落叶乔木，高达25m，胸径1m。树皮暗褐色，浅纵裂。有顶芽，小枝粗壮，叶痕大。偶数、稀奇数羽状复叶，有香气；小叶10~20，矩圆形或矩圆状披针形，先端渐长尖，基部偏斜，有锯齿。圆锥花序顶生，花白色，芳香。蒴果椭圆形，红褐色，种子上端具翅。花期6月；果熟期10～11月。

(2) 分布 原产于我国中部，辽宁南部、黄河及长江流域各地普遍栽培。

(3) 习性 喜光，有一定耐寒性。对土壤要求不严，稍耐盐碱，耐水湿，对有害气体抗性强。萌蘖性、萌芽力强，耐修剪。

(4) 用途 树干通直，树冠开阔，枝叶浓密，嫩叶红艳，常用作庭荫树、行道树、“四旁”绿化树。香椿是华北、华东、华中低山丘陵或平原地区的重要用材树种，有“中国桃花心木”之称。嫩芽、嫩叶可食，可培育成灌木状以利采摘嫩叶。香椿是重要的经济林树种。

图2-53 香椿

38. 楝树（苦楝）***Melia azedarach* Linn.**（图2-54）

(1) 识别要点 落叶乔木，高达30m，胸径1m。树冠宽阔。小叶卵形、卵状椭圆形，先端渐尖，基部楔形，锯齿粗钝。圆锥花序，花芳香，淡紫色。核果球形，熟时黄色，经冬不落。花期4～5月；果熟期10～11月。

(2) 分布 分布于山西、河南、河北南部，山东、陕西、甘肃南部，长江流域及以南各地。

(3) 习性 喜光，喜温暖气候，不耐寒。对土壤要求不严，耐轻度盐碱。稍耐干瘠，较耐湿。耐烟尘，对二氧化硫抗性强。浅根性，侧根发达，主根不明显。萌芽力强，生长快，但寿命短。

(4) 用途 树形优美，叶形秀丽，春夏之交开淡紫色花朵，颇为美丽，且有淡香，是优良的庭荫树、行道树。耐烟尘、抗二氧化硫，因此也是良好的城市及工矿区绿化树种。楝树是江南地区“四旁”绿化常用树种，也是黄河以南低山平原地区的速生用材树种。

图2-54 楝树

39. 栾树 *Koelreuteria paniculata* Laxm.（图2-55）

(1) 识别要点 落叶乔木，树冠近球形。树皮灰褐色，细纵裂；无顶芽，皮孔明显。奇数羽状复叶，有时部分小叶深裂而为不完全二回羽状复叶，小叶卵形或卵状椭圆形，缘有不规则粗齿，近基部常有深裂片，背面沿脉有毛。花金黄色；顶生圆锥花序，宽而疏散。蒴果三角状卵形，长4～5cm，顶端尖，成熟时红褐色或橘红色；种子黑褐色。花期6～7月；果9～10月成熟。

(2) 分布 主产于华北，东北南部至长江流域及福建，西到甘肃、四川均有分布。

(3) 习性 喜光，耐半荫；耐寒，耐干瘠，喜生于石灰质土壤，也能耐盐渍土及短期水涝。深根性，萌蘖力强；生长速度中等，幼树生长较慢，以后渐快。有较强的抗烟尘能力。

（4）用途　本种树形端正，枝叶茂密而秀丽，春季嫩叶多为红色，入秋叶色变黄；夏季开花，满树金黄，十分美丽，是理想的绿化、观赏树种。宜作庭荫树、行道树及园景树，也可用作防护林、水土保持及荒山绿化树种。

40. 无患子 *Sapindus mukorossi* Gaertn.（图2-56）

（1）识别要点　落叶或半常绿乔木。树冠广卵形或扁球形。树皮灰白色，平滑不裂；小枝无毛，芽两个叠生。小叶8～14，互生或近对生，卵状披针形，先端尖，基部不对称，薄革质，无毛。花黄白色或带淡紫色，顶生圆锥花序。核果近球形，熟时黄色或橙黄色；种子球形，黑色，坚硬。花期5～6月；果熟期9～10月。

图2-55　栾树

图2-56　无患子

（2）分布　分布于淮河流域以南各省。济南植物园有栽培，露地越冬，枝干冻死，来年再发。

（3）习性　喜光，稍耐荫；喜温暖湿润气候，耐寒性不强；对土壤要求不严，以深厚、肥沃而排水良好之地生长最好。深根性，抗风力强；萌芽力弱，不耐修剪；生长尚快，寿命长。对二氧化硫抗性较强。

（4）用途　本种树形高大，树冠广展，绿荫稠密，秋叶金黄，颇为美观。宜作庭荫树及行道树。若与其他秋色叶树种及常绿树种配置，更可为园林秋景增色。

41. 黄连木 *Pistacia chinensis* Bunge（图2-57）

（1）识别要点　落叶乔木，树冠近圆球形；树皮薄片状剥落。通常为偶数羽状复叶，小叶10～14，披针形或卵状披针形，先端渐尖，基部偏斜，全缘，有特殊气味。雌雄异株，圆锥花序。核果，初为黄白色，后变红色至蓝紫色。花期3～4月，先叶开放；果熟期9～11月。

（2）分布　黄河流域及华南、西南均有分布。泰山有栽培。

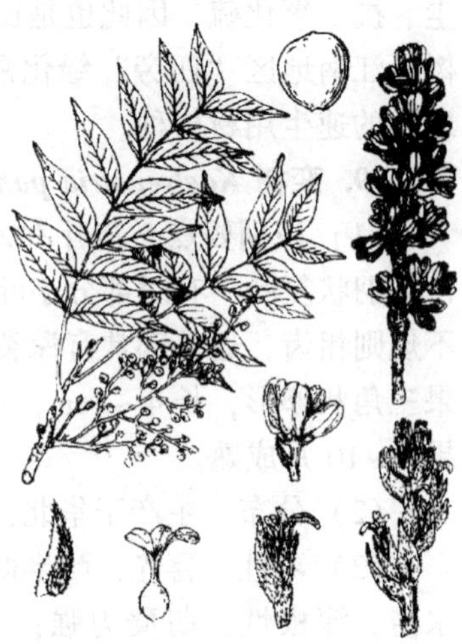

图2-57　黄连木

（3）习性　喜光，喜温暖，耐干瘠，对土壤要求不严，以肥沃、湿润而排水很好的石灰岩山地生长最好。生长慢，抗风性强，萌芽力强。

(4) 用途 树冠浑圆，枝叶茂密而秀丽，早春红色嫩梢和雌花序可观赏，秋季叶片变红色可观赏，是良好的秋色叶树种，可片植、混植。

42. 南酸枣（酸枣）***Choerospondias axillaris***（Roxb.）**Burtt et Hill**（图2-58）

(1) 识别要点 树高达30m，胸径1m。树干端直，树皮灰褐色，浅纵裂，老时条片状脱落。小叶7～15，卵状披针形，先端长尖，基部稍歪斜，全缘，或萌芽枝上叶有锯齿，背面脉腋有簇毛。核果黄色。花期4月；果期8～10月。

(2) 分布 原产于华南及西南，是亚热带低山、丘陵及平原常见树种。

(3) 习性 喜光，稍耐荫；喜温暖湿润气候，不耐寒；喜土层深厚、排水良好的酸性及中性土壤，不耐水淹和盐碱。浅根性，侧根粗大平展；萌芽力强。生长快，对SO_2、Cl_2抗性强。

(4) 用途 本种树干端直，冠大荫浓，是良好的庭荫树、行道树，较适合于厂矿的绿化。

43. 元宝枫（平基槭）***Acer truncatum*** **Bunge**（图2-59）

(1) 识别要点 落叶乔木，树冠伞形或倒广卵形。干皮浅纵裂；小枝浅黄色，光滑无毛。叶掌状5裂，有时中裂片又3小裂，叶基常截形，全缘，两面无毛，叶柄细长。花杂性，黄绿色，顶生伞房花序。翅果扁平，两翅展开约成直角，翅长等于或略长于果核。花期4月；果熟期10月。

图2-58 南酸枣

图2-59 元宝枫

(2) 分布 主产于黄河中、下游各省，山东习见。

(3) 习性 弱阳性，耐半荫，喜生于阴坡及山谷；喜温凉气候及肥沃、湿润而排水很好的土壤，稍耐旱，不耐涝。萌蘖力强，深根性，抗性强，对环境适应性强，移植易成活。

(4) 用途 树冠大，树形优美，叶形奇特，秋叶红艳，优良秋色叶树种。可作庭荫树和行道树。

44. 五角枫（色木）***Acer mono*** **Maxim.**（图2-60）

与元宝枫的区别：叶掌状5裂，基部心形，裂片卵状三角形，中裂片无小裂，网状脉两面明显隆起。果翅展开成钝角，长为果核的2倍。花期4月；果熟期9~10月。分布比元宝枫广泛，其余同元宝枫。

45. 三角枫 *Acer buergerianum* Miq.（图2-61）

（1）识别要点　树皮暗褐色，薄条片状剥落。叶常3浅裂，有时不裂，基部圆形或广楔形，3主脉，裂片全缘，或上部疏生浅齿，背面有白粉。花杂性，黄绿色；顶生伞房花序。果核部分两面凸起，两果翅张开成锐角或近于平行。花期4月；果9月成熟。

图2-60　五角枫

图2-61　三角枫

（2）分布　原产于长江中下游各省，北到山东，南到广东、台湾。

（3）习性　弱阳性，喜温暖湿润气候及酸性、中性土壤，较耐水湿，有一定耐寒力，北京可露地越冬。萌芽力强，耐修剪，根系发达，耐移植。

（4）用途　用途同元宝枫。

46. 七叶树 *Aesculus chinensis* Bunge（图2-62）

（1）识别要点　高达27m，胸径150cm。树冠庞大，圆球形；树皮灰褐色，片状剥落；小枝光滑粗壮，髓心大；顶芽发达。小叶5~7，长椭圆状披针形至矩圆形，长9~16cm，先端渐尖，基部楔形，缘具细锯齿，仅背面脉上疏生柔毛；小叶柄长5~17mm。圆锥花序密集圆柱状，长约25cm；花白色。果近球形，径3~4cm，黄褐色，无刺，也无尖头；种子形如板栗，深褐色，种脐大，占一半以上。花期5月；9~10月果熟。

（2）分布　原产于黄河流域，陕西、甘肃、山西、河北、江苏、浙江等有栽培。甘肃陇东有一棵300多年生的古树，陇南地区分布较多。如小陇山党川林区，徽县高桥林场，成县、康县有大量散生分布。

图2-62　七叶树

（3）习性　喜光，稍耐荫；喜温暖湿润气候，较耐寒，畏酷热。喜深厚、肥沃、湿润而排水良好的土壤；深根性；萌芽力不强；生长较慢，寿命长。

（4）用途 树姿壮丽，枝叶扶疏，冠如华盖，叶大而形美，开花时硕大的花序竖立于绿叶簇中，似一个华丽的大烛台，蔚为奇观，是世界著名观赏树种。与悬铃木、鹅掌楸、银杏、椴树共称为世界五大行道树。最宜作为行道树和庭荫树。

47. 白蜡（蜡条）***Fraxinus chinensis* Roxb.**（图2-63）

（1）识别要点 乔木，树冠卵圆形，冬芽淡褐色。小叶常7（5～9），椭圆形至椭圆状卵形，长3～10cm，端渐尖或突尖，缘有波状齿，下面沿脉有短柔毛，叶柄基部膨大。花序生于当年生枝上，与叶同时或叶后开放；花萼钟状，无花瓣。果倒披针形，长3～4cm，基部窄，先端菱状匙形。花期3～5月；果期9～10月。

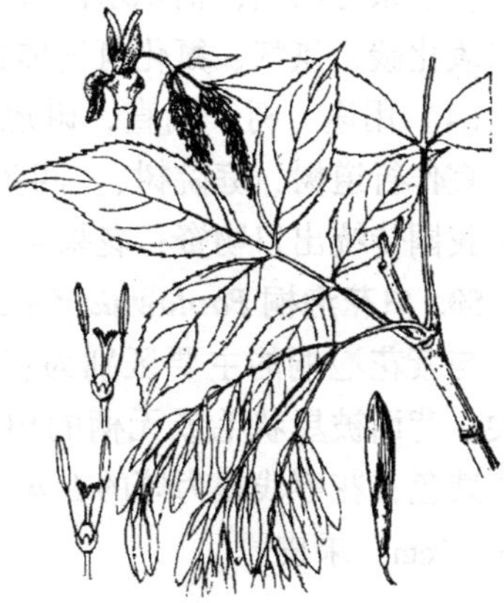

图2-63 白蜡

（2）分布 分布于东北中南部至黄河流域、长江流域，西至甘肃，南达华南、西南。

（3）习性 喜光，适宜温暖湿润气候，耐干旱，耐寒冷。对土壤要求不严。抗烟尘及有毒气体。深根性，根系发达，萌芽力、根蘖力均强，生长快，耐修剪。

（4）用途 树干端正挺秀，叶绿荫浓，秋日叶色变黄。优良行道树或庭荫树。我国重要经济树种，放养白蜡虫，生产白蜡。枝条可供编织用。

48. 梓树 *Catalpa ovata* G. Don（图2-64）

（1）识别要点 树冠宽阔，枝条开展。叶广卵形或近圆形，基部心形或圆形，3～5浅裂，有毛，背面基部脉腋有紫斑。圆锥花序顶生，花萼绿色或紫色；花冠淡黄色，内面有黄色条纹及紫色斑纹。蒴果细长如筷；种子具毛。花期5～6月。

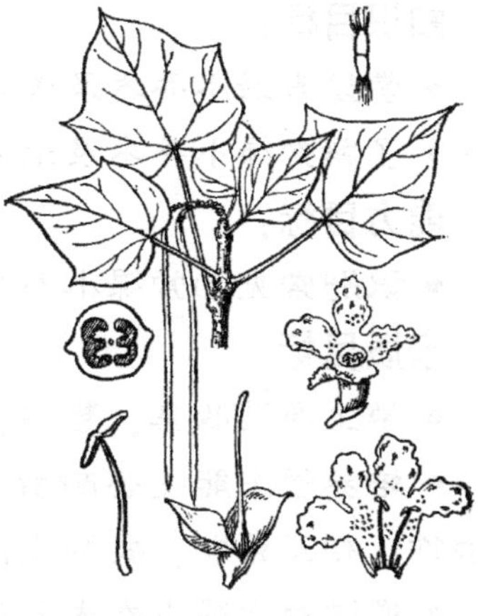

图2-64 梓树

（2）分布 以长江中下游为分布中心。广东、广西、四川、云南、陕西、甘肃、华北、东北均有分布。

（3）习性 喜光，稍耐荫，适生于温带地区，耐寒；喜深厚、肥沃、湿润土壤，不耐干瘠，抗性强。

（4）用途 树冠宽大，可作行道树、庭荫树及“四旁”绿化材料。常与桑树配置，“桑梓”意即故乡。

49. 紫花泡桐 *Paulownia tomentosa*（Thunb.）Steud.（图2-65）

（1）识别要点 乔木。树皮褐灰色；小枝有明显的皮孔；幼枝常具黏质短腺毛。叶阔卵形或卵形，长20～29cm，宽15～28cm，全缘或3～5裂，表面具长柔毛、腺毛及分枝毛，背面密被具长柄的白色树枝状毛，花萼盘状、钟形，深裂1/2或更深，花冠漏斗形或钟形，鲜紫色或蓝紫色，长5~7cm。蒴果卵圆形。果小，长3~4cm，径2~2.7cm，果薄而脆，种子连翅长3.5mm。花期4~5月；果8~9月成熟。

(2) 分布　辽宁南部、河北、河南、山东、江苏、安徽、湖北、江西均有栽培。

(3) 习性　强阳性树种，不耐庇荫。对温度适应范围较宽。根系近肉质；怕积水而较耐干旱；不耐盐碱，喜肥。对二氧化碳、氯气、氟化氢气体抗性较强。

(4) 用途　树干端直，树冠宽大，叶大荫浓，花大而美，宜作行道树、庭院树、“四旁”绿化树种。材质好，木材是我国传统出口物资；花果可药用。

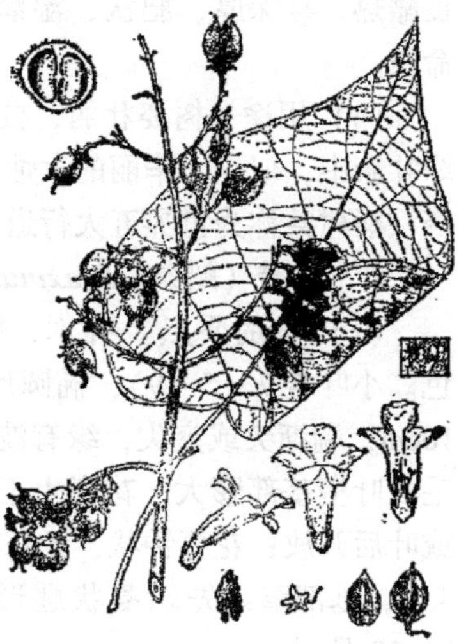

图2-65　紫花泡桐

50. 白花泡桐 *Paulownia fortunei* (Seem.) Hemsl.

与紫花泡桐的主要区别为：本种叶窄，长卵形，先端长尖，背面被星状毛或无柄的树枝状毛；花冠乳白色至微带淡紫色，花萼浅裂为萼的1/4~1/3，果大，长6~11cm，径3~4cm，果皮厚。

模块4　常绿小乔木及灌木识别与应用

教学目标

知识目标：

◆ 掌握常绿小乔木及灌木的形态特征、生态习性、观赏特性。

◆ 了解常绿小乔木及灌木的园林应用。

能力目标：

◆ 识别常见的常绿小乔木及灌木。

素质目标：

◆ 学生通过收集、整理、总结和应用相关信息资料，培养自主学习的能力。

◆ 培养学生能吃苦耐劳、实事求是、善于调研的精神，并能与组内同学分工协作，相互帮助，共同提高。

◆ 通过对常绿小乔木及灌木不断深入地学习和认识，提高学生的植物识别与应用能力。

能力训练

[活动] 校园或公园常绿小乔木及灌木识别

活动目的	能识别常见的常绿小乔木及灌木，熟悉常绿小乔木及灌木配置形式
活动要求	正确识别树木种类
活动程序	教师现场讲解、指导学生识别
	学生分组活动，观察树木的形态、确定树木名称，记录每种树木的名称、科属、生态习性、观赏特性、园林应用 拍摄照片
	各组制作PPT，并进行交流讨论
	考核评估：树木识别现场考核（口试）

常见常绿小乔木及灌木有含笑、火棘、月季、枇杷、石楠、油茶、洒金珊瑚、八角金盘、珊瑚树、檵木、海桐、山茶花、茶梅、厚皮香、长柱小檗、十大功劳、阔叶十大功劳、湖北十大功劳、南天竹、正木、胡颓子、马银花、云锦杜鹃、茉莉、云南黄馨、夹竹桃、大花栀子、六月雪、枇杷、丝兰、凤尾兰、棕竹等。

1. 含笑 *Michelia figo*（Lour.）Spreng.（图2-66）

(1) 识别要点　灌木或小乔木，高2~5m。分枝紧密，小枝有锈褐色茸毛。叶革质，倒卵状椭圆形，长4~10cm，宽2~4cm；叶柄极短，长仅4mm，密被粗毛。花直立，淡黄色而瓣缘常晕紫，香味似香蕉味，花径2~3cm。蓇葖果卵圆形，先端呈鸟咀状，外有疣点。花期3~4月。

图2-66　含笑

(2) 分布　原产于华南山坡杂木林中。现在从华南至长江流域各省均有栽培。

(3) 习性　喜弱荫，不耐曝晒和干燥，否则叶易变黄，喜暖热多湿气候及酸性土壤，不耐石灰质土壤。有一定耐寒力，在-13℃左右的低温下虽然会凋落叶子，但却不会冻死。

(4) 用途　本种为著名芳香花木，适于在小游园、花园、公园或街道上成丛种植，可配置于草坪边缘或稀疏林丛之下。除供观赏外，花也可熏茶用。

2. 月桂 *Laurus nobilis* L.（图2-67）

(1) 识别要点　常绿小乔木，高可达12m，树皮灰白色，全株有香气。树冠卵形，小枝绿色。叶长椭圆形至广披针形，长4~10cm，先端渐尖，基部楔形，全缘，常呈波状，表面暗绿色，有光泽，背面淡绿色，革质。花小，黄色，成伞形花序簇生于叶腋，4月开放。核果椭圆形，9月成熟，黑色或暗紫色。

图2-67　月桂

(2) 分布　原产地中海一带，我国浙江、江苏、福建、台湾、四川、云南等省有引种栽培。

(3) 习性　喜光，稍耐荫，喜温暖湿润气候及疏松肥沃的土壤，对土壤酸碱度要求不严。萌芽力强。

(4) 用途　本种树形圆整，枝叶茂密，四季常青，且叶色苍翠，芳香馥郁，春天又有黄花缀满枝间，非常美丽，是良好的庭园绿化树种。

3. 枇杷 ***Eriobotrya japonica*** (Thunb.) **Lindl.** (图2-68)

(1) 识别要点　常绿小乔木，高达10m。小枝、叶背及花序均密被锈色绒毛。叶粗大革质，常为倒披针状椭圆形，长12~30cm，先端尖，基部楔形，锯齿粗钝，侧脉11~21对，表面多皱而有光泽。花白色，芳香，10~12月开花，翌年初夏果熟。果近球形或梨形，黄色或橙黄色，径2~5cm。

图2-68　枇杷

(2) 分布　原产于中国，四川、湖北有野生，南方各地多作果树栽培。浙江塘栖、江苏洞庭及福建莆田都是枇杷的有名产地。越南、缅甸、印度、印尼、日本也有栽培。

(3) 习性　喜光，稍耐荫，喜温暖气候及肥沃湿润而排水良好的土壤，不耐寒。生长缓慢，寿命较长，一年能发三次新梢。嫁接苗4~5年生开始结果。15年左右进入盛果期，40年后产量减少。

(4) 用途　枇杷树形整齐美观，叶大荫浓，常绿而有光泽，冬日白花盛开，初夏黄果累累，南方暖地多于庭园内栽植，是园林结合生产的好树种。

4. 石楠 ***Photinia serrulata*** **Lindl.** (图2-69)

(1) 识别要点　常绿小乔木，高达12m。全体几无毛。叶长椭圆形至倒卵状长椭圆形，长8~20cm，先端尖，基部圆形或广楔形，缘有细尖锯齿，革质，有光泽，幼叶带红色。花白色，径6~8mm，成顶生复伞房花序。果球形，径5~6mm，红色。花期5~7月；果熟期10月。

图2-69　石楠

(2) 分布　产于中国中部及南部，印尼也有。生于海拔1000~2500m的杂木林中。

(3) 习性　喜光，稍耐荫；喜温暖，尚耐寒，能耐短期低温，在西安可露地越冬；喜排水良好的肥沃壤土，也耐干旱瘠薄，能生长在石缝中，不耐水湿。生长较慢。

(4) 用途　本种树冠圆形，枝叶浓密，早春嫩叶鲜红，秋冬又有红果，是美丽的观赏树种。园林中孤植、丛植及基础栽植都甚为合适。

5. 火棘 ***Pyracantha fortuneana*** (Maxim.) **Li** (图2-70)

(1) 识别要点　常绿灌木，高约3m。枝拱形下垂，幼时有锈色短柔毛，短侧枝常成刺状。叶倒卵形至倒卵状长椭圆形，长1.5~6cm，先端圆钝微凹，有时有短尖头，基部楔形，缘有圆钝锯齿，齿尖内弯，近基部全缘，两面无毛。花白色，径约1cm，成复伞房花序。果近球形，红色，径约5mm。花期5月；果熟期9~10月。

图2-70　火棘

(2) 分布　产于陕西、江苏、浙江、福建、湖北、湖南、广西、四川、云南、贵州等省区。生于海拔500~2800m的山地灌丛中。

（3）习性　喜光，不耐寒，要求土壤排水良好。

（4）用途　本种枝叶茂盛，初夏白花繁密，入秋果红如火，且留存枝头甚久，美丽可爱。在庭园中常作绿篱及基础种植材料，也可丛植或孤植于草地边缘或园路转角处。果枝还是瓶插的好材料，红果可经久不落。

6. 东瀛珊瑚（青木）***Aucuba japonica* Thunb.**（图2-71）

（1）识别要点　常绿灌木，高达5m。小枝绿色，粗壮，无毛。叶革质，椭圆状卵形至椭圆状披针形，长8～20cm，叶端尖而钝头，叶基阔楔形，叶缘疏生粗齿，叶两面有光泽，叶柄长1～5cm。花小，紫色；圆锥花序密生刚毛。果鲜红色。花期4月；果12月成熟。

（2）分布　产于我国台湾，日本也有分布。现各地均有盆栽或地栽。

（3）习性　性喜温暖气候，能耐半荫，喜湿润空气。耐修剪，生势强，病虫害极少，对烟害的抗性很强。

（4）用途　珍贵的耐荫观叶、观果树种，宜于配置在林下及荫处。又可盆栽供室内观赏。也可用于城市绿化。

图2-71　东瀛珊瑚

7. 珊瑚树（法国冬青）***Viburnum odoratissimum.* var. *awabuki* K. Koch**

（1）识别要点　常绿灌木或小乔木，高2～10m。树皮灰色；枝有小瘤状凸起的皮孔。叶长椭圆形，长7～15cm，端急尖或钝，基部阔楔形，全缘或近顶部有不规则的浅波状钝齿，革质，表面深绿而有光泽，背面浅绿色。圆锥状聚伞花序顶生，长5～10cm；萼筒钟状，5小裂；花冠辐状，白色，芳香，5裂。核果倒卵形，先红后黑。花期5～6月；果9～10月成熟。

（2）分布　产于我国华南、华东、西南等省区。日本、印度也产。我国长江流域城市都有栽培。

（3）习性　喜光，稍能耐荫，喜温暖，不耐寒，喜湿润肥沃土壤，喜中性土，在酸性和微碱性土中也能适应，对有毒气体氯气、二氧化硫的抗性较强；对汞和氟有一定的吸收能力，耐烟尘，抗火力强。根系发达，萌蘖力强。

（4）用途　珊瑚树枝茂叶繁，终年碧绿光亮，春日开以白花，深秋果实鲜红，累累垂于枝头，状如珊瑚，甚为美观。是良好的观叶、观果树种。江南城市及园林中普遍栽作绿篱或绿墙，也作基础栽植或丛植装饰墙角。枝叶繁密，富含水分，耐火力强，可作防火隔离树带，隔音及抗污染能力强，也是工厂绿化的好树种。

8. 黄杨 ***Buxus sinica*** （Rehd. et Wils.）**Cheng**（图2-72）

（1）识别要点　常绿灌木或小乔木，高达7m。枝叶较疏散，小枝及冬芽外鳞均有短柔毛。叶倒卵形，倒卵状椭圆形至广卵形，长2～3.5cm，先端圆或微凹，基部楔形，叶柄及叶背中脉基部有毛。花簇生叶腋或枝端，黄绿色。花期4月；果7月成熟。

（2）分布　产于华东、华中、华北。

（3）习性　喜半荫，在无庇荫处生长叶常发黄；喜温暖湿润气候及肥沃的中性及微酸性土。耐寒性不强。生长缓慢，耐修剪。对多种有毒气体抗性强。

(4) 用途　枝叶茂密，叶春季嫩绿，夏季深绿，冬季带红褐色，经冬不落。在华北南部、长江流域及其以南地区广泛植于庭园观赏。宜在草坪、庭前孤植、丛植，或于路旁列植、点缀山石，常用作绿篱及基础种植材料。

9. 雀舌黄杨（细叶黄杨）***Buxus bodinieri* Levl.**（图2-73）

(1) 识别要点　常绿小灌木，高通常不及1m。分枝多而密集。叶较狭长，倒披针形或倒卵状长椭圆形，长2~4cm，先端钝圆或微凹，革质，有光泽，两面中肋及侧脉均明显隆起；叶柄极短。花小，黄绿色，呈密集短穗状花序，其顶部生一雌花，其余为雄花。蒴果卵圆形，顶端具3宿存的角状花柱，熟时紫黄色。花期4月；果7月成熟。

图2-72　黄杨

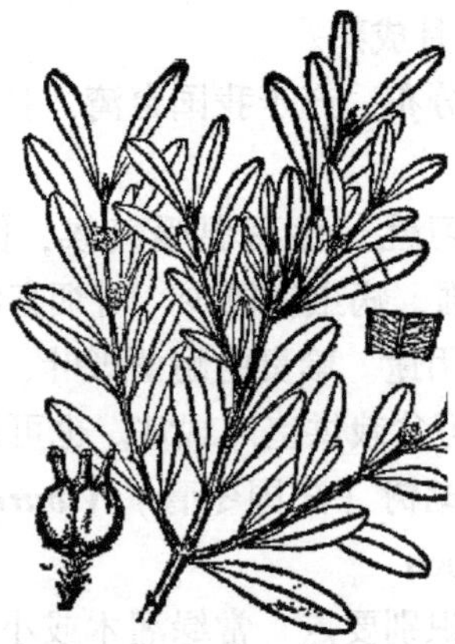

图2-73　雀舌黄杨

(2) 分布　产于长江流域至华南、西南地区。

(3) 习性　喜光，也耐荫，喜温暖湿润气候，耐寒性不强。浅根性，萌蘖力强。生长极慢。

(4) 用途　本种植株低矮，枝叶茂密，且耐修剪，是优良的矮绿篱材料，最适宜布置模纹图案及花坛边缘。也可点缀草地、山石，或与落叶花木配置。可盆栽，或制成盆景观赏。

10. 海桐（山矾）***Pittosporum tobira*（Thunb.）Ait.**（图2-74）

(1) 识别要点　树高可达6m，树冠近球形。小枝及叶集生于枝顶。叶革质，全缘，倒卵状椭圆形，长5~12cm，基部窄楔形，边缘略向下反卷，叶上面深绿色，有光泽。花小，芳香，白色，后渐变黄色。果近球形，有棱角，熟时3瓣裂。种子红色，有黏液。花期5月；果熟期9~10月。

图2-74　海桐

(2) 分布　产于江苏南部、浙江、福建、台湾、广东等省，长江流域及东南沿海各地习见栽培。

(3) 习性　喜光，略耐荫。耐寒性不强。对土壤要求不严，能耐轻盐碱土。萌芽力强，耐修剪，抗海潮、海风，对有毒气体抗性较强。

(4) 用途　枝叶茂密，树冠球形，下枝覆地，叶色浓绿而有光泽，经冬不凋，初夏花朵清丽芳香，入秋果熟时露出红色种子，都很美观，是我国南方城市和庭园习见绿化观赏树种。通常用作基础栽植及绿篱材料。可于建筑物四周孤植，丛植于草丛边缘、林缘或列植路边、对植门旁皆为合适。还用作海岸防潮林、防风林及厂矿区绿化。并可用作隔音林带和防火林带的下层树木。

11. 山茶（山茶花、耐冬）***Camellia japonica* L.**（图2-75）

（1）识别要点　灌木或小乔木。小枝淡绿色或紫绿色。叶卵形、倒卵形或椭圆形，先端渐尖，基部楔形，叶缘有细齿，叶表有光泽，网脉不显著。花单生或对生于枝顶或叶腋，无梗；萼密被短毛；花瓣5~7或重瓣，大红色，顶端微凹；花丝基部连合成筒状；子房无毛。果近球形，径2~3cm，无宿存花萼；种子椭圆形。花期2~4月；果秋季成熟。

图2-75　山茶

（2）分布　原产于中国和日本。我国秦岭、淮河以南为露地栽培区。东北、华北、西北温室盆栽。

（3）习性　喜半荫、忌烈日。喜温暖气候，生长适温为18~25℃，略耐寒，喜空气湿度大，忌干燥，喜肥沃、疏松的微酸性土壤，pH以5.5~6.5为佳。

（4）用途　山茶是我国传统名花，品种达300多个，通常分3个类型：单瓣、半重瓣、重瓣。本种叶色翠绿而有光泽，四季常青，花朵大，花色美，从11月即可开始观赏早花品种，而晚花品种至次年3月始盛开，故观赏期长达5个月。其开花期正值其他花较少的季节，故更为珍贵。

12. 茶梅 *Camellia sasanqua* Thunb.（图2-76）

（1）识别要点　本种与云南山茶及金花茶的主要区别为：小枝、芽鳞、叶柄、子房、果皮均有毛，且芽鳞表面有倒生柔毛。叶椭圆形至长卵形。花白色，无柄，较小，径小于4cm。蒴果，无宿存花萼，内有种子3粒。花期11月至次年1月。

（2）分布　分布于长江以南地区。

（3）习性　性喜阴湿，以半荫半阳最为适宜。喜温暖湿润气候。宜生长在富含腐殖质湿润的微酸性土壤中，pH值以5.5~6为宜。较耐寒。

（4）用途　可作基础种植及常绿篱垣材料，开花时为花篱，落花后又为常绿绿篱，故很受欢迎。

图2-76　茶梅

13. 厚皮香 *Ternstroemia gymnanthera*（Wight et Arn.）Sprague（图2-77）

（1）识别要点　小乔木或灌木。叶椭圆形至椭圆状倒披针形，先端钝尖，叶基渐窄且下延，叶表中脉显著下凹，侧脉不明显。单花腋生，淡黄色。浆果球形，花柱及萼片均宿存。花期7~8月。

（2）分布　分布于湖北、湖南、贵州、云南、广西、广东、福建、台湾等省。

(3) 习性　喜温热湿润气候，不耐寒；喜光也较耐荫；在自然界多生于海拔 700 ~ 3500m 的酸性土山坡及林地。

(4) 用途　树冠整齐，枝叶繁茂，光洁可爱，叶青绿，花黄色，姿色不凡。故植庭园供观赏。

14. 枸骨（鸟不宿）***Ilex cornuta* Lindl.**（图 2-78）

(1) 识别要点　常绿灌木或小乔木，树冠阔圆形，树皮灰白色、平滑。叶硬革质，矩圆状四方形，长 4 ~ 8cm，先端有 3 枚坚硬刺齿，顶端 1 齿反曲，基部两侧各有 1 ~ 2 刺齿，表面深绿色有光泽，背面淡绿色。聚伞花序，黄绿色，从生于 2 年生小枝叶腋。核果球形，鲜红色。花期 4 ~ 5 月；果期 10 ~ 11 月。

图 2-77　厚皮香

图 2-78　枸骨

(2) 分布　长江中下游各省均有分布，山东省有栽培，生长良好。

(3) 习性　喜阳光充足，也耐荫。耐寒性较差。在气候温暖及排水良好的酸性肥沃土壤上生长良好。生长缓慢，萌芽力强，耐修剪。

(4) 用途　枝叶茂盛，叶形奇特，叶质坚硬而光亮，且经冬不凋。入秋后果实累累，艳丽可爱。为良好的观果、观叶树种，可用于庭院栽培或作绿篱。

15. 大叶黄杨（冬青卫矛）***Euonymus japonicus* Thunb.**（图 2-79）

(1) 识别要点　常绿灌木或小乔木，高达 8m。小枝绿色，稍有四棱。叶柄短，叶革质，有光泽，倒卵形或椭圆形，长 3 ~ 6cm，先端尖或钝，基部楔形，锯齿钝。聚伞花序，绿白色，4 基数。果扁球形，熟时四瓣裂，淡粉红色，假种皮橘红色。花期 6 ~ 7 月；果熟期 10 月。

常见栽培变种如下：

1）银边大叶黄杨（var. *albo-marginatus* T. Moore）：叶缘白色。

2）金边大叶黄杨（var. *aureo-marginatus* Nichols.）：叶缘黄色。

3）金心大叶黄杨（var. *aureo-variegatus* Reg.）：叶面具黄色斑纹，但不达边缘。

4）斑叶大叶黄杨（var. *viridi-variegatus* Rehd）：叶面有黄色或绿色斑纹。

（2）分布　原产于日本南部。我国南北各地庭院普遍栽培，长江流域各城市尤多。黄河流域以南可露地栽培。

（3）习性　喜光，耐荫。喜温暖气候，较耐寒，－17℃即受冻。北京幼苗、幼树冬季须防寒。对土壤要求不严，耐干瘠，不耐积水。抗各种有毒气体，耐烟尘。萌芽力极强，耐整形修剪。

（4）用途　枝叶茂密，四季常青，叶色亮绿，新叶青翠，是常用的观叶树种。主要用作绿篱或基础种植，也可修剪成球形等。街头绿地、草坪、花坛等处都可配置。

16. 胡颓子（羊奶子）***Elaeagnus pungens* Thunb.**（图2-80）

（1）识别要点　常绿灌木。枝条开展，有枝刺，有褐色鳞片。叶椭圆形至长椭圆形，长5～7cm，革质，边缘波状或反卷，表面有光泽，背面被银白色及褐色鳞片。花1～3朵腋生，下垂，银白色，芳香。果椭球形，红色，被褐色鳞片。花期10～11月；果熟期翌年5月。

图2-79　大叶黄杨

图2-80　胡颓子

常见栽培变种如下：

1）金边胡颓子（var. *aurea* Serv.）：叶缘深黄色。

2）金心胡颓子（var. *federici* Bean.）：叶中央深黄色。

3）银边胡颓子（var. *rariegata* Rehd.）：叶缘黄白色。该树种极有开发价值。

（2）分布　分布于长江流域以南各省。山东有栽培，可露地越冬。

（3）习性　喜光，也耐荫。喜温暖气候，较耐寒，对土壤要求不严。耐烟尘，对多种有害气体有较强抗性。萌芽、萌蘖性强，耐修剪。有根瘤菌。

（4）用途　枝叶茂密，花香果红，银白色叶片在阳光下闪闪发光，且其变种叶色美丽，是理想的观叶、观果树种。可用于公园、街头绿地绿化，常修剪成球形丛植于草坪。还可用作绿篱，盆栽或制作盆景供室内观赏。

17. 云南黄馨（南迎春）***Jasminum mesnyi*** **Hance**

（1）识别要点　三出复叶，顶端1枚较大，基部渐狭成一短柄，侧生2枚小而无柄。花单生于小枝端，径3.5～4cm。花冠裂片6或稍多，呈半重瓣，较花冠筒长。

（2）分布　原产于我国云南，现南方各地广泛栽培。

（3）习性　喜温暖向阳环境，畏严寒。

（4）用途　用途同迎春花。

18. 夹竹桃（柳叶桃）***Nerium indicum*** **Mill.**（图2-81）

（1）识别要点　高达5m。嫩枝具棱。叶3～4枚轮生，枝条下部对生，窄披针形，长11～15cm，上面光亮无毛，中脉明显，叶缘反卷。花序顶生；花冠深红色或粉红色，单瓣5枚，喉部具5片撕裂状副花冠；重瓣15～18枚，组成3轮，每裂片基部具顶端撕裂的鳞片。蓇葖果细长。花期6～10月。

（2）分布　原产于伊朗、印度、尼泊尔。我国长江以南广为栽植，北方盆栽。

（3）习性　喜光；喜温暖湿润气候，不耐寒；耐旱力强；抗烟尘及有毒气体能力强；对土壤适应性强，碱性土上也能正常生长。性强健，管理粗放，萌蘖性强，病虫害少，生命力强。

图2-81　夹竹桃

（4）用途　姿态潇洒，花色艳丽，兼有桃竹之胜，自夏至秋，花开不绝，有特殊香气。可植于公园、庭院、街头、绿地等处。此外，性强健，耐烟尘，抗污染，是工矿区等生长条件较差地区绿化的好树种。树皮、叶有毒，人畜误食会有致命危险。

19. 南天竹 ***Nandina domestica*** **Thunb.**（天竹、天竺）（图2-82）

（1）识别要点　常绿灌木。树高达2m。丛生而少分枝，幼枝常为红色，无毛。2～3回羽状复叶，互生，长30～50cm；各级羽片全为对生，叶轴有关节；小叶近无柄，椭圆状披针形，长3～10cm，先端渐尖，基部楔形。小叶全缘。花小，白色，圆锥花序顶生；萼片和花瓣多数；雄蕊6，离生；子房1室，胚珠2。浆果球形。花期5～7月；果期9～10月，熟时红色。

常见栽培变种如下：

1）玉果南天竹（var. *leucocarpa* Makino.）：叶翠绿色，果黄绿色。

2）五彩南天竹（var. *porphyrocarpa* Makino.）：叶狭长而密，叶色多变，常呈紫色。果紫色。

图2-82　南天竹

3）丝叶南天竹（var. *capillaries* Makino.）：叶细如丝。

（2）分布　分布于长江流域及浙江、福建、广西、陕西等地；山东、河北有栽培。

（3）习性　喜温暖湿润及通风良好的环境，较耐寒，对土壤要求不严，喜钙质土，中性、微酸性土均能适应。在强烈阳光、土壤瘠薄干燥处生长不良。不耐积水，生长较慢。

（4）用途　基干丛生，枝叶扶疏，秋冬叶色变红，更有红果累累，经冬不落，为美丽的观果、观叶佳品。宜丛植于庭前、假山石旁或小径转弯处、漏窗前后。与松、腊梅配景，绿叶、黄花、红果，色香俱全，雪中欣赏，效果尤佳。也可制作盆景和桩景。根、茎、叶、果均可入药。

20. 十大功劳 *Mahonia fortunei*（Lindl.）Fedde（图2-83）

（1）识别要点　灌木，高1～2m。树皮灰色；木质部黄色。小叶7～11，侧生小叶狭披针形至披针形，长5～11cm，宽0.7～1.5cm，顶生小叶较大，长7～12cm，先端急尖或渐尖，基部楔形，边缘每侧有刺齿6～13，侧生小叶柄短或近无。花黄色，4～8条总状花序簇生，花梗长1～4mm。果卵形，蓝黑色，被白粉。花期8～9月；果期10～11月。

（2）分布　产于长江以南地区。

（3）习性　耐荫，喜温暖气候及肥沃、湿润、排水良好的土壤，耐寒性不强。

（4）用途　常植于庭院、林缘及草地边缘，或作绿篱及基础种植。华北常盆栽观赏，温室越冬。

图2-83　十大功劳

21. 阔叶十大功劳 *Mahonia bealei*（Fort.）Carr.（图2-84）

（1）识别要点　灌木，高1.5～4m；树皮黄褐色。小叶7～19，卵形至卵状椭圆形，长5～12cm，宽2.5～6cm，叶缘反转，有大刺齿2～5对，基部宽楔形至圆形，有时心形，顶生小叶较大，柄长1.5～6mm，侧生小叶无柄。总状花序6～9条簇生，花梗长4～6mm；花瓣倒卵形，先端微凹，有圆形裂片；腺体明显。果卵圆形，蓝黑色，被白粉，长约1cm，径约6mm。花期11月至翌年3月；果期4～8月。

（2）分布　产于秦岭、大别山以南，南至华南，东至华东，西至四川、贵州。

（3）习性　半荫性植物。

（4）用途　宜植于建筑物附近或林荫下，丛植或单植皆可，也适于盆栽。宜布置会场或用于室内绿化装饰。

22. 八角金盘 *Fatsia japonica* Dcne. et Planch.（图2-85）

图2-84　阔叶十大功劳

图2-85　八角金盘

(1) 识别要点　常绿灌木，茎高4~5m，根基分干丛生。幼嫩枝叶具易脱落性褐色毛。叶掌状7~9裂，径20~40cm，基部心形或截形，裂片卵状长椭圆形，缘有齿，表面有光泽，叶柄长10~30cm。花小，白色。果实径约8mm。夏秋间开花；翌年5月果熟。

(2) 分布　原产于日本，中国南方庭园中有栽培。

(3) 习性　耐荫，喜温暖湿润气候，不耐干旱，耐寒性不强。

(4) 用途　本种叶大光亮而常绿，是良好的观叶树种，对有害气体具有较强抗性。是江南暖地公园、庭院，街道及工厂绿地的合适种植材料。北方常盆栽，供室内绿化观赏。

23. 凤尾兰 *Yucca gloriosa* L.

(1) 识别要点　灌木或小乔木。干短，有时分枝，高可达5m。叶密集，螺旋排列茎端，质坚硬，有白粉，剑形，长40~70cm，顶端硬尖。边缘光滑；老叶有时具疏丝。圆锥花序，高1m多，花大而下垂，果椭圆状卵形，不开裂。花期6~10月。

(2) 分布　原产于北美东部及东南部。现我国长江流域各地普遍栽植。

(3) 习性　适应性强，耐水湿。

(4) 用途　花大、树美、叶绿，是良好的庭园观赏树木，常植于花坛中央、建筑前、草坪中、路旁，或栽作绿篱用。叶纤维韧性强，可供制缆绳用。

24. 丝兰 *Yucca smalliana* Fern.

(1) 识别要点　木本。植株低矮，近无茎。叶丛生，较硬直，线状披针形，长30~75cm，先端尖或针刺状。基部渐狭，边缘有卷曲白丝。圆锥花序，宽大直立，花白色，下垂。

(2) 分布　原产于北美。我国长江流域有栽培。

(3) 习性　性强健，容易成活，对土壤适应性很强。性喜阳光充足及通风良好的环境，又极耐寒冷。抗旱能力特强。

(4) 用途　温暖地区广泛作露地栽培。

模块5　落叶小乔木及灌木识别与应用

教学目标

知识目标：

◆ 掌握落叶小乔木及灌木的形态特征、生态习性、观赏特性。

◆ 了解落叶小乔木及灌木的园林应用。

能力目标：

◆ 识别常见的落叶小乔木及灌木。

素质目标：

◆ 学生通过收集、整理、总结和应用相关信息资料，培养自主学习的能力。

◆ 培养学生能吃苦耐劳、实事求是、善于调研的精神，并能与组内同学分工协作，相互帮助，共同提高。

◆ 通过对落叶小乔木及灌木不断深入地学习和认识，提高学生的园林艺术欣赏水平。

能力训练

[活动] 校园或公园落叶小乔木及灌木识别

活动目的	能识别常见的落叶小乔木及灌木，熟悉落叶小乔木及灌木的配置形式
活动要求	正确识别树木种类
活动程序	教师现场讲解、指导学生识别
	学生分组活动，观察树木的形态、确定树木名称，记录每种树木的名称、科属、生态习性、观赏特性、园林应用 拍摄照片
	各组制作 PPT，并进行交流讨论
	考核评估：树木识别现场考核（口试）

常见落叶小乔木及灌木：二乔玉兰、木兰、笑靥花、粉团蔷薇、棣棠、海棠、垂丝海棠、西府海棠、湖北海棠、杏、梅、桃、李、红叶李、腊梅、无花果、紫叶小檗、八仙花、山梅花、金缕梅、贴梗海棠、日本海棠、郁李、玫瑰、榆叶梅、紫穗槐、锦鸡儿、紫荆、卫矛、鸡爪槭、红枫、木芙蓉、木槿、结香、杜鹃、满山红、羊踯躅、金钟花、连翘、迎春、小蜡、水蜡、雪柳、丁香、枸杞、木绣球、琼花、锦带花、海仙花、金银忍冬、接骨木。

1. 木兰（紫玉兰、辛夷、木笔）***Magnolia liliflora* Desr.**（图2-86）

（1）识别要点　落叶大灌木，高3～5m。大枝近直伸，小枝紫褐色，无毛。叶椭圆形或倒卵状形，长10～18cm，先端渐尖，基部楔形，背面脉上有毛。花大，花瓣6，外面紫色，内面近白色；萼片3，黄绿色，披针形，长约为花瓣的1/3，早落，果柄无毛，花期3～4月；果9～10月成熟。

图2-86　木兰

（2）分布　原产于中国中部，现除严寒地区外都有栽培。

（3）习性　喜光，不耐严寒，喜肥沃、湿润而排水良好的土壤，在过于干燥及碱土、黏土上生长不良。根肉质，怕积水。

（4）用途　紫玉兰花大色艳，是传统的名贵花木。花蕾形大如笔头，故有“木笔”之称。宜配置于庭院室前，或丛植于草地边缘。花及花蕾可药用。

2. 二乔玉兰（朱砂玉兰）***Magnolia soulangeana*（Lindl.）Soul. Bod.**

（1）识别要点　落叶小乔木或灌木，高7～9m。叶倒卵形至卵状长椭圆形，花大、呈钟状，内面白色，外面淡紫色，有芳香，花萼似花瓣，但长仅达其半，叶前开花，花期与玉兰相近。其为玉兰与木兰的天然杂交种，有较多的变种与品种。

（2）分布　原产于我国，我国华北、华中及江苏、陕西、四川、云南等均栽培。

（3）习性　阳性树，稍耐荫，最宜在酸性、肥沃而排水良好的土壤中生长，微碱性土也能生长。喜肥，肉质根不耐积水。喜空气湿润，耐寒性较强，对温度敏感。二乔玉兰均较玉兰、木兰更为耐寒、耐旱，移植难。

(4) 用途　二乔玉兰花大色艳，观赏价值很高，广泛用于公园绿化，树皮，叶、花均可提取芳香浸膏。

3. 白鹃梅（茧子花，金瓜果）***Exochorda racemosa*** (Lindl.) **Rehd.**（图2-87）

(1) 识别要点　灌木，高达3~5m，全株无毛。叶椭圆形或倒卵状椭圆形，长3.5~6.5cm，全缘或上部有疏齿，先端钝或具短尖，背面粉蓝色。花白色，径约4cm，6~10朵成总状花序，花萼浅钟状，裂片宽三角形，花瓣倒卵形，基部有短爪，雄蕊15~20，3~4枚一束，着生于花盘边缘，并与花瓣对生。蒴果倒卵形。花期4~5月；果9月成熟。

(2) 分布　产于江苏、浙江、江西、湖南、湖北等省。

(3) 习性　性强健，喜光，耐半荫，喜肥沃、深厚土壤，耐寒性强。

(4) 用途　本种春日开花，满树雪白，是美丽的观赏树种。宜作基础栽植，或于草地边缘、林缘、路边丛植。

图2-87　白鹃梅

4. 笑靥花（李叶绣线菊）***Spiraea prunifolia*** **Sieb. et Zucc.**（图2-88）

(1) 识别要点　落叶灌木，高达3m，枝细长而有角棱，微生短柔毛或近于光滑。叶小，椭圆形至椭圆状长圆形，长2.5~5.0cm，先端尖，缘有小齿，叶背光滑或有细短柔毛，花序伞形，无总梗，具3~6花，基部具少数叶状苞，花白色，重瓣，径约1cm；花梗细长。花期4~5月。

(2) 分布　产于中国台湾、山东、安徽、陕西、江苏、浙江、江西、湖北、湖南、四川、贵州、福建、广东等省。朝鲜及日本也有分布。

(3) 习性　生长健壮，喜阳光和温暖湿润土壤，尚耐寒。

(4) 用途　晚春翠叶、白花，繁密似雪，秋叶橙黄色。宜植于池畔、山坡、路旁、崖边。普通多作基础种植用，或在草坪角隅应用。

图2-88　笑靥花

5. 粉花绣线菊（日本绣线菊）***Spiraea japonica*** **L. f.**

(1) 识别要点　高可达1.5m，枝光滑，或幼时具细毛，叶卵形至卵状长椭圆形，长2~8cm，先端尖，叶缘有缺刻状重锯齿，叶背灰蓝色，脉上常有短柔毛，花淡粉红至深粉红色，簇聚于有短柔毛的复伞房花序上，雄蕊较花瓣为长，花期6~7月。

(2) 分布　产于江西、湖北、贵州等地，庐山有大量野生种。原产于日本，我国华东有栽培。

(3) 习性　性强健，喜光，也略耐荫，抗寒、耐旱。

(4) 用途　花色娇艳，花朵繁多。可植于花坛、花境、草坪及园路角隅等处，也可作基础种植。

6. 月季花 *Rosa chinensis* Jacq.（图2-89）

（1）识别要点　常绿或半常绿直立灌木，通常具钩状皮刺。小叶3 ~5，广卵至卵状椭圆形，长2.5 ~6cm，先端尖；缘有锐锯齿，两面无毛，表面有光泽，叶柄和叶轴散生皮刺和短腺毛，托叶大部附生在叶柄上，边缘有具腺纤毛，花常数朵簇生或单生，径约5cm，深红，粉红至近白色，微香，萼片常羽裂，缘有腺毛，花梗多细长，有腺毛。果卵形至球形，长1.5 ~2cm，红色。花期4月下旬 ~10月；果熟期9 ~11月。

图2-89　月季花

现代月季是个庞大的种群，按美国月季协会1966年的定义，大体分以下几大类：

1）杂种茶香月季（Hybrid Tea Roses 简称 H. T.）：其优秀品种除“和平”之外，还有“明星”“红双喜”等。

2）丰花月季（Floribunda Roses）：又称聚花月季，简称 Fl。优秀的品种有“欧洲百科全书”（红）（Europeana），“斯巴达”（Sparten）（红），“杏花村”（Betlyprior）（粉红），“小亲爱”（Little Darling）（双色，金黄-橙粉），“冰山”（Iceberg）（白）等。

3）壮花月季（Grandiflora Roses，简称 Gr.）：优秀品种有“粉后”（Queen、Elizabeth），粉红色；“独立”（Independence），鲜红色；“杏醉”（Montezuma），橙红色；“法国小姐”（Miss France），红色；“月季中心”（Ehreveport），橙色；“幸福女”（Luckylady），鲜粉红色。到20世纪80年代初，全球约有50个品种。

4）藤蔓月季（Climbing Roses，简称 Cl）：优秀的藤蔓月季品种有“汉德尔”（Handel），“多特蒙德”（Dortmund），“五月皇后”（May Queen），“一等奖藤本”（Climbing Firstprize）等。

5）微型月季（Miniatures Roses，简称 Min）：最优秀的微型月季品种有“美女”（Beauty Secret），“灰姑娘”（Cinderella），“小丑”（Toy Clown），“魔宴”（Magic Carrousel）等。

6）灌木月季（Shrub Roses）：优秀的灌木月季有“金色的春天”（Frdhlingsgold），金黄色；“金翅”（Golden Wings），硫磺黄色；“广海泡沫”（Sea Fooem），乳白色。

（2）分布　原产于湖北、四川、云南、湖南、江苏、广东等省，现各地普遍栽培，其中尤以原种及月月红为多。原种及多数变种早在18世纪末、19世纪初传至国外，成为近代月季杂交育种的重要原始材料。

（3）习性　月季对环境适应性颇强，我国南北各地均有栽培，对土壤要求不严，但以富含有机质、排水良好而微酸性（pH 6 ~6.5）土壤最好。喜光，但过于强烈的阳光照射又对花蕾发育不利，花瓣易焦枯。喜温暖，一般气温在22 ~25℃最为适宜，夏季的高温对开花不利。因此月季虽能在生长季中开花不绝，但以春、秋两季开花最多最好。

（4）用途　月季花色艳丽，花期长，是园林布置的好材料。宜作花坛、花境及基础栽植用，在草坪、园路角隅、庭院、假山等处配置也很合适，又可作盆栽及切花用。

7. 玫瑰 *Rosa rugosa* Thunb.（图2-90）

（1）识别要点　落叶直立丛生灌木，高达2m，茎枝灰褐色，密生刚毛与倒刺。小叶5 ~9，椭圆形至椭圆状倒卵形，长2 ~5cm，缘有钝齿，质厚，表面亮绿色，多皱，无毛，背有柔毛及刺毛；托叶大部附着于叶柄上。花单生或数朵聚生，常为紫色，芳香，径6～8cm。果扁球形，径2～2.5cm，砖红色，具宿存萼片。花期5～6月，7～8月零星开放；果9～10月成熟。

图2-90　玫瑰

（2）分布　原产于中国北部，现各地有栽培，以山东、江苏、浙江、广东为多，山东平阴、北京妙峰山涧沟、河南商水县周口镇以及浙江吴兴等地都是著名的产地。

（3）习性　玫瑰生长健壮，适应性很强，耐寒，耐旱，对土壤要求不严，在微碱性土上也能生长。喜阳光充足，凉爽而通风及排水良好之处，在肥沃的中性或微酸性轻壤土中生长和开花最好。在荫处生长不良，开花稀少。不耐积水。

（4）用途　玫瑰色艳花香，适应性强，最宜作花篱、花境、花坛及坡地栽植，是园林结合生产的好材料。

8. 棣棠 *Kerria japonica*（L.）DC.（图2-91）

图2-91　棣棠

（1）识别要点　落叶丛生无刺灌木，高1.5～2m；小枝绿色，光滑，有棱。叶卵形至卵状椭圆形，长4～8cm，先端长尖，基部楔形或近圆形，缘有尖锐重锯齿，背面略有短柔毛。花金黄色，径3～4.5cm，单生于侧枝顶端，瘦果黑褐色，生于盘状花托上，萼片宿存。花期4月下旬至5月底。

常见栽培变种如下：

重瓣棣棠（var. *pleniflora* Witte）：观赏价值更高，并可作切花材料，在园林、庭院中栽培更普遍。

（2）分布　产于河南、湖北、湖南、江西、浙江、江苏、四川、云南、广东等省。日本也有。

（3）习性　性喜温暖、半荫而略湿之地。忌炎日直射，南方庭园中栽培较多，华北地区须选背风向阳或建筑物前栽种。

（4）用途　棣棠的花、叶、枝俱美，丛植于篱边、墙际、水畔、坡地，林缘及草坪边缘，或栽作花径，花篱，或与假山配置，都很合适。

9. 紫叶李（红叶李）***Prunus ceraifera* Ehrh. CV. *Atropurpurea* Jacq.**（图2-92）

图2-92　紫叶李

（1）识别要点　落叶小乔木，高达3m；小枝光滑。叶卵形至倒卵形，长3～4.5cm，端尖，基圆形，重锯齿尖细，紫红色，背面中脉基部有柔毛。花淡粉红色，径约2.5cm，常单生，花梗长1.5～2cm。果球形，暗酒红色。花期4～5月间。

（2）分布　原产于亚洲西南部，中国华北及其以南地区广为种植。

（3）习性　性喜温暖湿润气候。不耐寒，对土壤要求不严。

（4）用途　此树整个生长季叶都为紫红色，为重要的观叶树种。宜于建筑物前及园路旁或草坪角隅处栽植，唯须慎选背景的色泽，方可充分衬托出它的色彩美。

10. 杏 *Prunus armeniaca* L.（图2-93）

（1）识别要点　落叶乔木，高达10m，树冠圆整。小枝红褐色或褐色。叶广卵形或圆卵形，长5～10cm，先端短锐尖，基部圆形或近心形，锯齿细钝，两面无毛或背面脉腋有簇毛，叶柄多带红色，长2～3cm。花单生，先叶开放，白色至淡粉红色，径约2.5cm；萼鲜绛红色。果球形，径2.5～3cm，黄色而常一边带红晕，表面有细柔毛，核略扁而平滑。花期3～4月；果熟期6月。

图2-93　杏

（2）分布　在东北、华北、西北、西南及长江中下游各省均有分布。

（3）习性　喜光，耐寒，耐高温，耐旱，喜土层深厚、排水良好的沙质土壤。极不耐涝，也不喜空气湿度过高。

（4）用途　杏树原产于我国，栽培历史达2500年以上。早春开花，繁茂美观，是北方重要的早春花木，有“南梅、北杏”之称。除在庭院少量种植外，宜群植、林植于山坡、水畔。

11. 梅 *Prunus mume* Sieb et Zuce.（图2-94）

（1）识别要点　落叶乔木，高达10m。树干褐紫色，有纵驳纹，小枝细而无毛，多为绿色。叶广卵形至卵形，长4～10cm，先端渐长尖或尾尖，基部广楔形或近圆形，锯齿细尖，仅叶背脉上有毛。花1～2朵，具短梗，淡粉或白色，有芳香，在冬季或早春叶前开放。果球形，绿黄色，密被细毛，径2～3cm，核面有凹点甚多，果肉粘核，味酸。果熟期5～6月。

陈俊愉教授对中国的梅花品种，根据品种的演进顺序发表了如下的分类新系统，简要介绍如下：

1）真梅系：包括以下3类。

①直枝梅类：梅花的典型变种，枝条直上斜伸。

a. 江梅型（Single-Flowered Form）：花呈碟形，单瓣，呈纯白、水红、桃红、肉红等色，萼多为绛紫色或在绿底上洒绛紫晕。属于本型者有“单粉”‘江梅’‘寒红梅’等品种。

图2-94　梅

b. 宫粉型（Pink Double Form）：花呈碟或碗形；复瓣或重瓣，粉红至大红色，萼绛紫色。本型中共有‘小宫粉’‘大羽’‘矫枝’，‘桃红台阁’等品种。本型品种的生长势均较旺盛。

c. 玉蝶型（Albo-plena Form）：花碟形，复瓣或重瓣，花白色；萼绛紫或在绛紫中略现绿底。本型中共有‘紫蒂白’‘徽州檀香’‘素白台阁’‘三轮玉蝶’等品种。

d. 洒金型（Versicolor Form）：花碟形，单瓣或复瓣，在一树上能开出粉红及白色的两种花朵以及若干具斑点、条纹的二色花，萼绛紫色；绿枝上或具有金黄色条纹斑。本型中共有‘单瓣跳枝’‘复瓣跳枝’等品种。

e. 绿萼型（Green calyx Form）：花碟形，单瓣或复瓣，罕复瓣，花白色，萼绿色，小枝青绿无紫晕。本型共有‘小绿萼’‘飞绿萼’‘金钱绿萼’等品种。

f. 朱砂型（Cinnabar Purple Form）：花碟形；单瓣，复瓣或重瓣；花呈紫红色，萼绛紫色，枝内新生木质部，呈淡紫金色。本型中共有‘粉红朱砂’‘白须朱砂’‘乌羽玉’‘铁骨红’等品种。本型的各品种均较难繁殖，耐寒性也稍差。

g. 黄香型（Flavescens Form）：花较小而繁密，复瓣至重瓣，花色微黄，别具一种芳香。如新发现的‘黄香梅’品种。

② 垂枝梅类（var. *pendula* Sieb.）：枝条下垂，开花时花朵向下。本类包含4型。

a. 单粉垂枝型（Simplex pendant Form）：花碟形；单瓣，白或粉红色。本型中有‘单粉照水’等品种。

b. 残雪垂枝型（Albiflora pendant Form）：花碟形，复瓣，白色，萼多为绛紫色。如‘残雪’等品种。

c. 白碧垂枝型（Viridiflora pendant Form）：花碟形，单瓣或复瓣，白色，萼绿色。本型中有‘双碧垂枝’等品种。

d. 骨红垂枝型（Atropurpurea pendant Form）：花碟形，单瓣，深紫红色，萼绛紫色。本型中仅有‘骨红垂枝’1个品种。

③ 龙游梅类（cv. *Tortuosa*）：枝条自然扭曲，花碟形，复瓣，白色。本类仅有‘龙游’1个品种。

2）杏梅系：仅1类。

杏梅类（var. *bungo* Mak.）：枝、叶均似山杏或杏。花呈杏花形，多为复瓣，水红色，瓣爪细长，花托肿大，几乎无香味。本类中有单瓣杏梅型、丰后型、送春型等品种。这些品种应是梅与杏或山杏的天然杂交种，抗寒性均较强。

3）樱李梅系：仅1类。

樱李梅类：美人梅型，如‘美人梅’等品种。

（2）分布　原产于我国，东自台湾，西至西藏，南自广西，北至湖北，均有天然分布。

（3）习性　喜阳光，性喜温暖而略潮湿的气候，有一定耐寒力。对土壤要求不严，较耐瘠薄土壤。在砾质黏土及砾质壤土等下层土质紧密的土壤上生长良好。梅树最怕积水之地，要求排水良好地点。

（4）用途　梅树苍劲古雅，疏枝横斜，傲霜斗雪，为中国传统名花。栽培历史长达2500年以上。古朴的树姿，素雅的花色，秀丽的花态，恬淡的清香和丰盛的果实，自古以来就为广大人民所喜爱，为历代著名文人所讴歌。梅花在江南，吐红于冬末，开花于早春。在配置上，梅花最宜植于庭院、草坪、低山丘陵，可孤植、丛植及群植。传统的用法常是以松、竹、梅为“岁寒三友”而配置成景色的。梅树又可盆栽观赏或加以整剪做成各式桩景。或作切花瓶插供室内装饰用。

12. 桃 *Prunus persica*（L.）Batsch（图2-95）

（1）识别要点　落叶小乔木，高达8m，小枝红褐色或褐绿色，无毛；芽密被灰色绒毛。叶椭圆状披针形，长7～15cm，先端渐尖，基部阔楔形，缘有细锯齿，两面无毛或背面脉腋有毛，叶柄长1～1.5cm，有腺体。花单生，径约3cm，粉红色，近无柄，萼外被毛。果近球形，径5～7cm，表面密被绒毛。花期3～4月，先叶开放；果6～9月成熟。

桃树栽培历史悠久，长达3000年以上，我国桃的品种约1000个。观赏桃常见有以下变型：

1）白桃（f. *alba* Schneid.）：花白色，单瓣。

2）白碧桃（f. *albo-plena* Schneid.）：花白色，复瓣或重瓣。

3）碧桃（f. *duplex* Rehd.）：花淡红色，重瓣。

4）绛桃（f. *camelliaeflora* Dipp.）：花深红色，复瓣。

5）红碧桃（f. *rubro-plena* Schneid）：花红色，复瓣，萼片常为10。

6）复瓣碧桃（f. *dianthiflora* Dipp.）：花淡红色，复瓣。

7）绯桃（f. *magnifica* Schneid.）：花鲜红色，重瓣。

8）洒金碧桃（f. *versicolor* Voss）：花复瓣或近重瓣，白色或粉红色，同一株上花有二色，或同朵花上有二色，乃至同一花瓣上有粉、白二色。

图2-95　桃

9）紫叶桃（f. *ptropurpurea* Schneid.）：叶为紫红色，花为单瓣或重瓣，淡红色。

10）垂枝桃（f. *pendula* Dipp.）：枝下垂。

11）寿星桃（f. *densa* Mak.）：树形矮小紧密，节间短，花多重瓣。有“红花寿星桃”“白花寿星桃”等品种。

（2）分布　原产于中国，在华北、华中、西南等地山区仍有野生桃树。

（3）习性　喜光，耐旱，喜肥沃而排水良好的土壤，不耐水湿。碱性土及黏重土均不适宜。有一定的耐寒力。

（4）用途　桃花烂漫芳菲，妩媚可爱，盛开时节皆“桃之夭夭，灼灼其华”。加之品种繁多，着花繁密，栽培简易，是园林中重要的春季花木。可孤植、列植、丛植于山坡、池畔、草坪、林缘等处。最宜与柳树配置于池边、湖畔，形成“桃红柳绿”的动人春色。

13. 东京樱花（日本樱花）***Cerasus yedoensis* Matsum.**（图2-96）

（1）识别要点　落叶乔木。树皮暗褐色，平滑，小枝幼时有毛。叶卵状椭圆形至倒卵形，长5～12cm，叶端急渐尖，叶基圆形至广楔形，叶缘有细尖重锯齿，叶背脉上及叶柄有柔毛。花白色至淡粉红色，径2～3cm，常为单瓣，微香，萼筒管状，有毛，花梗长约2cm，有短柔毛，3～6朵排成短总状花序。核果，近球形，径约1cm，黑色。花期4月，叶前或与叶同时开放。

（2）分布　原产于日本。中国有栽培，尤以华东及长江流域各城市为多。

（3）习性　喜光、较耐寒。生长较快，但树龄较短。

（4）用途　著名观花树种，春天开花时满树灿烂，很美观，但花期很短，宜于山坡、庭院、建筑物前及园路旁栽植，或以常绿树为背景丛植。

图2-96　东京樱花

14. 樱花（山樱花）***Cerasus serrulata* Lindl.**（图2-97）

（1）识别要点　落叶乔木，树皮暗栗褐色，光滑，小枝无毛或有短柔毛，赤褐色。叶卵形至卵状椭圆形，长6~12cm，叶端尾状，叶缘具尖锐重或单锯齿，齿端短刺芒状，两面无毛，叶柄长1.5~3cm，无毛或有软毛，常有2~4腺体。花白色或淡红色，常3~5朵排成短伞房总状花序，径2.5~4cm，无香味，萼筒钟状，无毛，萼裂片有细锯齿，裂片卵形或披针形，呈水平展开。核果球形，径6~8mm，先红而后变紫褐色。花期4月，与叶同时开放；果7月成熟。

图2-97　樱花

变种及变型很多，常见的有下面几种：

1）重瓣白樱花（f. *albo-plena* Schneid.）：花白色、重瓣。在华南有悠久的栽培历史。约一百多年前即被引种于欧、美。

2）红白樱花（f. *atbc-rosea* Wils.）：花重瓣，花蕾淡红色，开后变白色，有2叶状心皮。

3）垂枝樱花（f. *pendula* Bean.）：枝开展而下垂；花粉红色，瓣数多达50以上，花萼有时为10片。

4）重瓣红樱花（f. *rosea* Wils.）：花粉红色，重瓣。

5）瑰丽樱花（f. *superba* Wils.）：花很大，淡红色，重瓣，有长梗。

（2）分布　产于长江流域，东北南部也有。朝鲜、日本均有分布。

（3）习性　樱花喜阳光，喜深厚肥沃而排水良好的土壤，对烟尘、有害气体及海潮风的抵抗力均较弱。有一定耐寒能力，根系较浅。

（4）用途　著名观花树种，春天繁花竞放，轻盈娇艳，宜成片群植，也可散植于草坪、林缘、路旁、溪边、坡地等处。

15. 日本晚樱 ***Cerasus serrulata* Lindl. var. *lannesiana*（Carr.）Rehd.**

（1）识别要点　乔木，高达10m。干皮淡灰色，较粗糙；小枝较粗壮而开展，无毛。叶常为倒卵形，长5~15cm，宽3~9cm，叶端渐尖，呈长尾状，叶缘锯齿单一或重锯齿，齿端有长芒，叶背淡绿色，无毛，叶柄上部有一对腺体，叶柄长1~2.5cm，新叶无毛，略带红褐色。花形大而芳香，单瓣或重瓣，常下垂，粉红或近白色，1~5朵排成伞房花序，小苞片叶状，无毛，花的总梗短，长2~4 cm，有时无总梗，花梗长1.5~2cm，均无毛，萼筒短，无毛，花瓣端凹形，花期长，4月中下旬开放；果卵形，熟时黑色，有光泽。

晚樱有许多变种及品种，重要的种类如下：

1）白花晚樱（var. *albida* Wils.）：花单瓣、白色。

2）绯红晚樱（var. *hatazakura* Wils.）：花半重瓣，白色而染有绯红色，很美丽。

园艺品种有百余种，重要的如‘松月’f. *superba*（Miyos.）Hara、‘一叶’f. *hisakura*（Koehne）Hara、‘麒麟’f. *kirin*（Koidz.）Hara、‘关山’f. *sekiyama*（Koidz.）Hara、‘郁金’（黄樱）f. *grandiflora*（Wagner）Wilson。

（2）分布　原产于日本，日本庭园中常见栽培。中国引入栽培。

（3）习性　浅根性树种，喜阳光，喜深厚、肥沃而排水良好的土壤，有一定的耐寒能力。

（4）用途　著名观花树种，既有梅之幽香又有桃之艳丽。

16. 蜡梅（黄梅花、香梅）***Chimonanthus praecox*（L.）Link**（图2-98）

（1）识别要点　落叶丛生灌木，高达3m。小枝近方形。叶半革质，椭圆状卵形至卵状披针形，长7～15cm，叶端渐尖，叶基圆形或广楔形，叶表有硬毛，叶背光滑。花单生，径约2.5cm，花被外轮蜡黄色，中轮有紫色条纹，有浓香。果托坛状，小瘦果种子状，栗褐色，有光泽。花期12月至翌年3月，远在叶前开放；果8月成熟。

图2-98　蜡梅

（2）分布　产于湖北、陕西等省，现各地有栽培。

1）狗牙蜡梅（狗蝇梅）（var. *intermedius* Mak.）：叶比原种狭长而尖。花较小，花瓣长尖，中心花瓣呈紫色，香气弱。

2）磬口蜡梅（var. *grandiflora* Mak.）：叶较宽大，长达20cm，外轮花被片淡黄色，内轮花被片有浓红紫色边缘和条纹。花也较大，径3～3.5cm。

3）素心蜡梅（var. *concolor* Mak.）：内外轮花被片均为纯黄色，香味浓。

（3）习性　喜光也略耐荫，较耐寒。耐干旱，忌水湿，花农有“旱不死的蜡梅”的经验，但仍以湿润土壤为好，最宜选深厚、肥沃、排水良好的沙质土壤。蜡梅的生长势强、发枝力强。

（4）用途　蜡梅花开于寒月早春，花黄如蜡，清香四溢，为冬季观赏佳品。配置于室前、墙隅均极适宜，作为盆花、桩景和瓶花也独具特色。我国传统上喜用天竺与蜡梅相搭配，可谓色、香、形三者相得益彰，极得造化之妙。

17. 贴梗海棠（铁角海棠、皱皮木瓜）***Chaenomeles speciosa*（Sweet）Nakai**（图2-99）

（1）识别要点　落叶灌木，高达2m，枝开展，无毛，有刺。叶卵形至椭圆形，长3～8cm，先端尖，基部楔形，缘有尖锐锯齿，齿尖开展，表面无毛，有光泽，背面无毛或脉上稍有毛，托叶大，肾形或半圆形，缘有尖锐重锯齿。花3、5朵簇生于2年生老枝上，朱红、粉红或白色，径约3～5cm；萼筒钟状，无毛，萼片直立，花柱基部无毛或稍有毛；花梗粗短或近于无梗。果卵形至球形，径4～6cm，黄色或黄绿色，芳香，萼片脱落，花期3～4月，先叶开放；果熟期9～10月。

（2）分布　产于我国东部、中部至西南部。

（3）习性　喜光，有一定耐寒能力，对土壤要求不严，宜栽在排水良好的肥沃壤土上，不宜在低洼积水处栽植。

图2-99　贴梗海棠

（4）用途　本种早春叶前开花，簇生枝间，鲜艳美丽，且有重瓣及半重瓣品种，秋天又有黄色、芳香的硕果，是一种很好的观花、观果灌木。宜于草坪、庭院或花坛内丛植或孤植，又可作为花篱及基础种植材料，同时还是盆景和桩景的好材料。

18. 木瓜 ***Chaenomeles sinensis*（Thouin）Koehne**（图2-100）

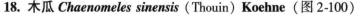

（1）识别要点　落叶小乔木，高达5～10m。干皮成薄皮状剥落；枝无刺，但短小枝常成棘状；小枝幼时有毛。叶卵状椭圆形，长5～8cm，先端急尖，缘具芒状锐齿，幼时背面有毛，后脱落，革质，叶柄有腺齿。花单生叶腋，粉红色，径2.5～3cm。果椭圆形，长10～15cm，暗黄色，木质，有香气。花期4～5月，叶后开放；果熟期8～10月。

（2）分布　产于山东、陕西、安徽、江苏、浙江、江西、湖北、广东、广西等省区。

（3）习性　喜光，喜温暖，但有一定的耐寒性，要求土壤排水良好，不耐盐碱和低湿地。

（4）用途　本种树皮斑驳可爱，花美果香，常植于庭园观赏。

图2-100　木瓜

19. 海棠花（海棠，西府海棠）***Malus spectabilis*** **Borkh.**

（1）识别要点　小乔木，树形峭立，高达8m。小枝红褐色，幼时疏生柔毛，叶椭圆形至长椭圆形，长5～8cm，先端短锐尖，基部广楔形至圆形，缘具紧贴细锯齿，背面幼时有柔毛。花在蕾时很红艳，开放后呈淡粉红色，径4～5cm，单瓣或重瓣，萼片较萼筒短或等长，三角状卵形，宿存，花梗长2～3cm。果近球形，黄色，径约2cm，基部不凹陷，果味苦。花期4～5月；果熟期9月。

（2）分布　原产于中国，是久经栽培的著名观赏树种，华北、华东尤为常见。

（3）习性　喜光，耐寒，耐干旱，忌水湿。在北方干燥地带生长良好。

（4）用途　本种春天开花，美丽可爱，为我国的著名观赏花木。植于门旁、庭院、亭廊周围、草地、林缘都很合适；也可作盆栽及切花材料。

20. 西府海棠（小果海棠）***Malus micromalus*** **Mak.**（图2-101）

（1）识别要点　小乔木，枝直立性强，树冠紧抱，树态峭立，为山荆子与海棠花之杂交种。小枝紫褐色或暗褐色，幼时有短柔毛。叶长椭圆形，长5～10cm，先端渐尖，基部广楔形，锯齿尖细，背面幼时有毛，叶质硬实，表面有光泽，叶柄细长，2～3cm。花淡红色，径约4cm，花柱5，花梗及花萼均具柔毛，萼片短，有时脱落。果红色，径1～1.5cm。花期4月；果熟期8～9月。

（2）分布　原产于中国北部，各地有栽培。

（3）习性　喜光，耐寒，忌水涝，忌空气过湿，较耐干旱，适生于肥沃、疏松又排水良好的沙质土壤。

（4）用途　本种春天开花粉红美丽，秋季红果缀满枝头，是花果并茂的观赏树种。其配置与海棠花近似。

图2-101　西府海棠

21. 垂丝海棠 ***Malus halliana***（Voss.）**Koehne**（图2-102）

（1）识别要点　小乔木，高5m，树冠疏散。枝开展，幼时紫色。叶卵形至长卵形，长3.5～8cm，基部楔形，锯齿细钝或近全缘，质较厚实，表面有光泽，叶柄及中脉常带紫红色。伞形花序4～7朵生于小枝端，鲜玫瑰红色，径3～3.5cm，花柱4～5，花萼紫色，萼片比萼筒短而端钝，花梗细长下垂，紫色。果倒卵形，径6～8mm，紫色。花期4月；果熟期9～10月。

（2）分布　产于江苏、浙江、安徽、陕西、四川、云南等省。

（3）习性　喜温暖湿润气候，耐寒性不强；喜肥沃湿润土壤。

（4）用途　本种花繁色艳，朵朵下垂，是著名的庭园观赏花木。在江南庭园中尤为常见，在北方常盆栽观赏。

22. 紫荆（满条红）***Cercis chinensis* Bunge**（图2-103）

（1）识别要点　乔木，高达15m，胸径50cm，但在栽培情况下多呈灌木状。叶近圆形，长6～14cm，叶端急尖，叶基心形，全缘，两面无毛。花紫红色，4～10朵簇生于老枝上。荚果长5～14cm，沿腹缝线有窄翅。花期4月，叶前开放；果10月成熟。

图2-102　垂丝海棠

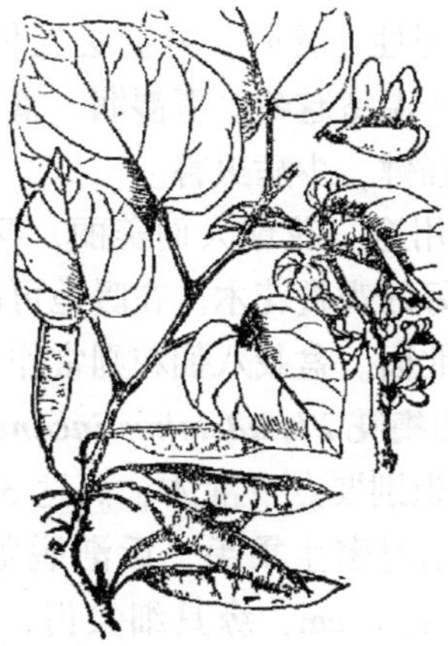

图2-103　紫荆

常见栽培变种如下：

白花紫荆（f. *alba* P. S. Hsu）：花纯白色。

本属树种常见的还有以下几种：

1）黄山紫荆（*C. chingii*）：丛生；小枝曲折，短枝向后扭展；叶的长度小于宽度；花淡红色，2～3朵一簇；荚果无翅。产于安徽黄山。安徽、江苏等地有栽培。

2）加拿大紫荆（*C. canadensis*）：叶具草质边；花较小，长约1.5cm。原产于美洲，我国有引种。

3）巨紫荆（*C. gigantea*）：乔木。花果紫红色。产于浙江、安徽、河南等地。

（2）分布　湖北西部，辽宁南部，河北、陕西、河南、甘肃、广东、云南、四川等省。

（3）习性　性喜光，有一定耐寒性。喜肥沃、排水良好的土壤，不耐淹。萌蘖性强，耐修剪。

（4）用途　干丛出、叶圆整、树形美观。早春先叶开花，满树嫣红，颇具风韵，为园林中常见花木。宜于庭院建筑前、门旁、窗外、墙角、亭际、山石后点缀1～2丛，也可丛植、片植于草坪边缘、林缘、建筑物周围。以常绿树为背景或植于浅色物体前，与黄色、粉红色花木配置，则金紫相映、色彩更鲜明。

23. 八仙花（绣球花）***Hydrangea macrophylla*（Thunb.）Ser.**（图2-104）

（1）识别要点　灌木，高达3～4m。小枝粗壮，无毛，皮孔明显。叶对生，大而有光泽，倒卵形至椭圆形，长7～15cm，缘有粗锯齿，两面无毛或仅背脉有毛。顶生伞房花序，近球形，径可达20cm，几乎全部为不育花，扩大之萼片4，卵圆形，全缘，粉红色、蓝色或白色，极美丽。花期6~7月。

变种及品种：

栽培变种及品种很多，其中栽培最多的是其品种“紫阳花”（‘*Otaksa*’），植株较矮，高约1.5m，叶质较厚，花序中全为不育性花，状如绣球，极为美丽，是盆栽佳品。另有变种银边八仙花（var. *maculata* Wils.），叶具白边，也属常见，多作盆栽观赏。

（2）分布　产于中国及日本，中国湖北、四川、浙江、江西、广东、云南等省区都有分布。各地庭园习见栽培。

（3）习性　喜阴，喜温暖气候，耐寒性不强，华北地区只能盆栽，于温室越冬。喜湿润、富含腐殖质而排水良好之酸性土壤。性颇强健，少病虫害。

图2-104　八仙花

（4）用途　花球大而美丽，又有许多园艺品种，耐荫性较强，是极好的观赏花木。在暖地可配置于林下、路缘、棚架边及建筑物之北面。盆栽八仙花则常作室内布置用，是窗台绿化和家庭养花的好材料。

24. 山梅花 *Philadelphus incanus* Koehne（图2-105）

（1）识别要点　灌木，高达3~5m。树皮褐色，薄片状剥落，小枝幼时密生柔毛，后渐脱落。叶卵形至卵状长椭圆形，长3~6（10）cm，缘具细尖齿，表面疏生短毛，背面密生柔毛，脉上毛尤多。花白色，径2.5~3cm，萼外有柔毛，花柱无毛；花5~7（11）朵成总状花序。花期5~7月；果8~9月成熟。

（2）分布　产于陕西南部、甘肃南部、四川东部、湖北西部及河南等地，常生于海拔1000~1700m山地灌丛中。

（3）习性　性强健，喜光，较耐寒，耐旱，怕水湿，不择土壤，生长快。

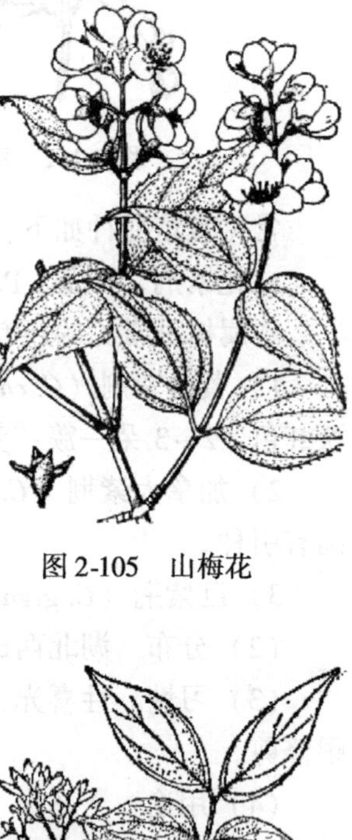

图2-105　山梅花

（4）用途　本种花朵洁白如雪，虽无香气，但花期长，经久不谢。可作庭园及风景区绿化观赏材料，宜成丛、成片栽植于草地、山坡及林缘，若与建筑、山石等配置也很合适。

25. 溲疏 *Deutzia scabra* Thunb.（图2-106）

（1）识别要点　灌木，高达2.5m。树皮薄片状剥落。小枝红褐色，幼时有星状柔毛。叶长卵状椭圆形，长3~8cm，叶缘有不显的小尖齿，两面有星状毛，粗糙。花白色，或外面略带粉红色，花柱3，稀为5，萼裂片短于筒部；直立圆锥花序，长5~12cm。蒴果近球形，顶端截形，长约5mm。花期5~6月；果10~11月成熟。

常见栽培变种如下：

白花重瓣溲疏（cv. *Candidissima*）：花重瓣，纯白色。

（2）分布　产于浙江、江西、江苏、湖南、湖北、四川、贵州各省及安徽南部；日本也有分布。

图2-106　溲疏

(3) 习性　喜光，稍耐荫；喜温暖气候，也有一定的耐寒力。喜富含腐殖质的微酸性和中性土壤。性强健，萌芽力强，耐修剪。在自然界多生于山谷、溪边、山坡灌丛中或林缘。

(4) 用途　溲疏夏季开白花，繁密而素净，其重瓣变种更加美丽。国内外庭园久经栽培。宜丛植于草坪、林缘及山坡，也可作花篱及岩石园种植材料。花枝可供瓶插观赏。

26. 红瑞木 *Swida alba* L.（图2-107）

(1) 识别要点　落叶灌木，高可达3m。枝血红色，无毛，初时常被白粉，髓大而白色。叶对生，卵形或椭圆形，长4～9cm，叶端尖，叶基圆形或广楔形，全缘，侧脉5～6对，叶表暗绿色，叶背粉绿色，两面均疏生贴生柔毛。花小，黄白色，排成顶生的伞房状聚伞花序。核果斜卵圆形，成熟时白色或稍带蓝色。花期5～6月；果8～9月成熟。

图2-107　红瑞木

(2) 分布　分布于东北、内蒙古及河北、陕西、山东等地。朝鲜、苏联也有分布。

(3) 习性　性喜光，强健耐寒，喜略湿润土壤。

(4) 用途　红瑞木的枝条终年鲜红色，秋叶也为鲜红色，均美丽可观。最宜丛植于庭园草坪、建筑物前或常绿树间，又可栽作自然式绿篱，赏其红枝与白果。此外，红瑞木根系发达，又耐潮湿，植于河边、湖畔、堤岸上，可有护岸固土的效果。

27. 四照花 *Dendrobenthamia japonica*（DC.）Fang var. *chinensis*（Osbo rn.）Fang（图2-108）

(1) 识别要点　落叶灌木至小乔木，高可达9m。小枝细、绿色，后变褐色，光滑。叶对生；卵状椭圆形或卵形，长6～12cm，叶端渐尖，叶基圆形或广楔形，侧脉3～4 (5) 对，弧形弯曲；叶表疏生白柔毛；叶背粉绿色，有白柔毛并在脉腋簇生黄色或白色毛。头状花序近球形；序基有4枚白色花瓣状总苞片，椭圆状卵形，长5～6cm；花萼4裂，花瓣4，雄蕊4，子房2室。核果聚为球形的聚合果，成熟后变紫红色。花期5～6月；果9～10月成熟。

图2-108　四照花

(2) 分布　产于长江流域诸省及河南、陕西、甘肃。

(3) 习性　性喜光，稍耐荫，喜温暖湿润气候，有一定耐寒力，常生于海拔800～1600m的林中及山谷溪流旁。喜湿润而排水良好的沙质土壤。

(4) 用途　本种树形整齐，初夏开花，白色总苞覆盖满树，是一种美丽的庭园观花树种。配置时可用常绿树为背景而丛植于草坪、路边、林缘、池畔。

28. 锦带花（五色海棠）***Weigela florida*（Bunge）A. DC.**（图2-109）

(1) 识别要点　灌木，高达3m。枝条开展，小枝细弱，幼时具二列柔毛。叶椭圆形或卵状椭圆形，长5～10cm，端锐尖，基部圆形至楔形，缘有锯齿，表面脉上有毛，背面尤密。花1～4朵成聚伞花序；萼片5裂，披针形，下半部连合，花冠漏斗状钟形，玫瑰红色，裂片5。蒴果柱形；种子无翅。花期4~6月。

(2) 分布　原产于华北、东北及华东北部。

(3) 习性　喜光，耐寒，对土壤要求不严，能耐瘠薄土壤，但以深厚、湿润而腐殖质丰富的壤土生长最好，怕水涝，对氯化氢抗性较强。萌芽力、萌蘖力强，生长迅速。

(4) 用途　锦带花枝叶繁茂，花色艳丽，花期长达两月之久，是华北地区春季主要花灌木之一。适于庭园角隅、湖畔群植，也可在树丛、林缘作花篱、花丛配置，点缀于假山、坡地也适宜。

图2-109　锦带花

29. 海仙花 *Primula poissonii* Franch.

(1) 识别要点　灌木，高达5m。小枝粗壮，无毛或近无毛。叶阔椭圆形或倒卵形，长8~12cm，顶端尾状，基部阔楔形，边缘具钝锯齿，表面深绿，背面淡绿，脉间稍有毛。花数朵组成聚伞花序，腋生；萼片线状披针形，裂达基部，花冠漏斗状钟形，初时白色、黄白色或淡玫瑰红色，后变为深红色。蒴果柱形；种子有翅。花期5~6月。

(2) 分布　原产于华东各地。朝鲜、日本也有分布。

(3) 习性　喜光，稍耐荫；耐寒性不如锦带花；喜湿润肥沃土壤。

(4) 用途　海仙花枝叶较粗大，是江南园林中常见的观花树种。江浙一带栽培较普遍。

30. 天目琼花（鸡树条荚迷）***Viburnum sargentii* Koehne**（图2-110）

(1) 识别要点　灌木，高约3m。树皮暗灰色，浅纵裂，略带木栓质，小枝具明显之皮孔。叶广卵形至卵圆形，长6~12cm，通常3裂，裂片边缘具不规则的齿，生于分枝上部的叶常为椭圆形至披针形，不裂，掌状三出脉；叶柄顶端有2~4腺体。聚伞花序复伞形，径8~12cm，有白色大型不孕边花，花冠乳白色，辐状。核果近球形，红色。花期5~6月；果期8~9月。

(2) 分布　东北南部、华北至长江流域均有分布。

(3) 习性　喜光又耐荫，耐寒，多生于夏凉、湿润、多雾的灌丛中；对土壤要求不严，微酸性及中性土都能生长；根系发达，移植容易成活。

(4) 用途　树姿清秀，叶绿、花白、果红，是春季观花、秋季观果的优良树种；植于草地、林缘、建筑物四周，也可在假山、道路旁孤植、丛植或片植。

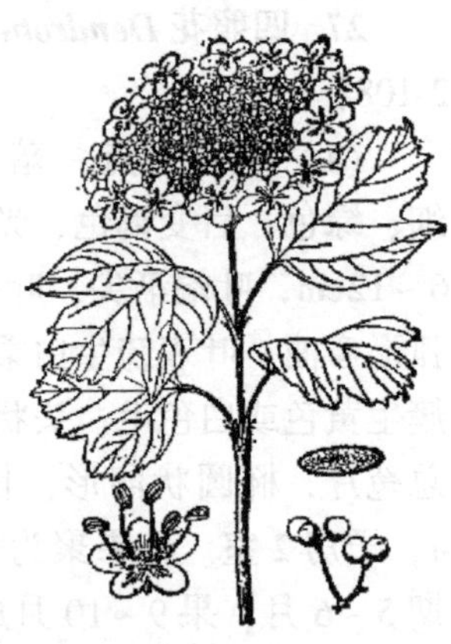

图2-110　天目琼花

31. 金银木（金银忍冬）***Lonicera maackii*（Rupr.）Maxim.**（图2-111）

(1) 识别要点　落叶灌木，高达5m。小枝髓黑褐色，后变中空，幼时具微毛。叶卵状椭圆形至卵状披针形，长5~8cm，端渐尖，基宽楔形或圆形，全缘，两面疏生柔毛。花成对腋生，总花梗短于叶柄，苞片线形；相邻两花的萼筒分离，花冠唇形，花先白后黄，芳香，唇瓣较花冠筒长2~3倍；雄蕊5，与花柱均短于花冠。浆果红色，合生。花期5月；果9月成熟。

(2) 分布　产于东北，分布很广，华北、华东、华中及西北东部、西南北部均有。

红花金银木（f. *erubescens* Rohd.）：花较大，淡红色，嫩叶也带红色。

（3）习性　性强健，耐寒，耐旱，喜光也耐荫，喜湿润肥沃及深厚之壤土。

（4）用途　金银木树势旺盛，枝叶丰满，初夏开花有芳香，秋季红果缀满枝头，是良好的观赏灌木。可孤植或丛植于林缘、草坪、水边。

32. 结香（黄瑞香、打结花）***Edgeworthia chrysantha* Lindl.**（图2-112）

（1）识别要点　落叶灌木，枝条粗壮柔软，常三叉分枝，棕红色。叶长椭圆形至倒披针形，长8～16cm，先端急尖，基部楔形并下延，上面有疏柔毛，下面有长硬毛。花黄色，有浓香，40～50朵集成下垂的花序。花瓣状的萼筒外面密被绢状柔毛。果卵形，果序状如蜂窝。花期3月；果期5～6月。

图2-111　金银木

图2-112　结香

（2）分布　分布于长江流域以南各地及西南、河南、陕西等地区。

（3）习性　喜半荫，喜温暖湿润气候和肥沃而排水良好的沙质土壤。耐寒性不强，根肉质，过干或积水处都不宜生长。根颈处易萌蘖。

（4）用途　枝条柔软，弯之可打结而不断，故可整成各种形状，花多成簇，芳香浓郁，可孤植、对植、丛植于庭前、路边、墙隅或作疏林下木，也可点缀于假山、岩石之间，街头绿地小游园内。也可盆栽，进行曲枝造型。

33. 柽柳（三春柳、红荆条）***Tamarix chinensis* Lour.**（图2-113）

（1）识别要点　树高达7m。小枝细长下垂，红褐色或淡棕色。叶长1～3mm。总状花序集生为圆锥状复花序，多柔弱下垂；花粉红色或紫红色；萼、瓣、雄蕊各5，花盘10裂；柱头3裂。果3裂，长3～3.5mm。花期春、夏季，有时1年3次开花；果期10月。

（2）分布　分布于长江流域中下游至华北、辽宁南部各地，华南、西南有栽培。

（3）习性　喜光，对气候适应性强，适于温凉气候。对土壤要求不严，耐盐土（0.6%）及盐碱土（pH 7.5～8.5）能力极强，叶能分泌盐分，为盐碱地指示植物。深根性，根

图2-113　柽柳

系发达，抗风力强。萌蘖力强，耐修剪，耐沙割与沙埋。

（4）用途　花色美丽，经久不落，干红枝柔，叶纤如丝，适配置于盐碱地的池边、湖畔、河滩，或作为绿篱、林带下木。有降低土壤含盐量的显著功效和保土固沙等防护功能，是改造盐碱地和海滨防护林的优良树种。老桩可作盆景，枝条可编筐。嫩枝、叶可药用。

34. 木槿 *Hibiscus syriacus* L.（图2-114）

（1）识别要点　落叶灌木。小枝幼时密被绒毛，后脱落。叶菱状卵形，基部楔形，端部常3裂，三出脉，边缘有钝齿，仅背面脉上稍有毛。花单生枝端叶腋，单瓣或重瓣，淡紫、红白等色。蒴果卵圆形，密生星状绒毛。花期6～9月；果9～11月成熟。

（2）分布　原产于东亚，我国东北南部至华南各地有栽培。

（3）习性　喜光，耐半荫；喜温暖湿润气候，也耐寒；适应性强，耐干瘠，不耐积水。萌蘖性强，耐修剪。对二氧化硫、氯气等抗性较强。

（4）用途　夏秋开花，花期长而花朵大，且有许多不同花色、花型的变种和品种，是优良的园林观花树种。常作围篱及基础种植材料，也宜丛植于草坪、路边或林缘。因具有较强抗性，故也是工厂绿化的好树种。

图2-114　木槿

35. 木芙蓉（芙蓉花）***Hibiscus mutabilis* L.**（图2-115）

（1）识别要点　落叶灌木或小乔木。小枝、叶片、叶柄、花萼均密被星状毛和短柔毛。叶广卵形，掌状3～5（7）裂，基部心形，缘有浅钝齿。花大，单生枝端叶腋，花冠白色、淡紫色，后变深红色；花梗长5～8cm，近顶端有关节。蒴果扁球形，有黄色刚毛及绵毛，果瓣5；种子肾形，有长毛。花期9～10月；果10～11月成熟。

（2）分布　原产于我国西南部，华南至黄河流域以南广泛栽培，成都最盛，故称“蓉城”。

（3）习性　喜光，稍耐荫；喜温暖湿润气候，不耐寒，在长江流域及其以北地区露地栽培时，冬季地上部分常冻死，但第二年春季能从根部萌发新条，秋季能正常开花。生长较快，萌蘖性强。对二氧化硫抗性特强，对氯气、氯化氢也有一定抗性。

图2-115　木芙蓉

（4）用途　秋季开花，花大而美，其花色、花型随品种不同丰富变化，是一种很好的观花树种。因喜水，种在池旁、水畔最为适宜。花开时波光花影，互相掩映，景色妩媚，因此有“照水芙蓉”之称。此外，植于庭院、坡地、路边、林缘及建筑前，或栽作花篱，都很合适。

36. 杜鹃 *Rhododendron simsii* Planch.（图2-116）

（1）识别要点　落叶灌木，分枝多，枝细而直。枝条、苞片、花柄、花萼、叶两面均有棕褐色扁平糙伏毛。叶纸质，卵状椭圆形或椭圆状披针形，长2～6cm。花2～6朵簇生枝顶，鲜红色或深红色，有紫斑；雄蕊10，花药紫色；萼有毛；子房密被伏毛。蒴果卵形，密被糙伏毛。花期4～6月；果10月成熟。

（2）分布 原产于长江流域及珠江流域。四川、云南、河南、山东均有栽培。

（3）习性 本种原产于高海拔地区，喜凉爽、湿润气候，忌酷热干燥。要求富含腐殖质、疏松、湿润及pH 5.5～6.5的酸性土壤，不耐曝晒，夏秋要适当遮阴。耐修剪，根系浅，寿命长。

（4）用途 宜在林缘、溪边、池畔及岩石旁成丛成片栽植，也可于疏林下散植。也是花篱的良好材料。

37. 金丝桃 *Hypericum chinensis* L.（图2-117）

（1）识别要点 常绿或半常绿灌木，高约1m。全株光滑无毛；小枝红褐色，圆柱形；叶无柄，长椭圆形，长4～8cm，基部渐狭而少包茎，上面绿色，背面粉绿色，网脉明显。花鲜黄色；雄蕊多数，5束，较花瓣长；花柱连合，仅顶端5裂。果卵圆形。花期6～7月；果期8～9月。

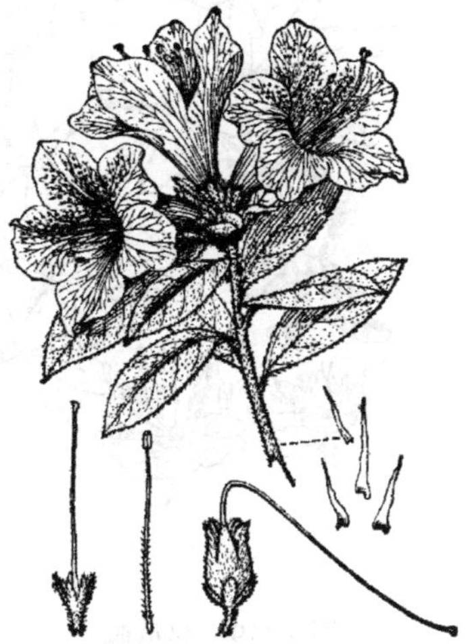
图2-116 杜鹃

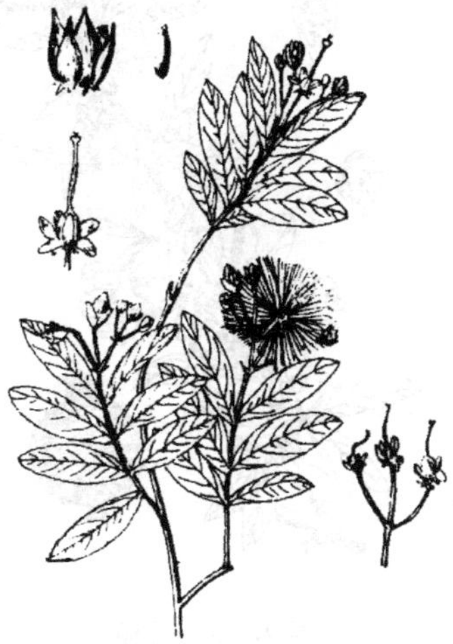
图2-117 金丝桃

（2）分布 分布于山东、河南以南，至华中、华东、华南，西南至四川。

（3）习性 喜光也耐荫，稍耐寒，喜肥沃中性壤土，忌积水。常野生于湿润河谷或溪旁半荫坡。萌芽力强，耐修剪。

（4）用途 花似桃花，花丝金黄，仲夏叶色嫩绿，黄花密集，是南方庭院中常见的观赏花木。列植、丛植于路旁、草坪边缘、花坛边缘、门庭两旁均可。也可植为花篱。也是切花材料。

38. 石榴 *Punica granatum* L.（图2-118）

（1）识别要点 落叶灌木或小乔木；小枝具4棱。叶倒卵状长椭圆形，长2～8cm，先端尖或钝，基部楔形。花萼钟形，橙红色；花瓣红色，有皱折；子房9室，上部6室，下部3室。果近球形，径6～8cm，深黄色。花期5～6月；果期9～10月。

石榴经数千年栽培驯化，发展成为花石榴和果石榴两类。

（2）分布　原产地中海地区。我国黄河流域以南均有栽培。

（3）习性　喜阳光充足和温暖气候，在 -18 ~ -17℃时即受冻害。对土壤要求不严，但喜肥沃湿润、排水良好之石灰质土壤。较耐瘠薄和干旱，不耐水涝。萌蘖力强。

（4）用途　枝繁叶茂，花果期长达4~5个月。初春新叶红嫩，入夏花繁似锦，仲秋硕果高挂，深冬铁干虬枝。果被喻为繁荣昌盛、和睦团结的吉庆佳兆。象征多子、多孙、多福、多寿。对有毒气体抗性较强，为有污染地区的重要观赏树种之一。也是盆景和桩景的好材料。为西班牙、利比亚国花。

39. 鸡爪槭 *Acer palmatum* Thunb.（图2-119）

（1）识别要点　落叶小乔木，树冠伞形；树皮平滑，灰褐色。枝开张，小枝细长，光滑。叶掌状7~9深裂，基部心形，裂片卵状长椭圆形至披针形，先端锐尖，缘有重锯齿，背面脉腋有白簇毛。花杂性，紫色，伞房花序顶生，无毛。翅果紫红色至棕红色，两翅成钝角。花期5月；果期10月。

图2-118　石榴

图2-119　鸡爪槭

常见栽培变种如下：

1）紫红叶鸡爪槭（var. *atropurpureum*）：即红枫，枝条紫红色，叶掌状，常年紫红色。

2）金叶鸡爪槭（var. *aureum*）：叶全年金黄色。

3）细叶鸡爪槭（var. *dissectum*）：即羽毛枫，枝条开展下垂，叶掌状7~11深裂，裂片有皱纹。

4）深红细叶鸡爪槭（var. *dissectum* f. *ornatum*）：即红叶羽毛枫，枝条下垂开展，叶细裂，嫩芽初呈红色，后变紫色，夏日橙黄色，入秋逐渐变红。

5）条裂鸡爪槭（var. *linearilobum*）：叶深裂达基部，裂片线形，缘有疏齿或近全缘。

6）深裂鸡爪槭（var. *thunbergii*）：即蓑衣槭，叶较小，掌状7深裂，基部心形，裂片卵圆形，先端长尖。翅果短小。

（2）分布　产于华东、华中各地。北京、天津、河北有栽培。

（3）习性　弱阳性，耐半荫，夏季需遮阴。喜温暖湿润气候及肥沃、湿润、排水良好的土壤，耐寒性不强。

（4）用途 叶形秀丽，树姿婆娑，入秋叶色红艳，是较为珍贵的观叶品种。在园林绿化和盆景艺术中常使用。

40. 大叶醉鱼草 *Buddleja davidii* Franch.（图2-120）

（1）识别要点 落叶灌木，高达5m。枝条四棱形而稍有翅，幼时密被白色星状毛。单叶对生，卵状披针形至披针形，长10～25cm，缘疏生细锯齿，表面无毛，背面密被白色星状绒毛。小聚伞花序集成穗状圆锥花枝；花萼4裂，密被星状绒毛；花冠淡紫色，芳香，长约1cm，花冠筒细而直，长约0.7～1cm，顶部橙黄色，4裂，外面生星状绒毛及腺毛；雄蕊4，着生于花冠筒中部。蒴果长圆形，长6～8 mm。花期6～9月。

图2-120 大叶醉鱼草

（2）分布 主产于长江流域一带，西南、西北等地也有。

（3）习性 喜光，耐荫。对土壤适应性强，耐寒性较强，可在北京露地越冬。耐旱，稍耐湿，萌芽力强。

（4）用途 花色丰富，花序较大，又有香气，叶茂花繁，紫花开在少花的夏、秋季，颇受欢迎，可在路旁、墙隅、草坪边缘、坡地丛植，也可植为自然式花篱。植株有毒，应用时应注意。枝、叶、根、皮入药外用，也可作农药。

41. 小叶女贞 *Ligustrum quihoui* Carr.（图2-121）

（1）识别要点 落叶或半常绿灌木，高2～3m。小枝被短柔毛。叶薄革质，椭圆形至倒卵状长圆形，长1.5～5cm，宽0.5～2cm，边缘微反卷，无毛。花序长7～21cm；花白色，芳香，无柄；花冠筒与裂片等长；花药略伸出花冠外。果实椭圆形，长5～9mm，紫黑色。花期7～8月；果期10～11月。

图2-121 小叶女贞

（2）分布 产于华北、华东、华中、西南。

（3）习性 喜光，稍耐荫；喜温暖湿润环境，也耐寒，耐干旱；对土壤适应性强；对各种有毒气体抗性均强；萌芽力、根蘖力均强，耐修剪，移栽易成活。

（4）用途 多作绿篱或修剪成球形植于广场、草坪、林缘。是优良抗污染树种。适宜公路及厂矿绿化。

42. 小蜡 *Ligustrum sinense* Lour.（图2-122）

与小叶女贞的区别为：叶背沿中脉有短柔毛。花序长4～10cm，花梗细而明显；花冠筒短于花冠裂片；雄蕊超出花冠裂片。果实近圆形。花期4～5月。分布、习性、应用同小叶女贞。

43. 迎春花 *Jasminum nudiflorum* Lindl.（图2-123）

（1）识别要点 落叶灌木；枝细长直出或拱形。叶对生，三出复叶，小叶卵状椭圆形，长 1～3cm，缘有短刺毛。花单生于去年生枝叶腋，叶前开放，有叶状狭窄的绿色苞片；萼裂片 5～6；花冠黄色，常 6 裂，长椭圆形，约为花冠筒长的 1/2，花期 2～4 月。

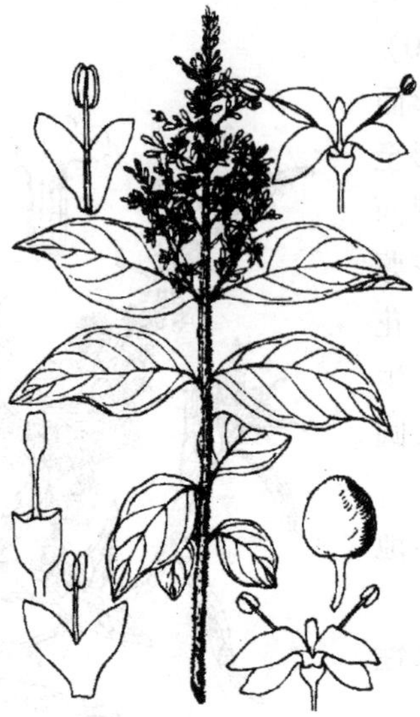

图 2-122　小蜡

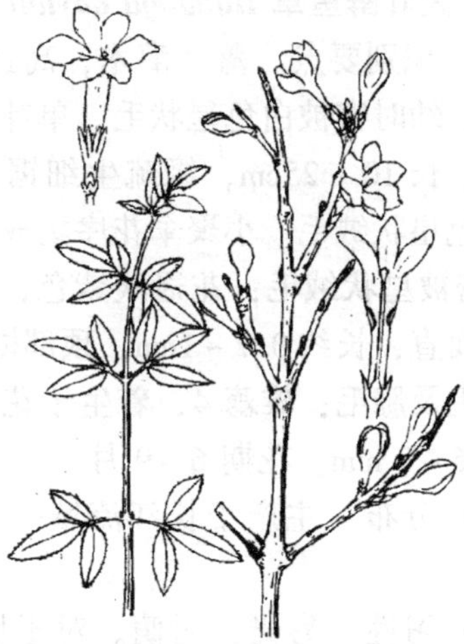

图 2-123　迎春花

（2）分布　产于我国中部、北部及西南高山，各地广泛栽培。

（3）习性　喜光，喜温暖湿润、向阳的环境和肥沃的土壤，适应性强，较耐寒、耐旱，但不耐涝。浅根性，生长快，萌芽力、萌蘖力强。枝条接触土壤较易生出不定根，极易繁殖。

（4）用途　花开极早，绿枝垂弯，金花满枝，为人们早报新春。宜植于路缘、山坡、池畔、岸边、悬崖、草坪边缘，或作花篱、花丛及岩石园材料。与蜡梅、水仙、山茶誉称“雪中四友”。也可护坡固堤作水土保持树种。

44. 金钟花 *Forsythia viridissima* Lindl.

与连翘的区别为：枝具片隔状髓心；单叶不裂，上半部有粗锯齿；萼裂片卵圆形，长约为花冠筒之半，萼片脱落。

产于长江流域至西南，华北各地园林广泛栽培。习性、繁殖、用途同连翘。

45. 牡丹 *Paeonia suffruticosa* Andr（富贵花、洛阳花）（图 2-124）

（1）识别要点　落叶灌木，高达 2m。分枝多而粗壮。二回羽状复叶，小叶宽卵形至卵状长椭圆形，先端 3～5 裂，基部全缘，光滑无毛。花单生枝顶，径 10～30cm，花型多样，花色丰富，有黄、白、粉、红、紫、黑、绿、蓝八大颜色，除白色外，其他颜色又有深浅的不同。雄蕊多数；心皮 5，被毛，有花盘。花期 4 月下旬至 5 月；果 9 月成熟。

牡丹品种甚多，有单瓣、半重瓣和重瓣品种；花色丰富，有黄、白、粉、红、紫、黑、绿、蓝八大类。

（2）分布　原产于我国西部及北部，秦岭有野生，现各地栽培。洛阳、菏泽为今之栽培中心。

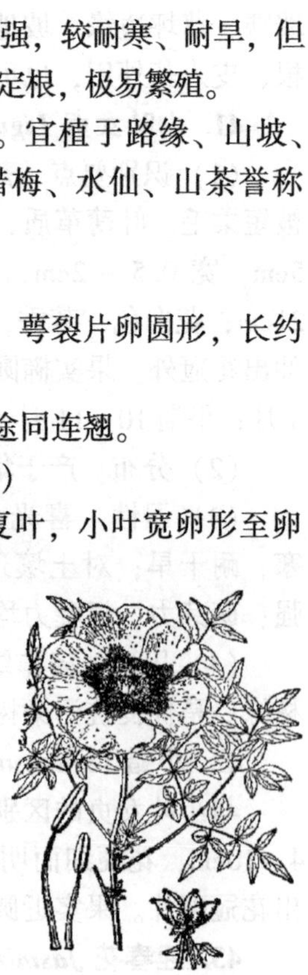

图 2-124　牡丹

（3）习性　牡丹性喜冷畏热，喜旱、怕湿，喜光但忌曝晒。湿度是牡丹生存的限制因素，因此牡丹总是喜生于高燥、排水良好之地，在低洼积水地或地下水位过高处，不但生长不良，还会导致死亡；温度则是影响牡丹开花的重要因素，牡丹开花时所需要的温度条件为16℃，当温度低于16℃时，牡丹不能正常开花，但20℃以上的高温可使其提前开花；积温不够，牡丹也不能正常开花，因此在同一地区，牡丹开花的早晚，总是温室的比冷室的开花要早，冷室的比露地的开花要早。控制温度是牡丹花期控制的主要途径之一。

（4）用途　我国特产名花，品种多，花姿美，花大色艳，富丽堂皇，我国人民把它作为幸福、美好、繁荣昌盛的象征。无论孤植、丛植、片植均可。可植为花台、花池，或与石、松、梅配置，以增观赏效果。也可盆栽或切花。根、皮为重要药材。为中国国花。

46. 紫薇 *Lagerstroemia indica* L.（百日红、满堂红、痒痒树）（图2-125）

（1）识别要点　落叶灌木或小乔木，高可达7m。树冠不整齐，枝干多扭曲；老树皮呈长薄片状，剥落后平滑细腻；小枝略呈四棱形，常有狭翅。叶椭圆形至倒卵形，长3～7cm，几无柄。花序顶生，花呈红、紫、堇、白等色，径约2.5～3cm；萼6浅裂；花瓣6；果6瓣裂，径约1.2cm。花期6～9月；果期9～10月。

图2-125　紫薇

常见栽培变种如下：

1）银薇（var. *abla* Nichols.）：花白色或微带淡堇色，叶与枝淡绿，有纯白、粉白、乳白等品种。

2）翠薇（var. *rubra* Lav）：花紫堇色（或带蓝色），叶翠绿，有浅蓝、紫蓝等品种。

（2）分布　华东、华中、华南及西南均有分布。露地栽培，南自台湾和海南，北以北京、太原为界，西至西安、四川灌县。

（3）习性　喜光，略耐荫，喜温暖、湿润气候，有一定抗寒力和耐旱力。喜肥沃、湿润而排水良好的石灰性壤土或沙质土壤，不耐地下水位过高和水涝。开花早，寿命长，萌芽力强，耐修剪。

（4）用途　树形优美，树皮光滑，枝干扭曲，花色艳丽，花朵繁密，花开于少花的夏季，花期长达数月之久。适栽植于庭园内、建筑物前，或池畔、路边及草坪等处。可成片、成丛栽植，或作街景树、行道树，对多种有毒气体有较强的抗性和吸收能力，且对烟尘有一定吸附力，适于厂矿及街道绿化，也可制作盆景和桩景。

47. 无花果 *Ficus carica* L.（图2-126）

（1）识别要点　落叶小乔木，或灌木状。小枝粗壮无毛。叶互生，厚纸质，倒卵形至近圆形，长11～24cm，先端钝，基部心形，缘具锯齿或缺裂，上面粗糙，下面有短毛，叶柄长4～14cm。隐花果单生叶腋，梨形，长5～8cm，成熟时黄绿色至紫黑色。花期5～6月；果熟期10月。

（2）分布　原产地中海沿岸，我国长江流域、山东、河南、陕西及其以南各地均有栽培。

（3）习性　喜光，喜温暖而稍干燥的气候，不耐严寒，宜在肥沃而排水良好的沙质土壤栽培。浅根性，生长快，结果早（2～3年开始结果），寿命可达百年以上。对烟尘及有毒气体抗性较强。

（4）用途　适应性强，栽培管理容易，果实营养丰富，宜作庭园树，丛植或成片作果树栽培。为绿化观赏结合生产的好树种。

48. 黄栌 *Cotinus coggygria* Scop.（图 2-127）

（1）识别要点　落叶灌木或小乔木，树冠卵圆形、圆球形至半圆形。树皮深灰褐色，不开裂。小枝暗紫褐色，被蜡粉。单叶互生，宽卵形、圆形，先端圆或微凹。花小，杂性，圆锥花序顶生。核果小，扁肾形。花期 4～5 月；果熟期 6 月。

图 2-126　无花果

图 2-127　黄栌

（2）分布　产于西南、华北、西北、浙江、安徽。

（3）习性　阳性树种，稍耐荫；耐干瘠，耐寒，要求土壤排水良好。萌蘖力强，生长快。

（4）用途　本种是重要的秋色叶树种，可栽植大面积风景林。北京的香山红叶即为本种及其变种。

模块 6　藤本植物识别与应用

教学目标

知识目标：

◆ 掌握藤本植物的形态特证、生态习性、观赏特性。

◆ 了解藤本植物的园林应用。

能力目标：

◆ 识别常见的藤本植物。

素质目标：

◆ 学生通过收集、整理、总结和应用相关信息资料，培养自主学习的能力。

◆ 培养学生能吃苦耐劳、实事求是、善于调研的精神，并能与组内同学分工协作，相互帮助，共同提高。

◆ 通过对藤本植物不断深入地学习和认识，提高学生的植物识别与应用能力。

能力训练

［活动］校园或公园藤本植物识别

活动目的	能识别常见的藤本植物，熟悉藤本植物的配置形式
活动要求	正确识别树木种类
活动程序	教师现场讲解、指导学生识别
	学生分组活动，观察树木的形态、确定树木名称，记录每种树木的名称、科属、生态习性、观赏特性、园林应用 拍摄照片
	各组制作PPT，并进行交流讨论
	考核评估：树木识别现场考核（口试）

常见落叶藤本：木香花、大花白木香、云实、紫藤、南蛇藤、五叶地锦、猕猴桃、凌霄、美国凌霄、雀梅藤等。

常见常绿藤本：薜荔、金银花、扶芳藤、油麻藤、常春藤、络石等。

1. 木香 *Rosa banksiae* Ait.（图2-128）

（1）识别要点　常绿攀援灌木，高达6m，枝细长绿色，光滑而少刺。小叶3～5，卵状长椭圆形至披针形，长2.5～5cm，先端尖或钝，缘有细锐齿，表面暗绿而有光泽，背面中脉常微有柔毛，托叶线形，与叶柄离生，早落。花常为白色；径约2.5cm，芳香；萼片全缘，花梗细长光滑，3～15朵排成伞形花序。果近球形，红色，径3～4mm，萼片脱落，花期4～5月。

图2-128　木香

常见栽培变种如下：

1）重瓣白木香（var. *albo-plena* Rehd.）：花白色，重瓣，香味浓烈，常为3小叶，久经栽培，应用最广。

2）重瓣黄木香（var. *lutea* Lindl.）：花淡黄色，重瓣，香味很淡；常为5小叶；较少栽。

（2）分布　原产于中国西南部，现各地园林中多有栽培。

（3）习性　性喜阳光，耐寒性不强。

（4）用途　在我国长江流域各地普遍栽作棚架、花篱材料。

2. 紫藤（藤萝）***Wisteria sinensis* Sweet**（图2-129）

（1）识别要点　藤本，茎枝为左旋性。小叶7～13，通常11，卵状长圆形至卵状披针形，长4.5～11cm，宽2～5cm，叶基阔楔形，幼叶密生平贴白色细毛，成长后无毛。总状花序长15～25cm，花蓝紫色，长约2.5～4cm，小花柄长1～2cm。荚果长10～25cm，表面密生黄色绒毛，种子扁圆形。花期4月。

常见栽培变种为：银藤（var. *alba* Lindl.）：花白色，耐寒性较差。

（2）分布　原产于中国，辽宁、内蒙古、河北、河南、江西、山东、江苏、浙江、湖北、湖南、陕西、甘肃、四川、广东等省均有栽培。国外也有栽培。

（3）习性　喜光，略耐荫，较耐寒；喜深厚肥沃而排水良好的土壤，但也有一定的耐干旱、瘠薄和水湿的能力。主根深，侧根少，不耐移植，生长快，寿命长。对城市环境的适应性较强。

（4）用途　紫藤枝叶茂密，庇荫效果强，春天先叶开花，穗大而美，有芳香，是优良的棚架、门廊及山面绿化材料。制成盆景或盆栽可供室内装饰。

3. 常春藤 *Hedera nepalensis* K. Koch var. *sinensis* (Tobl.) **Rehd.** （图 2-130）

（1）识别要点　常绿藤本，长可达 20～30m。茎借气生根攀援，嫩枝上柔毛鳞片状。营养枝上的叶为三角状卵形，全缘或 3 裂，花果枝上的叶椭圆状卵形或卵状披针形，全缘，叶柄细长。伞形花序单生或 2～7 顶生；花淡绿白色，芳香。果球形，径约 1cm，熟时红色或黄色。花期 8～9 月。

图 2-129　紫藤

图 2-130　常春藤

（2）分布　分布于华中、华南、西南及甘肃、陕西等省。

（3）习性　性极耐荫，有一定耐寒性，对土壤和水分要求不严，但以中性或酸性土壤为好。

（4）用途　在庭园中可用以攀援假山、岩石，或在建筑阴面作垂直绿化材料。也可盆栽供室内绿化观赏用。

4. 猕猴桃（中华猕猴桃）***Actinidia chinensis* Planch.**（图 2-131）

（1）识别要点　落叶藤本。幼枝密生灰棕色柔毛，老时渐脱落；髓白色，片隔状。单叶互生，圆形、卵圆形或倒卵形，先端突尖或平截，缘有刺毛状细齿，上面暗绿色，下面灰白色，密生星状绒毛；叶柄密生绒毛。花 3～6 朵成聚伞花序，乳白色，后变黄，芳香。浆果椭球形，密被棕色茸毛，熟时橙黄色。花期 6 月；果熟期 9～10 月。

（2）分布　分布于黄河及长江流域以南各省区。

（3）习性　喜光，耐半荫；喜温暖湿润气候，较耐寒；喜深厚、湿润、肥沃土壤。肉质根，不耐涝，不耐旱，主侧

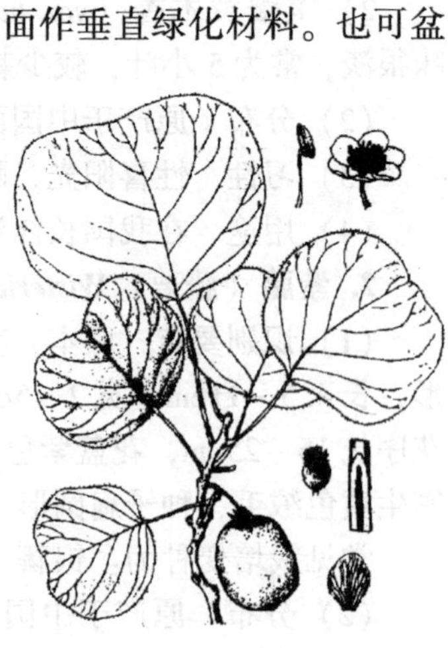

图 2-131　猕猴桃

根发达，萌芽力强，萌蘖性强，耐修剪。

(4) 用途　本种花淡雅芳香，硕果垂枝，适于棚架、绿廊、栅栏攀援绿化，也可攀附在树上或山石陡壁上。果实营养丰富，味酸甜，鲜食或制果酱、果脯均可。花是蜜源，也可提取香料。猕猴桃是园林结合生产的好树种。

5. 爬山虎（爬墙虎）***Parthenocissus tricuspidata***（Sieb. et Zucc.）**Planch.**（图2-132）

(1) 识别要点　落叶藤本，长达20m；卷须短，多分枝，顶端有吸盘。叶形变异很大，通常宽卵形，长8～18cm，宽6～16cm，先端多3裂，或深裂成3小叶，基部心形，边缘有粗锯齿，3主脉。花序常生于短枝顶端两叶之间；花黄绿色。果球形，径6～8mm，蓝黑色，被白粉。花期6月；果期10月。

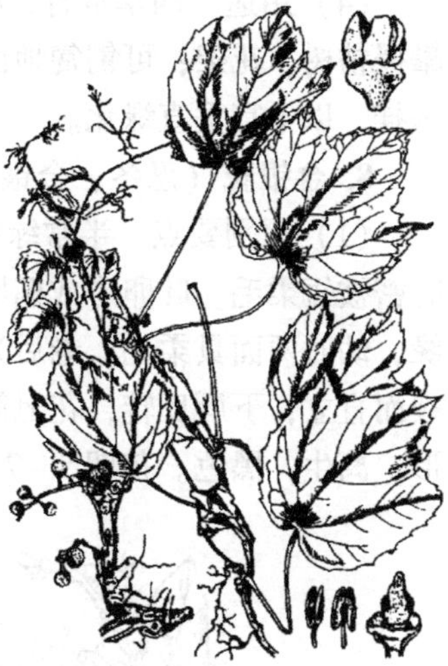
图2-132　爬山虎

(2) 分布　分布于华南、华北至东北各地。

(3) 习性　对土壤及气候适应能力很强，喜阴，耐寒，耐旱，在较阴湿、肥沃的土壤中生长最佳，生长力强。

(4) 用途　蔓茎纵横，能借吸盘攀附，且秋季叶色变为红色或橙色。可配置于建筑物墙壁、墙垣、庭园入口、假山石峰、桥头石壁，或老树干上。对氯气抗性强，可作厂矿、居民区垂直绿化；也可作护坡保土植被；也是盘山公路及高速公路挖方路段绿化的好材料。

6. 薜荔 ***Ficus pumila*** **L.**（图2-133）

(1) 识别要点　常绿藤本，借气生根攀援。小枝有褐色绒毛。叶互生，全缘，基部3主脉，叶异型，营养枝上的叶薄而小，心状卵形或椭圆形，长约2.5cm，柄短而基部歪斜。结果枝上的叶大而宽，革质，卵状椭圆形，长3～9cm，上面光滑，下面网脉隆起并构成显著小凹眼。隐花果单生叶腋，梨形或倒卵形，熟时暗绿色。花期4～5月；果熟期9～10月。

图2-133　薜荔

(2) 分布　产于长江流域及其以南地区。

(3) 习性　喜阴，喜温暖湿润气候，耐旱，耐寒性差。

(4) 用途　叶厚革质，经冬不凋，深绿有光泽，可配置于岩坡、假山、墙垣上，或点缀于石矶、主峰、树干上，郁郁葱葱，可增强自然情趣。

7. 扶芳藤 ***Euonymus fortunei***（Turcz.）**Hand. -Mazz.**（图2-134）

(1) 识别要点　常绿藤本，靠气生根攀援生长，长可达10m。茎枝上有瘤状突起；枝较柔软。叶长卵形至椭圆状倒卵形。果径约1cm，黄红色，假种皮橘黄色。花期6～7月；果熟期10月。

常见栽培变种如下：

1) 爬行卫矛（var. *radicans*）：茎匍匐，贴地而生。叶小。

2) 金边扶芳藤（cv. *Emerald* Gold）：叶边缘金黄色。

3）银边扶芳藤（cv. *Emerald* Gaiety）叶边缘银白色。

上述变种、品种，叶较小，叶缘金黄或银白，茎匍匐地面，易生不定根。是良好的木本地被植物，极有推广价值。

（2）分布　我国长江流域及黄河流域以南多栽培。山东栽培较多。

（3）习性　较耐水湿，亦耐荫；易生不定根。

（4）用途　四季常青，秋叶经霜变红，攀援能力较强。园林中可掩覆墙面、山石；可攀援枯树、花架；可匍匐地面蔓延生长作地被，也可种植于阳台、栏杆等处，任其枝条自然垂挂，以丰富垂直绿化。

8. 金银花（忍冬、金银藤）***Lonicera japonica* Thunb.**（图2-135）

（1）识别要点　半常绿缠绕藤木，长可达9m。枝细长中空，皮棕褐色，条状剥落，幼时密被短柔毛。叶卵形或椭圆状卵形，长3~8cm，端短渐尖至钝，基部圆形至近心形，全缘，幼时两面具柔毛，老后光滑。花成对腋生，苞片叶状；萼筒无毛；花冠二唇形，上唇4裂而直立，下唇反转，花冠筒与裂片等长，初开为白色略带紫晕，后转黄色，芳香。浆果球形，离生，黑色。花期5~7月；8~10月果熟。

图2-134　扶芳藤

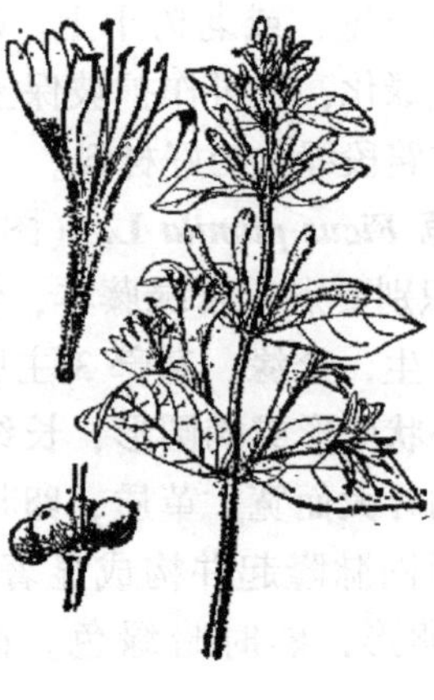

图2-135　金银花

常见栽培变种如下：

1）红金银花（var. *chinensis* Baker）：小枝叶柄、嫩叶带紫红色，花冠淡紫红色。

2）'黄脉'金银花（cv. *Aureo-reticulata* Nichols）：叶较小，网脉黄色。

（2）分布　中国南北各省均有分布，北起辽宁，西至陕西，南达湖南，西南至云南、贵州。

（3）习性　喜光也耐荫，耐寒，耐旱及水湿，对土壤要求不严，酸碱土壤均能生长。性强健，适应性强，根系发达，萌蘖力强，茎着地即能生根。

（4）用途　金银花植株轻盈，藤蔓缭绕，冬叶微红，花先白后黄，富含清香，是色、香俱备的藤本植物，可缠绕篱垣、花架、花廊等作垂直绿化，或附在山石上，植于沟边，爬于山坡，用作地被，也富有自然情趣，花期长，花芳香，又值盛夏酷暑开放，是庭园布置夏景的极好材料，植株体轻，是美化屋顶花园的好树种，老桩作盆景，姿态古雅。

9. 络石（万字茉莉）***Trachelospermum jasminoides***（Lindl.）**Lem.**（图2-136）

（1）识别要点 茎长达10m，赤褐色，幼枝有黄色柔毛，常有气生根。叶薄革质，椭圆形或卵状披针形，长2～10cm，全缘，脉间常呈白色，背面有柔毛。花序腋生；萼5深裂，花后反卷；花冠白色，芳香，裂片5，右旋风车形；花药内藏。果对生，长15cm。种子有白毛。花期4～5月。

常见栽培变种如下：

1）石血（cv. *Heterophyllum*）：叶窄，狭长披针形。

2）斑叶络石（var. *variegatum*）：叶具白色或浅黄色斑纹，边缘乳白色，冬叶淡红色。

（2）分布 长江流域，黄河流域，山东、河北均有分布。

（3）习性 喜光，耐荫；喜温暖湿润气候，尚耐寒；对土壤要求不严，抗干旱，不耐水淹。萌蘖性强。

（4）用途 叶色浓绿，四季常青，冬叶变红，花白繁茂，且具芳香，是优美的垂直绿化和常绿地被植物。植于枯树、假山、墙垣之旁，攀援而上，均颇优美。根、茎、叶、果入药。乳汁对心脏有毒害作用。

10. 凌霄 ***Campsis grandiflora***（Thunb.）**Loisei.**

（1）识别要点 落叶藤本，借气根攀援向上生长；树皮灰褐色，呈细条状纵裂。叶对生，奇数羽状复叶，小叶7～9。顶生聚伞花序，花大，花萼裂至中部；花冠漏斗状钟形，外侧橘黄色，内面鲜红色。蒴果长如豆荚；种子有膜质翅。花期6～9月。

（2）分布 原产于我国中部，北京、河北以南均有栽培。

（3）习性 喜光，稍耐荫；喜排水良好，较耐水湿，并有一定的耐盐碱力。速生，萌芽力、萌蘖力均强。

（4）用途 本种夏秋开花，花期长，花朵大，鲜艳夺目，适于垂直绿化。花粉有毒，能伤眼睛，须注意。

11. 美国凌霄 ***Campsis radicans***（L.）**Seem.**（图2-137）

小叶9～13，椭圆形，叶轴及小叶背面均有柔毛；花萼浅裂至1/3；花冠比凌霄花小，橘黄色。原产于北美，我国各地引种栽培。耐寒力较强。其余同凌霄。

图2-136 络石

图2-137 美国凌霄

模块7 观赏竹类识别与应用

教学目标

知识目标：

◆ 掌握观赏竹类的形态特征、生态习性、观赏特性。

◆ 了解观赏竹类的园林应用。

能力目标：

◆ 识别常见的观赏竹类。

素质目标：

◆ 学生通过收集、整理、总结和应用相关信息资料，培养自主学习的能力。

◆ 培养学生能吃苦耐劳、实事求是、善于调研的精神，并能与组内同学分工协作，相互帮助，共同提高。

◆ 通过对观赏竹类不断深入地学习和认识，提高学生的园林艺术欣赏水平。

能力训练

［活动］校园或公园观赏竹类识别

活动目的	能识别常见的观赏竹类，熟悉观赏竹类的配置形式
活动要求	正确识别树木种类
活动程序	教师现场讲解、指导学生识别
	学生分组活动，观察树木的形态、确定树木名称，记录每种树木的名称、科属、生态习性、观赏特性、园林应用 拍摄照片
	各组制作PPT，并进行交流讨论
	考核评估：树木识别现场考核（口试）

常用观赏竹类：孝顺竹、佛肚竹、凤尾竹、紫竹、淡竹、毛竹、刚竹、慈竹、阔叶箬竹。

1. 刚竹 *Phyllostachys viridis* (Young) **Mc Clure.**（图2-138）

（1）识别要点　秆高10～15m，径4～9cm。挺直，淡绿色，分枝以下的秆环不明显。新秆无毛，微被白粉；老秆仅节下有白粉环，秆表面在放大镜下可见白色晶状小点。箨鞘无毛，乳黄色或淡绿色底上有深绿色纵脉及棕褐色斑纹，无箨耳。箨舌近截平或微弧形，有细纤毛。箨叶狭长三角形至带状，下垂，多少波折。每小枝有2～6叶，有发达的叶耳与硬毛，老时可脱落。叶片披针形，长6～16cm。笋期5～7月。

(2) 分布 原产于我国。分布于黄河流域至长江流域以南广大地区。

(3) 习性 抗性强，能耐 -180℃低温；微耐盐碱，在 pH 8.5 左右的碱土和含盐 0.1% 盐土中也能生长。

(4) 用途 观赏特性同毛竹。材质坚硬，韧性较差，可供小型建筑及农具柄材使用。笋可食。

2. 佛肚竹 *Bambusa ventricosa* Mc Clure（图 2-139）

(1) 识别要点 乔木型或灌木型。高与粗因栽培条件而有变化。秆无毛，幼秆深绿色，稍被白粉，老时变成橄黄色。秆有两种，正常秆高，节间长，圆筒形；畸形秆矮而粗，节间短，下部节间膨大呈瓶状。箨鞘无毛，初时深绿色，老时变成橘红色。箨耳发达。圆形或倒卵形至镰刀形。箨舌极短。箨叶卵状披针形，于秆基部的直立，上部的稍外反，脱落性。每小枝具叶 7~13 枚，叶卵状披针形至长圆状披针形，长 12~21cm，背面有柔毛。

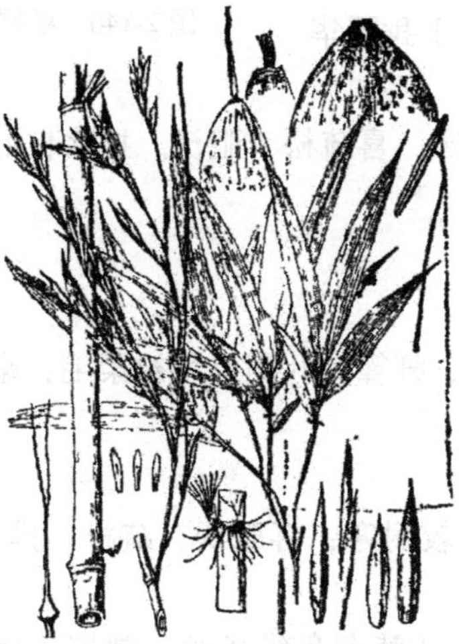

图 2-138 刚竹

图 2-139 佛肚竹

(2) 分布 我国广东特产。南方公园中栽植或盆栽。为优良的盆栽竹种。

(3) 习性 耐水湿植物、喜光植物。喜温暖湿润气侯，抗寒力较低，喜光，亦稍耐荫。喜肥沃湿润的酸性土，颇耐水湿，不耐干旱。

(4) 用途 佛肚竹为灌木状丛生，秆短小畸形，状如佛肚，姿态秀丽，四季翠绿。适于庭院、公园、水滨等处种植，与假山、崖石等配置，更显优雅。

3. 孝顺竹（凤凰竹）***Bambusa multiplex*** (Lour.) **Raeuschel**（图 2-140）

(1) 识别要点 秆在地面密集丛生，秆高 2~7m，径 1~3cm，新秆绿色密被白粉和刺毛，老秆黄绿色光滑无毛，秆之节间绿色，无条纹。

常见栽培变种如下：

1) 凤尾竹（var. *nana* (Roxb.) keng f.）：比原种矮小，高约 1~2m，径不超过 1cm。枝叶稠密，纤细而下弯，每小枝有叶 10 余枚。羽状排列，叶片长 2~5cm。长江流域以南各地常植于庭园观赏或盆栽。

2) 花孝顺竹（f. *alphonsekarri* Sasaki）：（小琴丝竹）竹秆金黄色，夹有显著绿色的纵条纹。常盆栽或栽植于庭园观赏。

（2）分布　原产于中国、日本及东南亚地区。我国华南、西南至长江流域各地都有分布。

（3）习性　喜温暖湿润气候及排水良好、湿润的土壤，是丛生竹类中分布最广、适应性最强的竹种，可以引种北移。

（4）用途　植丛秀美，多栽培于庭园供观赏，或种植宅旁作绿篱用，也常在湖边、河岸栽植。

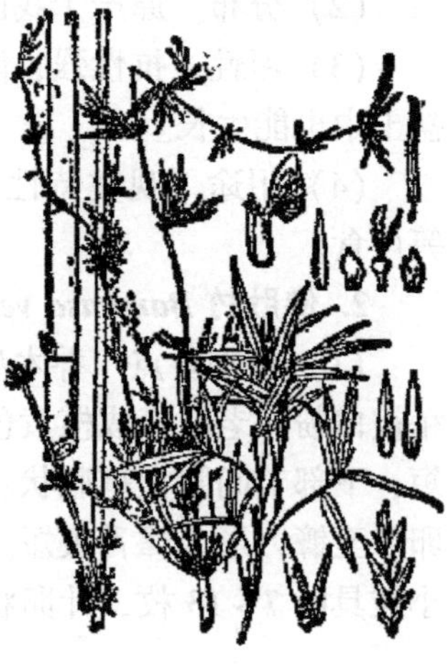

图2-140　孝顺竹

4. 黄金间碧竹 *Bambusa vulgaris* Schrad var. *striata* Gamble

（1）识别要点　乔木型竹。秆高6～15m，径4～6cm，鲜黄色，间以绿色纵条纹。箨鞘草黄色，具细条纹，背部密被暗棕色短硬毛，毛易脱落。箨耳近等大。箨舌较短，边缘具细齿或条裂。箨叶直立，卵状三角形或三角形。腹面脉上密被短硬毛。叶披针形或线状披针形，长9～22cm，两面无毛。

（2）分布　原产于中国、印度、马来半岛。主产于我国华南各省，西南地区也有分布。

（3）习性　中性，喜光，稍耐荫。适应性强，耐寒，喜疏松、肥沃、排水良好的土壤。浅根性，忌水淹。

（4）用途　盆栽或植于庭园观赏。木材可利用。

5. 菲黄竹 *Sasa auricoma*

（1）识别要点　高20～80cm，径1～2mm。节间、秆箨、叶鞘上均被柔毛，嫩叶黄色，具绿色条纹，老叶常变为绿色。

（2）分布　原产于日本。中国华东地区有栽培。

（3）习性　喜半荫，忌烈日；喜温暖湿润环境，较耐寒；喜肥沃、疏松、排水良好的沙质土壤。

（4）用途　地被竹种，叶片秀美，叶面上有白色或淡黄色纵条纹，常植于庭园观赏，可配置在疏林下及假山叠石间，也可用于花坛、花境的布置，也可成片栽植作地被。

6. 菲白竹 *Sasa fortunei*

（1）识别要点　高20～80cm，径1～2mm。叶狭披针形，绿色底上有黄白色乃至近于白色纵条纹，边缘有纤毛，两面近无毛，有明显的小横脉，叶柄极短。箨叶有白色条纹。笋期4～5月。

（2）习性、分布和园林用途　同菲黄竹。

7. 毛竹 *Phyllostachys pubescens* Mazel et H. Lehaie（图2-141）

（1）识别要点　高大乔木状竹类。秆高10～25m，径12～25cm，中部节间可长达40cm。新秆密被柔毛，有白粉，老秆无毛；白粉脱落而在节下逐渐变黑色，顶梢下垂。分枝以下秆上秆环不明显，箨环隆起。箨鞘厚革质，棕色底上有褐色斑纹，背面密生棕紫色小刺毛。箨耳小，边缘有长缘毛。箨舌宽短，弓形，两侧下延，边缘有长缘毛。箨叶狭长三角形，向外反曲。枝叶二列状排列，每小枝保留2～3叶，叶较小，披针形，长4～11cm。叶舌隆起，叶耳不明显，有肩毛，后渐脱落。花枝单生，不具叶，小穗丛形如穗状花序，外被有覆瓦状的佛焰苞。小穗含小花。颖果针状。笋期3月底至5月初。

常见栽培变种如下：

1）龟甲竹（*f. heterocycla*（Carr.）H. de. Lehaie.）：秆较原种稍矮小，下部节间极度缩短、肿胀、呈龟甲状。

2）花毛竹（*f. huamozhu*（wen）C. S. Chao et Renv.）：竹秆黄色，具不规则的绿色纵条纹，老竿转为绿色，有不规则黄色纵条纹。

3）绿槽毛竹（*f. viridisulcata*（wen）C. S. Chao et Renv.）：秆金黄色，仅在分枝一侧的沟槽具绿色宽纵条纹。

4）黄槽毛竹（*f. luteosulcata*（wen）C. S. Chao et Renv.）：秆绿色，仅在分枝一侧的沟槽内具黄色纵条纹。

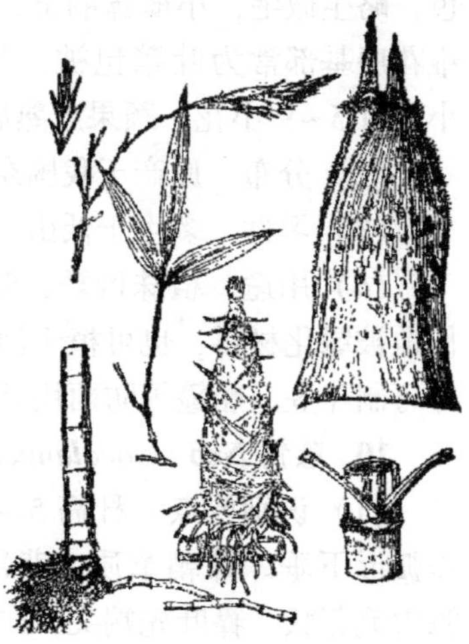

图2-141 毛竹

（2）分布　原产于中国秦岭、汉水流域至长江流域以南，海拔1000m以下的广大酸性山地。分布很广，东起台湾，西至云南东北部，南自广东和广西中部，北至安徽北部、河南南部，其中浙江、江西、湖南为分布中心。

（3）习性　喜温暖湿润的气候，要求年平均温度15～200℃，耐极端最低温度－16.70℃，年降水量800～1000mm；喜空气相对湿度大；喜肥沃、深厚、排水良好的酸性沙质土壤，干燥的沙荒石砾地、盐碱地和排水不良的低洼地均不利生长。

（4）用途　秆高叶翠，四季常青，秀丽挺拔，值霜雪而不凋，历四季而常茂，颇为娇艳，雅俗共赏。自古以来常植于庭园曲径、池畔、溪间、山坡、石际、天井、景门，以至室内盆栽观赏。与松、梅共植，誉为“岁寒三友”可点缀园林。在风景区大面积种植，谷深林茂，云雾缭绕，竹林中有小径穿越，曲折、幽静、深邃，形成“一径万竿绿参天”的景观。也是植于屋顶花园的极好材料。因其无毛、无花粉，故是精密仪器厂等地栽植的上佳树种。也是良好的建筑材料、加工利用材料。竹笋鲜美可食。

8. 紫竹 *Phyllostachys nigra*（Lodd.）Munro

（1）识别要点　中小型竹，秆高3～10m，径2～4cm。新秆有细毛茸，绿色，老秆变为棕紫色以至紫黑色。箨鞘淡玫瑰紫色，背面密生毛，无斑点。箨耳镰形，紫色。箨舌长而隆起。箨叶三角状披针形，绿色至淡紫色。叶片2～3枚生于小枝顶端，叶鞘初被粗毛，叶片披针形，长4～10cm，质地较薄。笋期4～5月。

淡竹（毛金竹）（var. *henonis* Stopfex Rendle）：秆高大，可达7～18m。秆壁较厚，新秆绿色，老秆灰绿色或灰色。

（2）分布　原产于我国。广泛分布于华北及长江流域至西南地区。

（3）习性　耐寒性较强，能耐－18℃低温，在北京可露地栽植。

（4）用途　秆紫黑，叶翠绿，颇具特色，常植于庭园观赏。秆可制小型家具；细秆可作手杖、笛、箫、烟秆、伞柄及工艺品等。淡竹竹竿可作农具柄等用，粗大者可代毛竹供建筑用。箨性好，可供编制竹器。中药竹沥、竹茹可由其制取；笋供食用。

9. 阔叶箬竹 *Indocalamus latifolius*（Keng）Mc Clure（图2-142）

（1）识别要点　秆高约1m，下部直径5～8mm，节间长5～20cm，微有毛。秆箨宿存，质坚硬，背部常有粗糙的棕紫色小刺毛，边缘内卷。箨舌截平，鞘口顶端有长1～3mm流苏状缘毛。箨叶小。每小枝具叶1～3片；叶片长椭圆形，长10～40cm，表面无毛，背面灰白色，略生微毛，小横脉明显，边缘粗糙或一边近平滑。圆锥花序基部常为叶鞘包被，花序分枝与主轴均密生微毛，小穗有5~9小花，颖果成熟后古铜色。

（2）分布　原产于我国东南、华中等地。

（3）习性　多生于低山、丘陵、向阳山坡和河岸。

（4）用途　植株低矮，叶宽大，在园林中栽植观赏或作地被绿化材料，也可植于河边护岸。秆可制笔管、竹筷；叶可制斗笠、船篷等防雨用品。

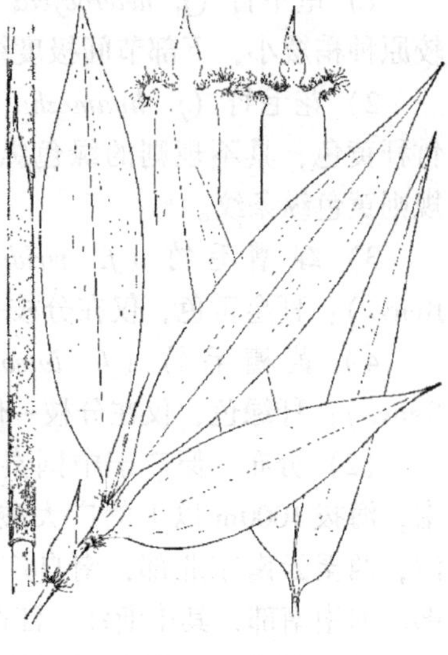

图2-142　阔叶箬竹

10. 慈竹 ***Neo sinocalamus affinis*** **（Rendle）Mc Clure**

（1）识别要点　秆高5~10m，径4~8cm。顶梢细长作弧形下垂。箨鞘革质，背部密被棕黑色刺毛。箨耳缺，箨舌流苏状。箨叶先端尖，向外反倒，基部收缩略呈圆形，正面多脉，密生白色刺毛，边缘粗糙内卷。叶片数枚至十数枚着生于小枝先端。叶片质薄，长卵状披针形，长10~30cm，表面暗绿色，背面灰绿色。侧脉5~10对，无小横脉。笋期6月，持续至9~10月。

（2）分布　原产于我国。分布在云南、贵州、湖北、湖南、四川及陕西南部各地。

（3）习性　喜温暖湿润气候及肥沃疏松土壤，干旱瘠薄处生长不良。

（4）用途　秆丛生，枝叶茂盛秀丽，于庭园内池旁、石际、窗前、宅后栽植，都极适宜。材质柔韧，劈蔑性良好，是编制竹器及造纸的好材料。笋味苦，煮后去水，仍可食用。

思考训练

1. 简述木兰科、樟科、蔷薇科、豆科的主要特征、识别要点。
2. 简述杨柳科的主要特征、识别要点。
3. 相近种识别：深山含笑、乐昌含笑
   紫楠、浙江楠
   红楠、华东楠
   合欢、山合欢
   三角枫、元宝槭、五角槭、茶条槭
   栾树、全缘叶栾树（黄山栾）
   茶花、茶梅
   瓜子黄杨、雀舌黄杨
   金钟花、连翘
   锦带花、海仙花
   小蜡、小叶女贞
4. 简述桂花品种识别要点。
5. 简述无患子、栾树等落叶乔木的配置方式。
6. 简述茶花、茶梅、瓜子黄杨、雀舌黄杨的配置方式。
7. 简述梅花、桃花的品种分类。

8. 简述梅花、桃花等观花树种的配置应用。
9. 简述观赏竹类在园林中的应用。
10. 简述竹子的地下茎、竹秆、竹叶和竹箨的特点。
11. 编制你所在地区常见的竹种分属检索表。

项目3

观赏树木的选择与应用

模块1　行道树的选择与应用

教学目标

知识目标：

◆ 了解常见行道树种在园林景观设计中的作用。

◆ 了解常见行道树种的主要习性，掌握行道树种的观赏特性及园林应用。

◆ 掌握行道树种选择要求。

能力目标：

◆ 能够根据园林绿化设计的不同要求正确选择行道树。

素质目标：

◆ 学生通过收集、整理、总结和应用相关信息资料，培养自主学习的能力。

◆ 通过对形态相似或相近的行道树种进行比较、鉴定和总结，培养学生独立思考问题和认真分析、解决实际问题的能力。

◆ 通过对行道树种不断深入地学习和认识，提高学生的园林观赏水平。

能力训练

［活动］　行道树的选择与应用

活动目的	能根据园林绿化设计的不同要求正确选择行道树
活动要求	正确识别行道树种类，调查附近绿地的行道树，能简单的进行行道树选择与设计
活动器材	笔、记录本、数码相机、调查绿地自然环境材料、测高器
活动地点	校园、广场、居住区或城市公园
活动程序	教师现场讲解、指导学生识别、介绍调查方法及程序
	学生分组活动，分组调查所在学校或周边绿地的行道树种，内容包括调查地点的自然条件，行道树种的名录、主要特征、生态习性、观赏特性
	完成调查报告
	考核评估：调查报告

一、行道树

行道树是指以美化、遮阴和保护为目的，在人行道、分车道、公园、广场、滨河路、城乡公路两侧成行栽植的树木。行道树的分布非常广泛，作用很大，可以补充氧气、净化空气、美化城市、减少噪声等。行道树种代表着一个区域或一个城市的气候特点及文化内涵。行道树的实际应用，应根据道路的建设标准和周边环境的具体情况，确定适当的树种、品种，选择合宜的树体、树形。在行道树选择上，一定要考虑当地的环境特点与植物的适应性，避免盲目。要根据生态环境特点，选择适合当地的优良树种作为行道树。

二、行道树种选择要求

行道树种选择标准要求如下：

1）树形整齐，枝叶茂盛，冠大荫浓。

2）树干通直，花、果、叶无异味、无毒、无刺激。

3）繁殖容易，生长迅速，移栽成活率高。

4）选择能适应管理粗放，对土壤、水分、肥料要求不高，耐修剪、病虫害少、抗性强的树种。

5）能够适应当地环境条件，耐修剪，养护管理容易。

6）行道树的定干高度，在同一条干道上应相对保持一致，在路面较窄或有大型车辆通过的地段，以3m以上为宜。在一般路面最低不低于2m。

三、行道树种配置要求

由于城乡生态环境多变和绿化功能要求复杂多样，选择行道树时要考虑环境特点与植物的适应性，可避免行道树栽植的盲目性，同时要求行道树种多样化，故提出乡土树种与外来树种相结合的原则。在城市行道树种中，常绿树种与落叶树种要有一定比例，用不同的树种进行隔离，以防虫、防老化，保持生态平衡。在有条件的城市，最好是一街一树，构成一街一景的独特风景，这样不仅能体现大自然的季节变化，美化城市道路，还能起到城市交通向导作用。行道树的选择还应考虑道路的建设标准和周边环境的具体情况。行道树在栽植前要统一规划，若树木规格不等、参差不齐将带来管理上的困难，影响整体的美观效果。

四、行道树种对城市绿化的作用

行道树在城市道路绿化与园林绿化中起着重要作用。行道树作为道路功能的配套设施是十分必要的，它对于提高道路的使用质量，改善区域生态环境，消除噪声、净化空气、调节气候以及涵养水源都有重要作用。

（一）改善道路生态环境

1. 遮阳降温

由于行道树的树冠能吸收和反射部分阳光，因此阳光不能透过树冠，由此形成了阴影，阴影处的辐射热较少，温度自然有所降低。此外，植物的蒸腾作用向空气中释放了大量的水汽，同时也散发了热量，并增加了空气的湿度。据资料显示，杭州1978年夏天的中午，在植有悬铃木的里西湖街道比基本无树荫的街道，气温要低3℃左右，可见，行道树在降低温度方面的作用非常明显。行道树另一个显著的功能在于遮阳，衡量遮阳效果的优劣主要看遮光率和降温率。树木阴影的产生及其浓淡程度，主要取决于树体本身能透过的太阳直射光的量和它接受周围环境的光。很明显，如果仅从遮光率考虑，遮光率的数值越大，则遮阳的效果越好。而降温率则是与树木阴影内的温度有关，它受阳光照射和周围热辐射的影响。当然，降温率的数值越高则表示降温效果越好。

2. 滞尘

每一株树木的树冠，都相当于一个大型的空气过滤器。每一树种的滞尘作用的大小，主要与其枝叶表面的特征有关，如枝叶表面的粗糙程度、表面是否有毛、枝叶浓密和繁茂程度以及叶片的质地和大小等都能影响树木本身的滞尘量。在一般情况下，叶片的浓密程度常用叶面积指数来表示。叶面积指数越高，则树木的叶面积越大，因而过滤空气中尘埃的能力也相对越强。有数据显示，城市绿地中的含尘量一般比街道少30%～60%，其中常绿树种较落叶树种滞尘作用大，而松柏类又因有树脂，故滞尘能力更大。总之，有计划地在道路两侧种植行道树，对由于季风和车辆行驶产生的尘埃的减除是非常有益的。

3. 制造氧气

在滞尘的同时，制造氧气也是行道树的一个不可忽视的作用。绿色植物吸收太阳光的光能、空气中的二氧化碳和水，制造出有机物并释放出氧气，这就是光合作用。光合作用的意义是巨大的，人类生活所需要的食物和某些工业用的原料都直接或间接来自绿色植物的光合作用。

4. 减少噪声

在城镇道路上，机动车辆不断增加而产生的噪声问题日益严重。合理种植行道树，能减少噪声。绿化减噪，利用的是植物对声波的反射与吸收作用。枝叶细密的减噪效果比枝叶稀疏的好；常绿树种的减噪效果比落叶树种的好；混合种植的减噪效果比单一单排单品种的好。因此，应当因地制宜，针对不同的路况，选择适宜的树木种类和高度以及合理的种植密度和位置进行绿化。

5. 杀菌

从整体上看，公园和绿化较好的地区，空气含菌量明显较少。据测定，北京中山公园单位体积空气的含菌量相当于只种植单排行道树的王府井大街的1/7。杀菌能力的强弱与树种的滞尘量有关，不同的树木对不同的菌种有不同的杀菌能力。为了保护环境，应有计划有目的地选择树种，并对各树种的杀菌效果、杀菌范围进行测定，以便合理高效地运用和发挥它们的作用。

6. 防风

显而易见，行道树具有一定的防风作用，特别是在风沙较大的西北地区，结合道路两旁的防护林，合理建设防风林带，对于城市以及周边环境都会产生良好的防护与改善作用。

在道路两侧种植各类适宜的行道树，除了有保护环境、改善卫生条件的作用外，还有保障行车安全、保护路基和延长道路的使用寿命等作用。

（二）在城市道路绿化中的作用

1. 保护道路

由于行道树具有遮阳降温的作用，可以降低路面温度，减小昼夜温差，减少路面的热胀冷缩程度，从而延长了路面的使用寿命。种植在路旁的行道树，好似打入路基的木桩，可保持水土，稳固路基。较大的树冠还可以留住部分积雪，在冬季降雪量较大的地区可以在一定程度上防止积雪覆盖路面影响交通。

2. 组织交通

可以利用绿化自然地将道路划分为快、慢车道及行人道，使车辆与行人各行其道。在重要的路口或车辆行人比较集中的地区，也可以用绿化来诱导行车方向。这样，不但提高了道路的美观程度与绿化面积，也提高了道路的利用效率，且能有效地减少甚至防止事故的发生。在路况特殊的情况下行道树组织交通的作用更为明显。行道树还可以指示前方道路的线形变化，在小转弯、陡坡或狭窄等险要路段，可配合路标起到提示和护栏的作用，尤其是雾大时效果更为显著。又如分道行驶的道路，在中间的隔离带种植行道树可防止夜间对面车辆的灯光太耀眼而模糊视线，同时还增加了道路的美观。

3. 美化道路环境

显而易见，只有灰黑的柏油马路和绝尘而过的车辆的道路是多么的沉闷，这也间接反映出一个城市的道路综合水平较低。所以行道树的美化作用尤为重要，它也是展示城市形象的一个“窗口”。绿色给人以平和、宁静、舒适之感，无论是驾驶员还是行人，在绿色环境之中可以感到舒适和安全，且不易疲劳。

4. 体现地方特色

我国地域辽阔，跨寒、温、热等三个气候带，由于温度及雨量关系，所种植行道树各不相同。行道树代表着一个城市的风貌。如南京、武汉、杭州等城市，悬铃木的应用给人印象极为深刻。天津行道树绒毛白蜡，给人以“白蜡城”的印象。因此，可以用行道树突出其个性，或庄重，或朝气，或古朴，或现代。

五、常见行道树种

1）香樟 *Cinnamomum camphora* 香樟科 球形 常绿大乔木，叶互生，三出脉，有香气，浆果球形。树冠阔大，大而成圆形，生长强健，树姿美观。

2）悬铃木 *Platanus × acerifolia* 悬铃木科 卵形 喜温暖，抗污染，耐修剪。冠大荫浓，适作行道树和庭荫树。

3）枫香 *Liquidambar formosana* Hance. 金缕梅科 圆锥形 落叶乔木，树皮灰色平滑，叶呈三角形，生长慢，树姿美观。

4）合欢 *Albizia julibrissin* 含羞草科 伞形 花粉红色，花期6~7月，适作庭荫观赏树、行道树。

5）金合欢 *Albizia farnesiana* Wild. 含羞草科 伞形 落叶亚乔木，速生，枝叶密生，花金黄色，树势优良。

6）苦楝（楝树）*Melia azedarach* Linn. 楝科 伞形 落叶乔木，生长迅速，树冠畸形，略成伞状，花淡紫色。

7）梧桐 *Firmiana platanifolia* L. 梧桐科 伞形 常绿乔木，叶面阔大，生长迅速，幼有直立，老大树冠分散。

8）构树 *Broussonetia papyrifera* Vent. 桑科 伞形 常绿乔木，叶巨大柔薄，枝条四散，树冠伞形，姿态亦美。

9）梣树 *Fraxinus insularis* Hemsl. 木犀科 伞形 常绿乔木，树性强健，生长迅速，树姿、叶形优美。

10）圆柏（桧柏）*Sabina chinensis* 柏科 圆锥形 常绿针叶树，阳性，幼树稍耐荫，耐干旱瘠薄，耐寒，稍耐湿，耐修剪，防尘隔声效果好。

11）广玉兰 *Magnolia grandiflora* L. 木兰科 卵形 常绿乔木，花大、白色、清香，树形优美。

12）相思树 *Acacia confusa* Merr. 豆科 伞形 常绿乔木，树皮幼时平滑，老大时粗糙，干多弯曲，生长力强。

13）海枣 *Phoenix dactylifera* L. 棕榈科 羽状 常绿阔叶树，树干分歧性，抗热力强，生长强健，姿态亦美。

14）银杏 *Ginkgo biloba* 银杏科 伞形 落叶阔叶树，秋叶黄色，耐寒，根深，不耐积水，抗多种有毒气体。

15）鹅掌楸（马褂木）*Liriodendron chinense* 木兰科 伞形 落叶阔叶树，喜温暖湿润气候，抗性较强，喜肥沃的酸性土，生长迅速，寿命长，叶形似马褂，花黄绿色，大而美丽。

16）羽叶槭（复叶槭）*Acer negundo* 槭树科 伞形 落叶阔叶树，喜肥沃土壤及凉爽湿润气候，耐烟尘，耐干冷，耐轻盐碱土，耐修剪，秋叶黄色。

17）旱柳 *Salix matsudana* 杨柳科 伞形 适作庭荫树、行道树、护岸树。

18）槐树 *Sophora japonica* 豆科 伞形 枝叶茂密，树冠宽广，适作庭荫树、行道树。

19）黄槐 *Cassia glauca* Lam. 豆科 圆形 落叶乔木，偶数羽状复叶，花黄色，生长迅速，树姿美丽。

20）金钱松 *Pseudolarix amabilis* Rehd. 松科 卵状塔形 常绿乔木，枝叶扶疏，叶条形，长枝上互生，小叶放射状，树姿刚劲挺拔。

模块 2 庭荫树的选择与应用

教学目标

知识目标：

◆ 了解常见庭荫树种在园林景观设计中的作用。

◆ 了解常见庭荫树种的主要习性，掌握庭荫树种的观赏特性及园林应用。

◆ 掌握庭荫树种选择要求。

能力目标：

◆ 能够熟练地掌握庭荫树在园林中的配置应用。

◆ 能够根据园林绿化设计的不同要求正确选择庭荫树。

素质目标：

◆ 学生通过收集、整理、总结和应用相关信息资料，培养自主学习的能力。

◆ 培养学生能吃苦耐劳、实事求是、善于调研的精神，并能与组内同学分工协作，相互帮助，共同提高。

◆ 通过对庭荫树种不断深入地学习和认识，提高学生的园林艺术欣赏水平。

能力训练

［活动］庭荫树的选择与应用

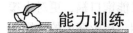

活动目的	能根据园林绿化设计的不同要求正确选择庭荫树
活动要求	正确识别庭荫树种类，调查附近绿地庭荫树，能简单的进行庭荫树选择与设计
活动器材	笔、记录本、数码相机、调查绿地自然环境材料、测高器
活动地点	校园、广场、居住区或城市公园
活动程序	教师现场讲解、指导学生识别、介绍调查方法及程序
	学生分组活动，分组调查所在学校或周边绿地的庭荫树种，内容包括调查地点自然条件，庭荫树种名录、主要特征、生态习性、观赏特性
	完成调查报告
	考核评估：调查报告

一、庭荫树

庭荫树是以遮阴为主要目的的树木，又称为绿荫树、庇荫树。早期多在庭院中孤植或对植，以遮蔽烈日，创造舒适、凉爽的环境。后发展到栽植于园林绿地以及风景名胜区等远离庭院的地方。其作用主要在于形成绿荫以降低气温；并提供良好的休息和娱乐环境；同时由于庭荫树一般均枝干苍劲、荫浓冠茂，无论孤植或丛栽，都可形成美丽的景观。

二、庭荫树种选择要求

1）生长健壮，树冠高大，枝叶茂密，荫浓。
2）荫质良好，荫幅（冠幅）大。
3）无不良气味，无毒。
4）少病虫害，根蘖较少。
5）根部耐践踏或耐地面铺装所引起的通气不良条件。
6）生长较快，适应性强，管理简易，寿命较长。
7）树形或花果有较高的观赏价值等。

三、庭荫树在园林中的应用

庭荫树的选用，如能具有赏花或品果效能则更为理想。如主干通直、冠似华盖的榉树，其叶夏绿荫浓，入秋转红褐，且耐烟尘，抗有毒气体并能净化空气，抗风力强，是优良的庭荫树种。著名观花庭荫树种白玉兰，树形高大端直，花朵先叶开放，洁白素丽，盛花时节，犹如雪涛云海，气势壮观，且对二氧化硫、氯气和氯化氢等有害气体有一定的吸收能力，寿命可达千年以上，为古往今来名园大宅中的珍贵佳品。更有现代杂交品种的二乔玉兰，复色花，大而又芳香；红运玉兰，色泽鲜红，馥郁清香；飞黄玉兰，色泽金黄；红元宝玉兰，花若元宝之状，花期延至夏开，均为玉兰属中的新贵。再如，叶形雅致的合欢，其枝条婀娜，树冠开张，成荫性好，花似粉红色，细长如绒缨，极其秀美，盛夏时节，覆荫如盖，红花如簇，秀雅别致，为优良的观花类庭荫树种。还有根系发达、萌芽力强的柿树，枝繁叶茂，广展如伞，秋起叶红，丹实如火，夏可庇荫，秋可观色，既赏心悦目，又能饱口福，更对土壤要求不严，寿命较长，是观果类庭荫树栽培的上佳选择。部分枝疏叶朗、树影婆娑的常绿树种，也可作庭荫树应用，但在具体配置时要注意与建筑物主要采光部位的距离，考虑树冠大小，树体高矮程度，不能顾此失彼，弄巧成拙。如树形整齐美观的枇杷，叶常绿有光泽，并可入药，花为蜜源，果实美味。冬日白花盛开，夏日金果满枝，历来为常绿类庭荫树中的传统佳选。再如我国特有树种：榧树，羽叶清亮，果味甘美；竹柏，秀叶光泽，姿形优美。叶面有白斑的薄雪竹柏以及叶面有黄色条纹的黄纹竹柏等变种，则更显珍贵。它们均为南方温暖湿润气候环境下常绿类庭荫树的优良选择。攀援类树种作为庭荫树种，对提高绿化质量，增强园林效果，美化特殊空间等具有独到的生态环境效益和观赏效能。在开阔的庭园空间内设置廊架，因日照时间长，光照强度高，土壤水分蒸发量大，宜选用喜光、耐旱的紫藤、葡萄等。如苏州拙政园门庭中有一架紫藤，相传为明朝文征明手植，虬枝龙游，夏荫清凉，景象独特。

庭荫树可孤植、对植或3~5株丛植于园林、庭院，配置方式根据面积大小，建筑物的高度、色彩等而定。如建筑物高大雄伟的宜选高大树种，矮小精致的宜选小巧树种。树木与建筑物的色彩也应浓淡相配。庭荫树与建筑之间的距离不宜过近，否则会影响建筑物的基础和采光。具体种植位置，应考虑树冠的阴影在四季和一日中的移动对四周建筑物的影响。一般以夏季午后树阴能投在建筑物的向阳面为标准来选择种植点。

四、常见庭荫树种

中国常见的庭荫树，东北、华北、西北地区主要有毛白杨、加拿大杨、青杨、旱柳、白蜡树、紫花泡桐、榆树、槐、刺槐等；华中地区主要有悬铃木、梧桐、银杏、喜树、泡桐、榉、榔榆、枫杨、垂柳、三角枫、无患子、枫香、桂花等；华南、台湾和西南地区主要有樟树、榕树、橄榄、桉树、金合欢、木麻黄、红豆树、楝树、榅树、凤凰木、木棉、蒲葵等。

模块3 孤植树的选择与应用

教学目标

知识目标：

- 掌握常见孤植树的识别方法，了解主要树种的典型变种及栽培品种。
- 掌握常见孤植树种的主要习性，掌握孤植树种的观赏特性及园林应用。
- 掌握孤植树种选择要求。

能力目标：

- 能够根据常见孤植树种的观赏特点和主要习性进行合理应用。
- 能够根据园林绿地典型的不同需求合理选用典型的孤植树。

素质目标：

- 通过对形态相似或相近的孤植树种进行比较、鉴定和总结，培养学生独立思考问题和认真分析、解决实际问题的能力。

◆ 学生通过收集、整理、总结和应用相关信息资料，培养自主学习的能力。

◆ 通过对孤植树不断深入地学习和实践，提高学生的园林观赏水平。

◆ 以小组为单位开展学习任务，培养学生团结协作意识和沟通表达能力。

能力训练

［活动］孤植树的选择与应用

活动目的	能根据园林绿化设计的不同要求正确选择孤植树
活动要求	正确识别孤植树种类，调查附近绿地孤植树，能简单的进行孤植树选择与设计
活动器材	笔、记录本、数码相机、调查绿地自然环境材料、测高器
活动地点	校园、广场、居住区或城市公园
活动程序	教师现场讲解、指导学生识别、介绍调查方法及程序
	学生分组活动，分组调查所在学校或周边绿地的孤植树种，内容包括调查地点自然条件，孤植树种名录、主要特征、生态习性、观赏特性
	完成调查报告
	考核评估：调查报告

一、孤植树

园林中的优型树，单独栽植时，称为孤植。孤植的树木称为孤植树。广义地说，孤植树并不等于只种1株树。有时为了构图需要，增强繁茂、茏葱、雄伟的感觉，常用2株或3株同一品种的树木，紧密地种于一处，形成一个单元，在人们的感觉宛如一株多杆丛生的大树。这样的树，也被称为孤植树。孤植树的主要功能是遮阴并作为观赏的主景，以及建筑物的背景和侧景。

二、孤植树选择要求

孤植树选择标准要求如下：

1）植株的形体美而较大，枝叶茂密，树冠开阔而分蘖少，或是具有其他特殊观赏价值的树木。

2）生长健壮，寿命很长，能经受住重大自然灾害，宜多选用当地乡土树种中久经考验的高大树种。

3）树木不含毒素，没有带污染性并易脱落的花果，以免伤害游人，或妨害游人的活动。

三、适宜孤植的树种

1）体形高大者。如银杏、悬铃木、国槐等树冠常伸展达30～40m，荫幅1000～2000m^2。主干可以几个人围抱，给人以雄伟、浑厚的艺术感染。

2）轮廓清晰、端庄富于变化，姿态优美，树枝具有丰富的线条。如雪松、南洋杉、合欢、垂柳、白桦、朴树、白皮松、黄山松、鸡爪槭等。

3）开花繁茂，色彩艳丽的树木。如凤凰木、木棉、梅花、木兰、海棠、樱花、碧桃、山楂、木瓜、紫薇等。开花时给人以华丽、浓艳、绚丽缤纷的感觉。

4）浓郁芳香、果实累累的树木。白兰、桂花、梅花给人以暗香浮动、沁人心扉的美感。苹果、山楂、柿树则有果实累累、丰厚收益的喜悦。

5）叶形或叶色奇特者。乌桕、枫香、黄栌、银杏、无患子、红叶李、鸡爪槭等有霜叶照明、秋光明静的艺术感染。

四、孤植树的配置地点

1）布置在开阔的大草坪的自然中心上，以形成局部的构图中心，与草坪周围的景物取得均衡和呼应。

2）开阔的水边、河边、湖岸边，以清水为背景，可在其下欣赏远景或活动。

3）在透视辽阔远景的高地上和山岗上，一方面游人可在树下驻足、纳凉、眺望远景，另一方面可丰富高地或山岗的天际线。

4）自然式园林中的园路、水滨的转折处或假山的蹬道口，作为自然式园林的焦点树、诱导树，以诱导人们进入另一景区。

5）公园铺装广场的边缘、人流较少的地方、园林庭院等地方；建筑院落或广场中心，使园林更富生命活力。

五、孤植树的配置要求

1）有多株紧密栽植组成一个单元的孤植树，株距不超过1.5m。

2）孤植树下不得配置灌木。

3）孤植树作为园林构图的一部分，不是孤立的，必须与周围环境和景物相协调。

4）在庭院绿化中，孤植树宜偏于院的一角，而且忌居中。

5）建造园林最好利用原地的成年大树作为孤植树。

六、孤植树的主要功能

1）构图艺术上的需要，作为局部园林空间的主景。孤植树作为主景是用以反映自然界个体植株充分生长发育的景观，外观上要挺拔繁茂，雄伟壮观。

2）发挥庇荫的功能。从遮阴的角度考虑，孤植树应树冠宽大，枝叶茂盛，叶大荫浓。

模块4 绿篱树种的选择与应用

教学目标

知识目标：

◆ 掌握常见绿篱树种的识别方法，了解主要树种的典型变种及栽培品种。

◆ 掌握常见绿篱树种的主要习性、观赏特点、栽培养护要点和园林应用。

◆ 掌握根据绿化要求合理选择绿篱树种的方法。

能力目标：

◆ 能够根据常见绿篱树种的观赏特点和主要习性进行合理应用。

◆ 能够根据园林绿地典型的不同需求合理选用绿篱树种。

素质目标：

◆ 通过对形态相似或相近的绿篱树种进行比较、鉴定和总结，培养学生独立思考问题和认真分析、解决实际问题的能力。

◆ 学生通过收集、整理、总结和应用相关信息资料，培养自主学习的能力。

◆ 以小组为单位开展学习任务，培养学生团结协作意识和沟通表达能力。

能力训练

［活动］绿篱树的选择与应用

活动目的	能根据园林绿化设计的不同要求正确选择绿篱树
活动要求	正确识别绿篱树种类，调查附近绿地绿篱树，能简单的进行绿篱树选择与设计
活动器材	笔、记录本、数码相机、调查绿地自然环境材料、测高器
活动地点	校园、广场、居住区或城市公园
活动程序	教师现场讲解、指导学生识别、介绍调查方法及程序
	学生分组活动，分组调查所在学校或周边绿地的绿篱树种，内容包括调查地点自然条件，绿篱树种名录、主要特征、生态习性、观赏特性
	完成调查报告
	考核评估：调查报告

一、绿篱的概念

凡是由灌木或小乔木以近距离的株行距密植，栽成单行或双行，紧密结合的规则的种植形式，称为绿篱或植篱。因其可修剪成各种造型并能相互组合，从而提高了观赏效果。此外，绿篱还能起到遮盖不良视点、隔离防护、防尘防噪等作用。

二、绿篱的类型

1. 根据高度的不同划分

（1）矮绿篱　用于小庭园、组字及构成图案，高度在0.5m以下。游人视线可越过绿篱俯视园林中的花草景物。矮绿篱有永久性和临时性的不同设置，植物可更新换代，有木本和草本两种，变化性较大，要求植株低矮，花、叶、果具有观赏价值，香气浓郁，色彩鲜艳，可变性强。常见的植物有月季、黄杨、矮栀子、六月雪、千头柏、一串红、彩叶草、朱顶红、红叶小檗、茉莉、杜鹃花等。

（2）中绿篱　在园林建设中应用最广，栽植最多。其高度一般为0.5～1.2m，多为双行几何曲线栽植，起着分隔大景区内风格不同、主景各异的小园、小景作用，达到组织游人活动、增加绿色质感、美化景观、引人入胜的目的。中绿篱宜多营造建成花篱、果篱、观叶篱。在绿篱顶部可做象形造型。造篱材料依功能可选栀子花、含笑、木槿、变叶木、金心女贞、小叶女贞、海桐、火棘、枸骨等。

（3）高绿篱　作用主要用以防噪、防尘、分隔空间之用。其高度一般为1.2～1.6m，它是等距离栽植的灌木或半乔木，单行或双行排列栽植，不通视线，为规则带。其特点是植株较高，群体结构紧密，质感强，并有塑造地形、烘托景物、引人遐想的作用，其高度在1.5 m以上。高绿篱象形造型可开设多种门洞、景窗以点缀景观，造篱材料可选择法国冬青、女贞、圆柏、榆树、锦鸡儿、紫穗槐等。

（4）绿墙　高在1.6m以上，用作阻挡视线、分隔空间或作背景，如龙柏、珊瑚树、枸橘等。

2. 根据功能与观赏要求的不同划分

（1）常绿篱　由常绿树组成，为园林中最常用的绿篱。常用的主要树种有黄杨、大叶黄杨、女贞、圆柏、海桐、珊瑚树、凤尾竹、白马骨、福建茶、千头木麻黄、九里香、桧柏、侧柏、罗汉松、小蜡、锦熟黄杨、雀舌黄杨、冬青等。

（2）落叶篱　由落叶树组成。常用的主要树种有榆树、丝绵木、紫穗槐、柽柳等。

（3）彩叶篱　一般用终年有彩色叶或紫红叶斑叶的种类，如洒金东瀛珊瑚、金边桑、洒金榕、红背桂、紫叶小檗、矮紫小檗、金边白马骨、彩叶大叶黄杨、金边卵叶女贞、黄金榕、红叶铁苋、变叶木、假连翘。此外，也可用红瑞木等具有红色茎杆的植物，入冬红茎白雪，相映成趣。

（4）观花篱　一般用花色鲜艳或繁花似锦的种类，如扶桑、叶子花、木槿、棣棠、五色梅、锦带花、栀子、迎春、绣线菊、金丝桃、月季、杜鹃花、雪茄花、龙船花、桂花、茉莉、六月雪、黄馨，其中常绿芳香花木用在芳香园中作为花篱，尤具特色。

（5）观果篱　一般用果色鲜艳、果实累累的种类，如小檗、紫珠、冬青、杜鹃花、雪茄花、龙船花、桂花、栀子花、茉莉、六月雪、金丝桃、迎春、黄馨、木槿、锦带花等。

（6）刺篱　一般用枝干或叶片具钩刺或尖刺的种类，如枳、酸枣、金合欢、枸骨、火棘、小檗、花椒、柞木、黄刺玫、蔷薇、胡颓子等。

（7）蔓篱　由攀援植物组成。在建有竹篱、木栅围墙或铅丝网篱处，可同时栽植藤本植物，攀援于篱栅之上，另有特色。植物有三角梅、凌霄、常春藤、茑萝、牵牛花等。

（8）编篱　植物彼此编结起来而成网状或格状的形式，以增加绿篱的防护作用。常用的植物有木槿、杞柳、紫穗槐等。

3. 根据整形修剪的程度不同划分

（1）自然式绿篱　这种类型的绿篱一般不进行专门的整形，在栽培养护的过程中只进行一般的修剪，剪除老枝、枯枝、病虫枝等枝条。自然式绿篱多用于高篱或绿墙。一般小乔木在密植的情况下，如果不进行规则式的修剪，常可长成自然式绿篱。自然式绿篱因为栽植密度大，植株侧枝相互拥挤，不会过分杂乱无章，但应选择生长较慢、萌芽力弱的树种。

（2）半自然式绿篱　这种类型的绿篱虽不进行特殊整形，但在一般修剪中，除要剪除老枝、枯枝、病虫枝等外，还要使植篱保持一定的高度，基部分枝茂密，使绿篱成半自然生长状态。

(3) 整形式绿篱 整形式绿篱是通过人工修剪整枝，将篱体修剪成各种几何形体或装饰形体如半圆球形、波浪式。整形式绿篱最普通的样式是标准水平式，即将绿篱的顶面剪成水平式样。修剪的方法是在绿篱定植后，按规定的形状、高度与宽度及时剪除上下左右枝，修剪时最好不要使篱体上大下小，以免给人头重脚轻的感觉，并可避免造成下部枝叶的枯死和脱落。在修剪中，经验丰富的操作人员可随手剪去即能达到整齐美观的要求，不熟练的人员操作时或修剪造型复杂的，应先拉线绳定形，然后再以线为界进行修剪。对于粗大的主尖去掉的部分应低于外围侧枝，以促进侧枝生长，将粗大的剪口掩盖住。

三、绿篱的作用

绿篱能减弱噪声，美化环境，围定场地，划分空间，屏障或引导视线于景物焦点，作为雕像、喷泉、小型园林设施物等的背景。

1. 围护作用

园林中常以绿篱作防范的边界，可在刺篱、高篱或绿篱内加铁刺丝。绿篱可以组织游人的游览路线，按照所指的范围参观游览。不希望游人通过的可用绿篱围起来。

2. 分隔空间和屏障视线

园林中常用绿篱或绿墙进行分区和屏障视线，用以分隔不同功能的空间。这种绿篱最好用常绿树组成高于视线的绿墙。如把儿童游戏场、露天剧场、运动场与安静休息区分隔开来，减少互相干扰。在自然式布局中，有局部规则式的空间，也可用绿墙隔离，使强烈对比、风格不同的布局形式得到缓和。

3. 规则式园林的区划线

以中篱作分界线，以矮篱作为花境的边缘、花坛和观赏草坪的图案花纹。采取特殊的种植方式构成专门的景区。近代又有“植篱造景”，是结合园景主题，运用灵活的种植方式和整形修剪技巧，构成有如奇岩巨石绵延起伏的园林景观。

4. 花境、喷泉、雕像的背景

园林中常用常绿树修剪成各种形式的绿墙，作为喷泉和雕像的背景，其高度一般要与喷泉和雕像的高度相称，色彩以选用没有反光的暗绿色树种为宜，作为花境背景的绿篱，一般均为常绿的高篱及中篱。

5. 美化挡土墙

在各种绿地中，在不同高度的两块高地之间的挡土墙，为避免立面上的枯燥，常在挡土墙的前方栽植绿篱，把挡土墙的立面美化起来。

6. 作色带

中矮篱的应用，按绿篱栽植的密度，其宽度随设计纹样而定。但宽度过大将不利于修剪操作，设计时应考虑工作小道。在大草坪和坡地上可以利用不同的观叶木本植物（灌木为主，如雀舌黄杨、红叶小檗、金叶女贞、桧柏、红枫等），组成具有气势、尺度大、效果好的纹样。

四、绿篱的造景

绿篱具有防护、美化功能，还具有分隔空间、引导视线、烘托背景等作用。在公园、街道或专用绿地绿化时，常用各种形式的绿篱分隔绿地空间；此外绿篱还可以为花境和街道做镶边装饰；而绿篱作为庭院的防护围墙，可起到阻止人们穿行或引导路线的作用。

1. 作为装饰性图案，直接构成园林景观

园林中经常用规则式的绿篱构成一定的花纹图案，或是用几种色彩不同的绿篱组成一定的色带，以突出整体美。如欧洲规则式的花园中，常用针叶植物修剪成各式图案，鸟瞰效果。园内用绿篱作为主材造景的例子也不少，多用彩叶篱构成色彩鲜明的大绿篱或大色带。

2. 作为背景植物衬托主景

园林中多用常绿绿篱作为某些花坛、花境、雕塑、喷泉及其他园林小品的背景，以烘托出一种特定的气氛。如在一些纪念性雕塑旁常配置整齐的绿篱，给人以肃穆之感。在一些小品旁配置与其高度相称无反光的暗绿色绿篱，可以遮挡游人视野，使小品更加突出。

3. 作为构成夹景的理想材料

园林中常在一条较长的直线尽端布置景色较别致的景物，以构成夹景。绿墙以它高大、整齐的特点，最适宜用于布置两侧，以引导游人向远端眺望，去欣赏远处的景点。

4. 用绿墙构成透景效果

透景是园林中常用的一种造景方式，它多用于由高大的乔木构成的密林中，特意开辟出一条透景线，以使对景能相互透视。园林中也可用绿墙下面的空间组成透景线，从而构成一种半通透的景观，既能克服绿墙下部枝叶空荡的缺点，又给人以“犹抱琵琶半遮面”的效果。

5. 突出水池、场地或建筑物的外轮廓线

园林中有些水池、场地或建筑具有丰富的外轮廓线，可用绿篱沿线配置，强调线条的美感。

6. 障景与分景

在园林中，常用绿篱的遮挡功能，将一些劣景和不协调的因素屏障起来。绿篱或绿墙可以用来遮掩园林中不雅观的建筑物或园墙、挡土墙、垃圾桶等，也可将周边的劣景或与园内风景格格不入的建筑等遮挡住。常用方法是多在不雅观的建筑物或园墙、挡土墙等的前面，栽植较高的绿墙，并在绿墙下点缀花境、花坛，构成美丽的园林景观。也可应用高篱或树墙将园林内的风景分为若干个区，使各景区相互不干扰，各具特色。

五、绿篱的配置方法

当前绿篱的形式上，常存在形式单调、景观单一、呆板雷同的情况。因此在绿篱的配置上，如何使绿篱活泼、亮丽、多彩起来？在配置中常采用以下几种方法：

1. 不同植物组合

需要在配置上实现多种植物组合，在一条绿篱上应用多种植物。如采用几种不同的树种，针叶树种、大叶树种、小叶树种各作成绿篱的一段。

2. 宽度不一

在一条同一树种或不同树种的绿篱上，有宽有窄，宽窄度不一样，一段宽（如60～70cm）、一段窄（如30～40cm），宽窄相间，看过去好像有个曲线，增加美感。

3. 高矮相间

将一条绿篱修剪成一段高（如1m）、一段矮（如50cm），这样高高低低，很像城墙的垛口，显得很别致。

4. 不同造型相结合

在一条绿篱上按照不同植物的长势制作不同的造型。例如一段剪成平顶的植物（如黄杨）夹着一棵修剪成圆形或椭圆形的植物（如侧柏）；一段修剪成矩形的福建茶接一丛稍高一些、修剪成大圆形的小叶黄杨。在一条绿篱上有方形、圆形、椭圆形以及三角形，竖面上也是高低错落，非常活泼、多姿。

5. 不同颜色的相间组合

一条绿篱由红叶植物、黄叶植物、绿叶植物或者深浅绿色植物相间组成，使绿篱更加多彩、艳丽。例如，用一段金叶女贞、一段墨绿侧柏、一段红叶五彩变叶木、一段花叶假连翘重复相间组成的绿篱。

6. 常绿植物与开花植物搭配组合

形成鲜花烂漫、气味芳香、五彩缤纷的的花离。在配置中，特别要注意尽可能做到三季有花，并且花色多样、花朵繁密、花色芳香，如用花期长、花色多的夹竹桃或浓香茉莉与常绿树种相结合。

7. 篱笆与绿篱植物相结合

绿篱的另外一种形式是用篱笆（可采用铁栅栏、混凝土浇筑的栅栏等）与植物一起构成的一种垂直绿化形式。这既可迅速实现防御功能，又可实现绿色植物的生态功能及美化功能。

8. 与地形相结合

自然式绿篱在增强或减缓地形变化方面很有功效，特别是椭圆或圆形的自然式绿篱更易与形状相似的土丘相统一。利用多种植物组成的混合自然式绿篱更能体现生态效益，减少人工痕迹。如在人工河边缘种植迎春、连翘等，用优美的弧线柔化了僵硬的边缘硬角。而且自然式的植物景观更容易营造气氛，或宁静深邃、或活泼可人。

9. 因地制宜确定合理的种植密度

绿篱的种植密度根据使用的目的、不同树种、苗木规格和种植地带的宽度及周边环境而定。在人行步道、花坛、喷水池边沿，因范围较小，可设为单行。在苗圃、果园四周作为防护绿墙时，需多行栽植。双行或多行栽植时一般株行距为0.3～0.4m，三角形定植为宜，绿篱的起点和终点应作尽端处理，从侧面看来比较厚实美观。对于某些单位或庭院营造蔓篱，1～2年便可形成，目前，许多绿化单位为了栽种后马上体现绿篱效果，密植苗木，导致通风透光差，造成下部枝叶干枯，病虫害滋生严重，部分苗木死亡，反而影响绿化效果。因此，栽植苗木时就要注重长远效果，科学地规划株行距，要因地、因时、因苗制宜，不宜盲目操作。对于自然式绿篱的植物搭配要先定一个基调，再进行配置，要达到丰富多彩而不显杂乱的效果。

六、选择绿篱树种的要求

1）萌蘖性、再生性强，耐修剪，特别是规则式绿篱，一年中要修剪多次，因而所选植物应萌蘖性良好。

2）在密植条件下可正常生长，且生长速度不宜过快。

3）枝、叶丛浓密。不论是规则式还是自然式的绿篱，均要求植物有浓密的枝叶，否则

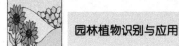

就显得篱很枯秃，起不到分隔、阻挡、观赏等作用。

4）花、叶小而密，果小而多且持续时间长。如作花篱的植物，其花期应保持较长时间。如为观果篱，则要求果密颜色鲜艳，有较高的观赏价值。

5）应选繁殖移栽容易，抗病虫害能力较强，对土壤要求不太严的树种。

模块 5　垂直绿化树种的选择与应用

教学目标

知识目标：

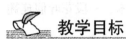

◆ 掌握常见垂直绿化树种的主要习性、观赏特点、栽培养护要点和园林应用。

◆ 掌握根据绿化要求合理选择垂直绿化树种的方法。

能力目标：

◆ 能够根据常见垂直绿化树种的观赏特点和主要习性进行合理应用。

◆ 能够根据园林绿地典型的不同需求合理选用垂直绿化树种。

素质目标：

◆ 通过对形态相似或相近的垂直绿化树种进行比较、鉴定和总结，培养学生独立思考问题和认真分析、解决实际问题的能力。

◆ 学生通过收集、整理、总结和应用相关信息资料，掌握更多适合垂直绿化的树种相关知识，培养自主学习的能力。

◆ 以小组为单位开展学习任务，培养学生团结协作意识和沟通表达能力。

能力训练

［活动］垂直绿化树种的选择与应用

活动目的	能根据园林绿化设计的不同要求正确选择垂直绿化树种
活动要求	正确识别垂直绿化树种类，调查附近绿地垂直绿化树种，能简单的进行垂直绿化树种选择与设计
活动器材	笔、记录本、数码相机、调查绿地自然环境材料、测高器
活动地点	校园、广场、居住区或城市公园
活动程序	教师现场讲解、指导学生识别、介绍调查方法及程序
	学生分组活动，分组调查所在学校或周边绿地的垂直绿化树种，内容包括调查地点的自然条件，孤植树种名录、主要特征、生态习性、观赏特性
	完成调查报告
	考核评估：调查报告

一、垂直绿化的概念

垂直绿化泛指用攀援植物或其他植物装饰建筑垂直面或各种围墙的一种垂直绿化形式，以达到美化和维护生态的目的。垂直绿化以新颖的绿化概念拓展了传统绿化的空间，它可以填补地面绿化存在的不足，对于改善城市生态，将起到巨大的作用，它将会成为未来绿化的一种新趋势。然而，因为垂直面上的环境条件比地面上的复杂，垂直绿化与地面绿化相比要求有更高的技术。垂直绿化技术的研究和应用对提高垂直绿化的质量，丰富城市园林绿化的空间结构层次，改善城市生态环境，是十分必要的。

二、垂直绿化的类型

1. 棚架绿化

棚架绿化是攀援植物在一定空间范围内，借助于各种形式、各种构件如花门、绿亭、花榭等构成的，并组成景观的一种垂直绿化形式。一般的公园与休闲广场都设有棚架，因而棚架绿化已是很普遍的一种绿化形式。

棚架绿化的植物配置与棚架的功能与结构有关。砖石或混凝土结构的棚架，通常选用大型的藤本植物，如紫藤、凌霄、蔷薇等。其中紫藤因其枝叶茂密，藤条长而自然弯曲，易造型，花序大而下垂，花色清丽淡雅，具清香等优点而被普遍应用。竹、绳结构的棚架，常选用草本的攀援植物，如金银花、牵牛花、啤酒花、葫芦、丝瓜等。混合结构的棚架，可使用草、木本攀援植物结合种植。使观叶植物和观花植物合理搭配，丰富观赏效果。

2. 栏杆、篱墙绿化

绿篱和栅栏的绿化，都是攀援植物借助于各种构件而生长的，用以划分空间地域的绿化形式，主要是起到分隔庭院和防护的作用。通常的绿篱是采用冬青、黄杨等灌木或小乔木种植成行，设计上难免会有单调、呆板之感。而围墙作为防护设施，在起到防护功用的同时，给以拘束、压抑、冰冷的感触。如启用攀援植物作为绿篱、篱墙绿化，不仅可打破千篇一律的格调，使人耳目一新，而且能充分利用空间，提高绿化率，增添勃勃生机。真正做到“围栏有柱而成景，高墙无土而成林”。

适于绿篱、栏杆绿化的攀援植物有藤本月季、金银花、蔷薇类、牵牛花等。适于围墙、围栏绿化的攀援植物有地锦、蔓蔷薇、树莓、凌霄、茑萝等。其中蔓蔷薇、树莓等枝条上具多小刺，还起到防小偷、限制宠物外出的作用。

3. 阳台绿化

阳台绿化是利用各种植物材料，包括攀援植物，把阳台装饰起来的一种绿化方式。在绿化美化建筑物的同时，美化了城市。阳台作为私人空间，在其上种植藤本、花卉和摆设盆景，不仅可以点缀高层建筑的立面，增添绿意，而且能够体现居住者的爱好品位，提高生活情趣，陶冶情操。

阳台绿化可根据自身阳台的特点和居住者的喜好，选择适宜的品种。适于阳台栽植的攀援植物有三角梅、金丝荷叶、西番莲、龙吐珠、豌豆、金银花、观赏葫芦等。而阳台朝向的差异，也影响了绿化植物的品种和种植方式的选择。朝南的阳台适宜种植米兰、茉莉、扶桑、月季等喜光植物，可采用平行水平绿化。朝北的阳台适宜种植文竹、万年青、龟背竹等耐荫植物。朝西的阳台适宜平行垂直绿化，使植物形成绿化帘幕，遮挡烈日直射，起到隔热降温的作用。

4. 墙体绿化

墙体绿化是立体绿化中占地面积最小，而绿化面积最大的一种形式，泛指用攀援或者铺贴式方法以植物装饰建筑物的内外墙和各种围墙的一种立体绿化形式。

5. 屋顶绿化（屋顶花园）

屋顶绿化是指在建筑物、构筑物的顶部、天台、露台之上进行的绿化和造园的一种绿化形式。目前屋顶绿化有多种形式，主角是绿化植物，多用花灌木建造屋顶花园，实现四季花卉搭配。如春天的榆叶梅、春鹃、迎春花、栀子花、桃花、樱花；夏天的紫藤、夏鹃、石榴、含笑；秋天的海棠、菊花、桂花；冬天的茶花、蜡梅、茶梅等。当然，也可在屋顶建植草坪，如佛甲草、高羊茅、天鹅绒草、麦冬、吉祥草、美女樱、太阳花、遍地黄金或蕨类植物等。此外，也可在屋顶进行廊架绿化，利用盆栽种植南瓜、丝瓜等卷须类植物，当主茎攀援至设置的廊架顶时则长势非常好，枝繁叶茂，起到遮阳而不挡花的作用；花架植物可选择牵牛花、茑萝、金银花、藤本月季等。

6. 公路山体绿化

随着人们对环境意识的加强和生态认识的完善，荒山治理和山体复绿工作越来越受到重视，各地政府正积极投入到这方面的整治工作。现采用的山体复绿手段通常是挖鱼鳞坑种植或厚层基材客土吹附工艺，但存在着开发利用的痕迹长期难于改变、与自然景观的协调性差、改善周围环境的能力弱等不足。

在某些发达国家已开始重视灌木的护坡作用，并作了大量研究。如采用灌木藤本作为护坡植物与草本植物混播，既可克服草本植物抗拉强度小、固坡护坡效果差、坡地生态系统恢复的进程难于持续进行、维护和管理作业量大等特点，也克服了灌木藤本成本较高；早期生长慢，植被覆盖度低，对早期的土壤侵蚀防止效果不佳等弱点。可用于公路边坡垂直绿化的藤本植物主要包括爬山虎、五叶地锦、蛇葡萄、常春藤和中华常春藤等。

7. 立交桥绿化

随着城市交通量的日益增加，新修建的高架路、立交桥越来越多，其本身的绿化和周边环境的绿化已成为新的课题。对于高架路、立交桥的扬尘厉害、噪声污染严重、桥面温度过高等问题，单一的桥下地面绿化，根本无法满足人们的要求。而立交桥由于自身的特点，提供了很好的垂直空间，利用攀援植物绿化是最合适不过的。地锦、常春藤等藤本植物最适合立交桥绿化，而藤蔓月季、金银藤、扶芳藤等开花、耐旱攀援植物的配置应用，可以增加垂直绿化的色彩和品种。有条件的桥区可采取攀援、垂挂、种植槽、悬挂花器、花球点缀等多种绿化方式，来全方位地改善立交桥的环境。

三、垂直绿化的作用

1. 节省城市用地，提高环境质量

垂直绿化占地少，充分利用了空间，大大提高了城市绿量、覆盖率，增强了绿化的立体效果。通过美化光秃的墙面、土坡等，提高了环境质量。由于蔓性攀援植物随着物体外形变化而变化，从而软化了建筑的生硬轮廓，并与城市绿化融为一体，创造出多种生动的装饰效果。

2. 调节室内外的温差，节约资源

通过植物叶面的蒸腾作用和庇荫效果，可缓和阳光对建筑的直射，使夏季墙面温度大大降低。有关资料表明，受阳光直晒时，绿化覆盖的墙面比无覆盖墙面的温度低13～15℃，冬季落叶后，既不影响墙面得到太阳的辐射热，其附着在墙面上的枝茎又成了一层保温层，起到了调节室内气温的作用，从而缩短空调的开机时间，节省电力资源。

3. 降低噪声，吸附烟尘

垂直绿化还可以降低墙面对噪声的反射，并在一定程度上吸附烟尘，净化城市空气。

绿化垂直面不仅能改善环境，还能给人以美的享受。垂直绿化技术可以应用到建筑物外墙、围墙护栏、立交桥等建筑物表面上。同时，新的垂直绿化技术拓展了垂直绿化的范围，如广告屏障、室内墙壁、指示牌等可以通过安装人工基盘、垂直面种植等技术来实现绿化。垂直绿化技术的广泛应用，将促进城市建筑物与自然环境的融合，从而改善人们的生存环境。

四、垂直绿化的设计原则

1. 根据习性选择植物材料

垂直绿化植物材料的选择，必须考虑不同习性的攀援植物对环境条件的不同需要，并根据攀援植物的观赏效果和功能要求进行设计。应根据不同种类攀援植物本身特有的习性，选择与创造满足其生长的条件。一是缠绕类，适用于栏杆、棚架等，如紫藤、金银花、菜豆、牵牛等；二是攀援类，适用于篱墙、棚架和垂挂等，如葡萄、铁线莲、丝瓜、葫芦等；三是钩刺类，适用于栏杆、篱墙和棚架等，如蔷薇、藤蔓月季、木香等；四是攀附类，适用于墙面等，如爬山虎、扶芳藤、常春藤等。

2. 根据种植地的朝向选择攀援植物

东南向的墙面或构筑物前应种植以喜阳的攀援植物为主；北向墙面或构筑物前，应栽植耐荫或半耐荫的攀援植物；在高大建筑物北面或高大乔木下面，遮阴程度较大的地方种植攀援植物，也应在耐荫种类中选择。

3. 根据墙面或构筑物的高度来选择攀援植物

高度在2m以上，可种植藤蔓月季、扶芳藤、铁线莲、常春藤、牵牛、茑萝、菜豆、猕猴桃等。高度在5m左右，可种植葡萄、杠柳、葫芦、紫藤、丝瓜、瓜篓、金银花、木香等。高度在5m以上，可种植中国地锦、美国地锦、美国凌霄、山葡萄等。

五、垂直绿化树种的选配

攀援植物的特性不尽相同，有速生的有慢生的，也有常绿和落叶之分，因此要按不同的地段结合植物的特性进行选配。按植物的特性选配，切忌选配单一的落叶植物，避免冬天叶子凋落后，藤蔓裸露，使整个建筑物黯然失色。只有常绿和落叶搭配才能起到互补的作用。如爬山虎与常春藤间种，冬天爬山虎落叶，但常春藤依然一片翠绿，整个建筑物还是生机盎然的。速生与慢生应配置。速生品种在短期内就能覆盖物体，显示绿化效果，慢生品种虽铺蔓较晚，覆盖迟，但后期绿化效果明显。这种近期效果与远期效果相结合，能更大地发挥垂直绿化的效果。

应用攀援植物造景，要考虑其周围的环境进行合理配置，在色彩和空间大小、形式上协调一致，并努力实现品种丰富、形式多样的综合景观效果。应丰富观赏效果（包括叶、花、果、植株形态等）而进行合理搭配。草、木本混合播种，如地锦与牵牛、紫藤与茑萝。丰富季相变化、远近期结合。开花品种与常绿品种相结合。应依照品种丰富、形式多样的原则配置。可考虑以下几种形式：一是点缀式。以观叶植物为主，点缀观花植物，以丰富色彩，如地锦中点缀凌霄、紫藤中点缀牵牛等。二是花境式。几种植物错落配置，观花植物中穿插观叶植物，呈现植物株形、姿态、叶色、花期各异的观赏景致，如大片地锦中配置几块藤蔓月季、杠柳中有茑萝、牵牛等。三是整齐式。体现有规则的重复韵律和同一的整体美，成线成片，但花期和花色不同，如红色与白色的藤蔓月季、紫牵牛与红花菜豆、铁线莲和蔷薇等。应力求在花色的布局上达到艺术化，创造美的效果。四是悬挂式。在攀援植物覆盖的墙体上悬挂应季花木，丰富色彩，增加立体美的效果，需要钢筋焊铸花盆套架，用螺栓固定，托架形式应讲究艺术构图，花盆套圈负荷不宜过重，应选择适应性强、管理粗放、见效快、浅根性的观花、观叶品种。布置要简洁、灵活、多样，富有特色，如早小菊、紫叶草、红鸡冠、石竹等。五是垂吊式。自立交桥顶、墙顶或平屋檐口处，放置种植槽（盆），种植花色艳丽或叶色多彩、飘逸的下垂植物，让枝蔓垂吊于外，既充分利用了空间，又美化了环境。材料可用单一品种，也可用季相不同的多种植物混栽，如凌霄、木香、蔷薇、紫藤、地锦、菜豆、牵牛等。容器底部应有排水孔，式样轻巧、牢固，不怕风雨侵袭。

另外，墙面绿化的植物配置应注意以下三点：

1）墙面绿化的植物配置受墙面材料、朝向和墙面色彩等因素制约。粗糙墙面，如水泥混合砂浆和水刷石墙面，则攀附效果最好；墙面光滑的，如石灰粉墙和油漆涂料墙，攀附比较困难；墙面朝向不同，选择生长习性不同的攀援植物。

2）墙面绿化的植物配置形式有两种：一种是规则式，一种是自然式。

3）墙面绿化种植形式大体分两种，一是地栽，一般沿墙面种植，带宽 50～100cm，土层厚 50cm，植物根系距墙体 15cm 左右，苗稍向外倾斜；二是种植槽或容器栽植，一般种植槽或容器高度为 50～60cm，宽 50cm，长度视地点而定。

爬山虎、紫藤、常春藤、凌霄、络石，以及爬行卫茅等植物价廉物美，有一定观赏性，可作首选。在选择时应区别对待，凌霄喜阳，耐寒力较差，可种在向阳的南墙下；络石喜阴，且耐寒力较强，适于栽植在房屋的北墙下；爬山虎生长快，分枝较多，种于西墙下最合适。也可选用其他花草、植物垂吊于墙面，如紫藤、葡萄、爬藤蔷薇、木香、金银花、木通、西府海棠、茑萝、牵牛花等，或果蔬类如南瓜、丝瓜、佛手瓜等。

模块 6　木本地被植物的选择与应用

教学目标

知识目标：

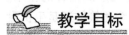

◆ 掌握常见木本地被植物的主要习性、观赏特点、栽培养护要点和园林应用。

◆ 掌握根据绿化要求合理选择木本地被植物的方法。

能力目标：

◆ 能够根据常见木本地被植物的观赏特点和主要习性进行合理应用。

◆ 能够根据园林绿地类型的不同需求合理选用木本地被植物。

素质目标：

◆ 通过对形态相似或相近的木本地被植物进行比较、鉴定和总结，培养学生独立思考问题和认真分析、解决实际问题的能力。

◆ 学生通过收集、整理、总结和应用相关信息资料，培养自主学习的能力。

◆ 以小组为单位开展学习任务，培养学生团结协作意识和沟通表达能力。

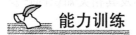

能力训练

[活动] 木本地被植物的选择与应用

活动目的	能根据园林绿化设计的不同要求正确选择木本地被植物
活动要求	正确识别木本地被植物，调查附近木本地被植物，能简单的进行木本地被植物选择与设计
活动器材	笔、记录本、数码相机、调查绿地自然环境材料、测高器
活动地点	校园、广场、居住区或城市公园
活动程序	教师现场讲解、指导学生识别、介绍调查方法及程序
	学生分组活动，分组调查所在学校或周边绿地的木本地被植物，内容包括调查地点的自然条件，木本地被植物名录、主要特征、生态习性、观赏特性
	完成调查报告
	考核评估：调查报告

一、地被植物的概念

地被植物是指那些株丛密集、低矮，经简单管理即可用于代替草坪覆盖在地表、防止水土流失，能吸附尘土、净化空气、减弱噪声、消除污染并具有一定观赏和经济价值的植物。它不仅包括多年生低矮草本植物，还有一些适应性较强的低矮、匍匐型的灌木和藤本植物。所谓地被植物，是指某些有一定观赏价值，铺设于大面积裸露平地或坡地，或适于阴湿林下和林间隙地等各种环境覆盖地面的多年生草本和低矮丛生、枝叶密集或偃伏性或半蔓性的灌木以及藤本。

木本地被植物是指地被植物中的木本植物，形态低矮，高1m左右，具有较强的适应性和抗逆性，根系发达，形态或观赏部位具有一定的特色。

二、木本地被植物的特点

1）常绿或绿色期较长，以延长观赏和利用的时间。

2）具有美丽的花朵或果实，而且花期越长，观赏价值越高。

3）具有独特的株形、叶形、叶色和叶色的季节性变化，从而给人以绚丽多彩的感觉。

4）具有匍匐性或良好的可塑性，这样可以充分利用特殊的环境造型。

5）植株相对较为低矮。在园林配置中，植株的高矮取决于环境的需要，可以通过修剪人为地控制株高，也可以进行人工造型。

6）具有较为广泛的适应性和较强的抗逆性，耐粗放管理，能够适应较为恶劣的自然环境。

7）具有发达的根系，有利于保持水土以及提高根系对土壤中水分和养分的吸收能力，或者具有多种变态地下器官，如球茎、地下根茎等，以利于贮藏养分，保存营养繁殖体，从而具有更强的自然更新能力。

8）具有较强或特殊净化空气的功能，如有些植物吸收二氧化硫和净化空气能力较强，有些则具有良好的隔音和降低噪声效果。

9）具有一定的科学价值，主要包括两个方面，一是有利于植物学及其相关知识的普及和推广，二是与珍稀植物和特殊种质资源的人工保护相结合。

上述特性并非每一种地被植物都要全部具备，而是只要具备其中的某些特性即可。同时，在园林配置中，要善于观察和选择，充分利用这些特性，并结合实际需要进行有机组合，从而达到理想的效果。

三、木本地被植物的选择标准

作为覆盖地面，联系园林各风景要素的材料，木本地被植物的选择标准与草本地被植物既有相似之处，也有不同之处。一般而言，木本地被植物应具有以下特点：

1. 植株低矮，最好能够紧贴地面

植株高度最好在50cm以内，可完整覆盖地面或形成富有自然野趣的地被景观。但在山地风景区或地形起伏较大的区域内，木本地被植物的高度可放宽到1m。

2. 易分枝，能够形成密丛

在不加修剪的情况下，地被植物应该具有较强的自然分枝能力，能够自然形成较紧密的株丛。

3. 适应性强

特殊地段各有不同要求，如密林下要求耐荫，水边要求耐漫，沙地、石隙要求耐旱抗热等。木本地被植物应具有较强的抗性，能够适应不同地段的要求，在粗放管理的情况下可以生长良好。

4. 繁殖容易，前期生长迅速

应用地被植物时苗木使用量往往很大，因此必须能够快捷地通过播种或扦插等方法大量繁殖。而建植后应生长迅速、尽快蔓延，能迅速覆盖地面，尤其是对于藤本地被植物而言更是如此。

5. 群体表现力好，观赏价值较高

地被除了覆盖地面、保持水土、防止杂草滋生外，尚要形成景观，丰富园林绿地的层次和色彩，因而在叶、花、果等方面应具有一定的观赏价值，尤其应给人以群体美的感受，如高度的一致性、覆盖的均匀度等，并且能够在较长时间内保持地被群落的稳定。

四、木本地被植物的应用

目前，我国园林中常用的木本地被植物，在长江以北地区主要有铺地柏、砂地柏、小叶扶芳藤等，长江流域种类较丰富，如十大功劳类、紫金牛、杜鹃类、东瀛珊瑚、常春藤、薜荔、地被竹类等均广泛应用，华南则还有萼距花类、洒金红桑、红背桂等。但各地均有不少富有特色的种类仍未得到广泛应用，如东北地区的越橘、木通马兜铃，西北地区的木地肤、木本补血草、草麻黄，华北地区的大叶铁线莲、绵毛马兜铃，长江流域的野扇花、茵芋、地稔等。

在进行木本地被植物造景应用中，首先应要遵循适地适树的原则，在充分了解种植地环境条件和地被植物本身特性的基础上合理配置，如空旷地、林下、林缘、石隙、沙地、水边对木本地被植物的要求各不相同。其次，高度搭配要适当。地被植物是植物群落的最底层，当上层乔灌木分枝高度都比较高时，下层地被可适当高一些。反之，若上层乔灌木分枝点低或是球形植株，则应选用低矮的匍匐类，并且注意地被植物与上层乔灌木的色彩协调，花期错落，以形成丰富的季相变化。

模块7 滨水绿地树种的选择与应用

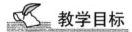

教学目标

知识目标：

◆ 了解滨水绿地的特点。

◆ 理解滨水绿地设计原则、要求。

◆ 掌握滨水绿地设计形式、树种配置原则和树种选择要求。

能力目标：

◆ 能够对滨水绿地植物进行调查、识别，并对应用特点合理分析。

◆ 能够根据滨水绿地自然条件和居住区的具体特点，合理选择树种进行创新应用设计。

素质目标：

◆ 通过对滨水绿地有关知识资料的查阅、收集和总结，培养自主学习的能力。

◆ 通过任务的分析、实施、检查等步骤的实施，培养学生独立思考问题和认真分析、解决实际问题的能力。

◆ 以小组为单位开展学习任务，培养学生团结协作意识和沟通表达能力。

能力训练

［活动］滨水绿地树种的选择与应用

活动目的	能根据园林绿化设计的不同要求正确选择滨水绿地植物
活动要求	调查附近滨水绿地树种，能简单的进行滨水绿地树种选择与设计
活动器材	笔、记录本、数码相机、调查绿地自然环境材料、测高器
活动地点	学校所在城市的滨水绿地
活动程序	教师现场讲解、指导学生识别、介绍调查方法及程序
	学生分组活动，分组调查所在学校或周边绿地的滨水绿地，内容包括调查地点的自然条件，滨水绿地树种名录、主要特征、生态习性、观赏特性
	完成调查报告
	考核评估：调查报告

一、城市滨水绿地与植物

城市滨水区是指城市范围内水域与陆地相接的一定范围内的区域，其特点是水与陆地共同构成环境的主要要素，相互辉映，成为一体，成为独特的城市建设用地。

城市滨水绿地是城市开发中的重要资源，在提高城市环境质量、丰富地域风貌等方面具有极为重要的价值。由于处于水陆的边际，滨河地区的景观信息量最为丰富，往往是一个城市景色最优美的地区，是形成城市景观特色最重要的地段。同时，滨水绿地以其优越的亲水性和舒适性满足着现代人的生活、娱乐、休闲等需要，这是城市其他环境所无法比拟的特性。

滨水绿地具有不同的水体、水面，具有不同的堤岸形式，形状不同、功能各异，所以必须选择相应的植物来配置。各种植物形态各异，有的还具有色彩丰富的季相变化，能使水的美得到充分的发挥，因此，乔木、灌木、针叶、阔叶、常绿、落叶等不同类型植物均应加以适当的安排组合。

水岸石壁，悬葛垂萝可以形成令人神往的绿幕景观；山花野草、曲涧幽溪可增添人工园林的野趣与亲切感；“疏影横斜水清浅，暗香浮动月黄昏”，形象地说明了植物、水体、动感月色所构成的一幅幽雅、宁静的画面；在水中栽种荷花，亭亭玉立，其水中倒影的姿韵也颇具诗意；而在水中栽种荷花、水菱可产生恬淡、质朴的田园风光；池边的枫叶，深秋染红一池秋水；初春，垂柳的枝条像绿色的丝带挂落水面，池岸上鲜花怒放，落英缤纷，“高树临清池，风惊夜来风”也能泛起雨打芭蕉式的滴水涟漪，乃至“池塘生青草”这种描述式的水景，处处都说明了植物配置与滨水绿地的交融关系。

二、滨水绿地植物配置的原则和方式

园林植物的配置千变万化，不同地区、不同地点出于不同的目的、要求，可以有多种多样的组合与种植方式；同时，由于植物也是有机生命体，在不断地生长变化，所以能产生各种各样的效果。

第一，由于植物是具有生命的有机体，它有自己的生长发育特征；同时又与其所处的生态环境间有着密切的生态关系，所以在进行配置时，应以其自身的特性及其生态关系作为基础来考虑。

第二，明确植物配置的功能。在进行绿化建设时，需要明确种植的目的性。公园内的滨水绿地功能是为了满足观赏目的，居住区的滨水绿地功能是为了改善生态和满足观赏，而河道的滨水绿地功能除满足防护外，部分也可满足游玩休闲。

第三，在重视植物习性的基础上，应进行创造性的思考，尽量采用与众不同但又能满足习性、功能的树种，创造独特、新颖的景观。

第四，在满足主要目的的前提下，考虑配置效果的发展性和变动性，考虑取得长期稳定效果的方案。

第五，在达到同一目的前提下，应考虑以最经济的手段获得最大的效果。

滨水绿地的植物配置方式多种多样，按配置风格，一般可分为规则式种植、自然式种植和混合式种植三类；按配置的形式分，可归纳为孤植、对植、丛植、群植、散植、列植等形式。如何进行滨水绿地植物配置，使之统一协调，从而形成独特优美的景观，我们可以从杭州滨水绿地系统植物配置实例的分析中受到启发。

三、滨水绿地各种类型植物的配置

滨水绿地各类水体的配置，下面以杭州为例具体介绍。纵观杭州水体，不外乎湖、池等静态水景以及河、溪、涧、瀑、泉等动态水景，园林设计师针对不同滨水绿地，应用了不同的植物配置方式，满足了各项功能的要求。

1. 湖滨植物配置

湖是园林中最常见的水景，西湖更是杭州园林中最出色的景观，沿湖非常重视突出季相景观。春天，沿湖桃红柳绿，垂柳、悬铃木、水杉、池杉等新叶一片嫩绿；碧桃、东京樱花、日本晚樱、垂丝海棠、溲疏、迎春等花卉争奇斗艳。秋天，色叶树种更是绚丽多彩，鸡爪槭、三角枫、红枫、红羽毛枫、乌桕、枫香、重阳木等呈现出鲜艳的红色或红紫色；而无患子、悬铃木、银杏、水杉、落羽杉、池杉、紫荆等呈现出金灿灿的黄色和黄褐色。

沿湖景点的另一特色是十分注重湖岸线条的变化。大部分水域，湖面辽阔，视野开广，这时水面就会变得有点平直，但如配置各种色彩与线条的植物，则可收到景观上事半功倍的效果。西湖在水体中设堤、岛，首先已增添了水面空间的层次感，其次在岸边种植高耸的水杉或雪松林与低垂水面的垂柳。从而与平直的水面形成了强烈的对比，同时树荫下轻拂水面的蔷薇、云南黄馨、金钟花等灌木丛又柔化了岸线，丰富了色彩。

2. 池边植物配置

池也是园林中最常见的水体之一，特别是在较小的庭园里，水体的形式经常表现为池。为了获得小中见大的效果，植物配置常突出个体姿态或利用植物分割水面空间，增加层次。杭州的公园内处处有池，其他滨水绿地的水体也经常有池存在。因此，分析池的植物配置是研究杭州滨水绿地植物配置的一大要点。

杭州园林中对于池边的植物配置方式各异，各具情趣。如同处植物园分类区内的两个水池。一个位于裸子植物区，其植物配置选择了最耐水湿的水松植于浅水中，原产于北美沼泽地的落羽杉和池杉植于水边，对于较不耐湿、又不耐干的水杉植于离水边较远处，最后又补植了常绿的日本柳杉作为背景。而另一水池则以高大乔木为主，如乌桕、香樟、紫楠、枫杨、马褂木，池的形式较为自然，草皮与块石驳岸，没有五颜六色的花灌木，即使是在池中鸢尾和睡莲盛开的季节，抑或是满树的合欢花盛开时，这里所显示的也还是大自然树林所特有的朴素与宁静气氛。

又如杭州植物园百草园的水池小巧玲珑，植物配置层次众多，游客可以看到很多蕨类、兰科植物、苦苣苔科植物，还有八角莲、蛇舌草、各类虎耳草、血水草、兔儿菜、淫羊霍、黄精等阴生草本植物，也可以看到不少木本耐荫植物，如粗榧、玉叶金花、连蕊茶、尾尖山茶、虎刺、紫金牛、厚皮香、阴生绣球、南天竹、小檗、十大功劳等。这类植物不但要求耐荫，而且要求较高的空气湿度。因此，植物配置中在原有树种中保留麻栎、枫香等大树，再植些水杉作为第一层乔木；第二层则有杜仲、化香等；第三层有三尖杉、粗榧、厚皮香、连蕊茶等树种，下面为耐荫的灌木及草本植物。

又如浙江大学华家池校区的华家池，水域面积相对较广，人流量也相对集中。其绿地功能主要是满足休闲功能和教学功能，同时兼顾观赏，力求为学生创造一个舒适幽雅的学习环境，所以在树种选择上是常绿、落叶、乔木、灌木俱都兼备，疏密有致，既有开阔的大草坪，又有浓荫蔽日的密林；既有乡土树种，也有国外的园艺引进种。在创造生态美、景观美的同时灌输了植物学知识。

又如杭州采荷小区的滨水绿化，首先考虑的是服务功能，积极创造一个多样化、多功能的绿地。在创造简洁明快的小区环境同时又力求做到四季景色不断。于是选择了多种花灌木，如迎春、碧桃、月季、荷花、桂花、蜡梅等，并种植了较多的常绿树种作为基调，从而使小区内一年四季都充满了绿意。

3. 溪涧的植物配置

溪涧最能表现山林野趣。所以人工造的溪涧在溪形上要采用自然式，尤其是植物配置及树种选择上应以“自然式”和“乡土树种”为主，管理上应粗放，任其枝蔓横生，显示其野逸的自然之趣。

杭州玉泉有一条人工开凿的弯曲小溪，是引玉泉水向东流入山水园的涧渠。溪长 60 余米，宽仅 1m 左右，溪岸两旁散植樱花、玉兰、云南黄馨、杜鹃、山茶、海棠、蔷薇等花草树木，溪边砌以湖石，铺以草皮。溪流从矮树丛中涓涓流出，每到春季，花影堆叠婆娑，成为一条蜿蜒美丽的花溪。

花港观鱼公园有一条著名花溪。花溪岸线曲折，水势收放有致。两岸植以高大的枫杨、合欢、珊瑚朴、柳树等乔木予以遮阴，树下植以各种各样的花灌木，如杜鹃、山茶、夹竹桃、海仙花、木芙蓉、海棠、牡丹、芍药、紫薇、紫荆、臭牡丹、八仙花、金钟花、云南黄馨、蔷薇、灌木状紫藤等。春暖花开的季节，柳条轻浮，繁花似锦，柳絮花瓣随风轻落，飘浮在水面上，水中各色金鱼轻吻残花。整条花溪花影婆娑，生机无限。

但在某些情况下，小小的溪流，无须做太多种类的植物配置。如曲院风荷公园的芙蓉溪，只突出芙蓉（荷花）这一种植物就足以形成个性强烈、独具风格的水景了，且更是一种事半功倍的植物造景手法。

4. 泉边植物配置

泉水由于喷吐跳跃，吸引了人们的视线，可作为景点的主题。再配置适当的植物加以烘托、陪衬，效果更佳。以西冷印社的“印泉”为例，此泉为人工开凿的泉池，面积仅 $1m^2$，池深不到 1m，位于道路交叉口，池边砌石，夹以沿阶草，池旁种有一丛孝顺竹，杂植几株棕榈，泉旁有大树遮阴，这种以常绿单子叶植物为主的池旁配置，给人一种简洁、静雅而亲切的感觉，而一株探往水面的梅花，又可形成疏影横斜、暗香浮动的幽雅景观。

5. 河岸植物配置

杭州园林中，直接应用河的例子不多。河道绿化在城市滨水绿地系统中，其出发点是为了改善环境，防污防尘，其主要功能是生态功能。但也应看到，在杭州，绿化工作者在考虑河道绿化的生态功能之余，还较全面地考虑到了河道绿地的观赏游玩功能。

以东河绿化道为例，其两岸植以高大乔木，如水杉、枫杨、香樟等，又种植了黄杨、月季、木槿、桂花、海桐、夹竹桃等灌木，首先在生态功能上满足了设计的目的，其次，采用了分段种植的方法，避免了河道景观的单调和乏味性。其在较宽广的地域又开辟了小游园，如在凤起路至体育场路段，在小游园内栽以高大的杂交马褂木，形成了独特的河道景观。

贴沙河位于城东，东河路是城市的门面之一，所以其滨水绿化除考虑生态功能外，主要考虑了其观赏功能。在靠近道路一侧，采用分段规则式的种植方式，用金丝桃、火棘、杜鹃灌木丛等做成色块，用银杏、鸡爪槭等成片种植，形成密林景观，体现了园林中有量就有美的主题思想；而在贴沙河另一侧，采用自然写意的手法，依势造园，运用乡土树，造就了一片休闲绿地。

6. 堤、岛、桥的植物配置

水体中设置堤、岛、桥是划分水面空间的主要手段。西湖水域面积广，所以有必要设置堤、岛、桥来划分水面。而堤、岛、桥上的植物配置，不仅增添了水面空间的层次，而且丰富了水面空间的色彩，其婆娑多姿的倒影更是水面的主要景观。

(1) 堤的植物配置　长堤如西湖苏堤者，长达2.8km，堤上有六座桥，自宋以来，沿堤遍植桃柳，故有“六桥烟柳”“苏堤春晓”的题咏，但从植物空间来看，总觉缺少变化，过于单调，故在保留原有树种的基础上，提出“一段一树种，一堤六种景”的设想，在桥与桥之间每一段突出一种树种，形成特色，用不同植物的特征与风貌，克服长堤单调、乏味和冗长的感觉。堤边除了多以垂柳为主外，还分段选用香樟、三角枫、重阳木、乌桕、桂花。不仅其植物风格不同，而且也丰富了苏堤的季相色彩。

白堤较苏堤为短，历史上曾经有“一株杨柳一株桃”的记载，但是白堤的地下水位较高，而桃花又是不耐水湿的植物，如与柳树同植一行，一株间一株的栽种，势必使桃无法获得足够的营养而生长不良，所以将桃花与垂柳分行种植，形成品字形，这样就使白堤成为绚丽多彩的碧桃与浓荫飘拂的垂柳交织成一条桃红柳绿的彩带了。

(2) 岛的植物配置　杭州西湖的岛屿类型众多，大小各异。有可达可游的半岛及湖中岛，也有仅供远眺、观赏的湖中岛。前者在植物配置时还要考虑导游路线，不能有碍交通，后者不考虑导游，植物配置密度较大，以保证四面皆有景可赏。

三潭印月（小瀛洲）是一处湖中岛，总面积约7千m^2，它是以东西、南北两条堤将岛划分为田字形的四个水面空间。堤上种有大叶柳、香樟、木芙蓉、紫藤、紫薇等乔灌木，疏密相间，上下有序，通过堤上植物的漏与隔，增加了小岛园林的景深、层次与林岸线，从而构成了整个西湖的湖中有岛、岛中有湖的奇景。而这种虚实对比，交替变化的园林空间在巧妙的植物配置下，表现得淋漓尽致。

(3) 桥头的植物配置　至于桥头的植物配置，首先应与桥的外观，包括其体量、形式、结构、材质等相匹配，小而平的桥头，无需栽植高大乔木，宜点缀一两株小乔木或灌木；小而玲珑的桥旁，有时也可以配以修剪精细的几何形植物；用地狭窄的桥头，或桥本身建筑细部也有精美装饰者，则无需配置植物，以避免遮掩建筑之美而画蛇添足。

四、滨水绿地植物配置的艺术构图

1. 色彩构图

淡绿透明的水色，是调和各种园林景物色彩的底色，如水中碧草、绿叶，水中蓝天、白云。而植物会因春夏秋冬四季的气候变化而有不同形态与颜色的变化，映于水中，则可产生十分丰富的季相水景。

色彩构图更重要的体现在色叶树种上。春天，有红枫、臭椿、五角枫的红叶，黄连木等的紫红色叶，香樟、鸡爪槭嫩绿的新叶；入秋有枫香、鸡爪槭、地锦、小檗、樱花、柿树、南天竹、乌桕的红叶，银杏、白蜡、鹅掌楸、梧桐、悬铃木、水杉、落羽杉、金钱松等的黄叶。这些色叶树种植于水边，都可以大大丰富水景色彩构图。

2. 线条构图

平直的水面通过配置具有各种树形及线条的树木，可丰富线条构图。我国园林自古主张在水边植以垂柳，造成柔条拂水、湖水清新的景象。正如《长物志》所述：垂柳“更须临池种之，柔条拂水，弄绿搓黄，大有逸致”。但是水边植物也并不完全局限于这一种形式，如曲苑风荷、植物园都种植了高耸入云的水杉、水松等树木，产生了较好的艺术效果。究其原因，是由于水杉、水松等树木直立向上，与水面一竖一横，符合艺术构图上的对比规律，特别是水杉群植所形成的树冠线与水面对比所形成的效果非常协调。这种与水面形成对比的配置方式宜群植，不宜孤植，但同时还要注意到与园林风格及其周围环境相协调。像三潭印月这一古老的景点，其主要树种为树形开展、姿态苍劲的大柳树，若在此过多地选用水杉，即使群植也会影响原有风格，是不相宜的。

3. 透景构图

水边植物配置有疏有密，原因之一是在有景可观之处，留出透景线。配置时，可选用高大乔木，加宽株距，用树冠来构成透景面，如在花港观鱼公园新鱼池旁，种有广玉兰，冠幅5m，冠下高1.5m，正好形成一个低矮、荫蔽的观赏点，在这里设置座椅，观赏对岸阳光照射下的水景风光，借广玉兰加强了光线明暗对比和景色的清晰度。

五、滨水绿地植物的选择

滨水绿地的树种选择首先要具备一定耐水湿能力，其次还应符合设计意图中美化的要求。我国从南到北常见应用的树种有水松、蒲桃、小叶榕、水翁、水石榕、紫荆、木麻黄、椰子、蒲葵、落羽杉、池杉、水杉、大叶柳、垂柳、旱柳、乌桕、苦楝、悬铃木、枫香、枫杨、三角枫、重阳木、柿、榔榆、桑、梨属、白蜡树、海棠、香樟、棕榈、无患子、蔷薇、紫藤、南迎春、连翘、夹竹桃、丝棉木等。

在城市滨水绿地景观建设中可大力推广的滨水植物有池杉、水杉、落羽杉、水松、枫杨、广玉兰、杂交鹅掌楸、香樟、悬铃木、合欢、重阳木、乌桕、栾树、柿树、八仙花、海桐、绣线菊、野蔷薇、棣棠、日本晚樱、鸡爪槭、木芙蓉、山茶、金丝桃、杜鹃花、夹竹桃、美国凌霄等。

思考训练

1. 讨论当地特色的行道树种有哪些？配置方式有哪些？

2. 讨论当地常见行道树种应具备哪些特征？
3. 调查当地常见的庭荫树。
4. 讨论行道树种和庭荫树种的区别。
5. 调查当地常见的孤植树。
6. 讨论孤植树种和庭荫树种的异同点。
7. 讨论当地应用广泛的彩色篱树种。
8. 总结适应当地环境条件的绿篱树种有哪些？
9. 分别列举具有代表性的观花、观果、观叶的垂直绿化树种。
10. 列举5种垂直绿化树种在园林中的观赏与应用。
11. 总结观花地被木本植物的主要种类及特点。
12. 总结观叶地被木本植物的主要种类及特点。
13. 总结常绿地被木本植物的主要种类及特点。
14. 总结滨水植物的主要种类及特点。
15. 总结滨水绿地各种类型植物配置。

项目4

露地花卉识别与应用

模块1　一、二年生花卉识别与应用

教学目标

知识目标：

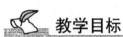

◆ 能熟练掌握一、二年生花卉的概念及特点。

◆ 熟练掌握一、二年生花卉的生态习性、观赏特性、园林应用。

◆ 了解一、二年生花卉的繁殖栽培管理技术。

能力目标：

◆ 能识别30种常见的一、二年生花卉。

◆ 能熟练应用一、二年生花卉。

素质目标：

◆ 学生通过收集、整理、总结和应用相关信息资料，培养自主学习的能力。

◆ 通过对形态相似或相近的一、二年生花卉进行比较、鉴定和总结，培养学生独立思考问题和认真分析、解决实际问题的能力。

◆ 通过对一、二年生花卉不断深入地学习和认识，提高学生的园林观赏水平。

能力训练

［活动一］常见一年生花卉识别与应用

活动目的	能识别常见的一年生花卉，熟悉花卉的应用形式
活动要求	正确识别花卉种类，画出花坛配置平面图
活动地点	校园或广场
活动时间	五一节后或国庆节后

（续）

活动程序	教师现场讲解、指导学生识别
	学生分组活动，观察花卉的形态，确定花卉名称，记录每种花卉的名称、科属、原产地、生态习性、观赏特性、园林应用 拍摄照片
	画出花坛配置平面图
	各组制作 PPT，并进行交流讨论
	考核评估：花卉识别现场考核（口试）

［活动二］常见二年生花卉识别与应用

活动目的	能识别常见的二年生花卉，熟悉花卉的应用形式
活动要求	正确识别花卉种类，画出花坛配置平面图
活动地点	校园或广场
活动时间	元旦前后或春节后
活动程序	教师现场讲解、指导学生识别
	学生分组活动，观察花卉的形态，确定花卉名称，记录每种花卉的名称、科属、原产地、生态习性、观赏特性、园林应用 拍摄照片
	画出花坛配置平面图
	各组制作 PPT，并进行交流讨论
	考核评估：花卉识别现场考核（口试）

［活动三］用盆花布置花坛

活动目的	能识别常见的一、二年生花卉，熟练掌握花坛布置技能
活动要求	应用盆花布置花坛，体现出美观与实用
活动器材	多盆盆花、铅笔、笔记本、数码相机、卷尺
活动地点	校园
活动程序	老师布置花坛图案或学生自行设计花坛图案
	学生分组活动，以小组为单位在规定时间内用盆花布置花坛
	根据花坛布置的合理性、观赏性、色彩协调性给予评分

1. 一串红 *Salvia splendens*（图 4-1）

科属：唇形科鼠尾草属

（1）识别要点　多年生草本，因性畏寒，常作一年生植物栽培。株高 70cm 左右，茎四棱光滑，叶对生，卵形至阔卵形。总状花序顶生，萼筒及唇形共冠均匀为鲜红色。小坚果卵形，黑褐色。

常见栽培变种如下：

1）一串紫：花冠及萼片均为紫色。

2）一串粉：花冠及萼片均为粉色。

3）一串白：花冠及萼片白色。

4）矮一串红：株高仅20cm，植株矮壮，枝叶密集，花冠与萼片均为红色。

（2）习性　原产于南美洲巴西。喜光，喜温暖湿润的气候，不耐霜寒，生长适温20～25℃。夏季气温超过35℃或连续阴雨，叶片会黄化脱落，特别是矮性品种，抗热性差，对高温阴雨特别敏感。喜疏松、肥沃、排水良好、中性至弱碱性土壤。

（3）用途　一串红用于大型花坛、花境成片布置种植，远远望去一片艳红，鲜艳夺目；在草坪边缘、树丛外围成片种植效果也很好；摆花于盛大的会场，整个场景十分壮观；也可作阶前、屋旁的摆设。在新春的3～4月、“五一”“六一”“七一”“国庆”等各个节日都能开，增添节日气氛。它适应性强，为我国园林中普遍栽培的花卉。

图4-1　一串红

2. 矮牵牛 *Petunia hybrida* Vilm（图4-2）

科属：茄科矮牵牛属

（1）识别要点　多年生草本花卉，常作一年生栽培。株高30cm左右，全株被腺毛，叶互生、上部对生。原产于南美洲。

目前我们常见的矮牵牛均为园艺栽培品种，大体可分为以下几种：

1）矮生种（*nana compacta*）：株高约20cm，花小。

2）大花种（*grandiflora*）：瓣边缘卷曲。

3）长枝种：枝条长，适宜诱引，可装饰门廊、窗台等。花径5～7cm。

4）重瓣种：重瓣性很强，雄蕊往往瓣化，雌蕊也多成畸形。花径为7～8cm，大型者10～15cm，瓣边缘变化有波线、卷缘及皱缘。

图4-2　矮牵牛

（2）习性　性喜温暖、喜阳光，不耐寒，适应性强，耐瘠薄，但在湿润肥沃的土壤中生长特别好，但土壤过肥，则易生长过于旺盛致使枝条徒长倒伏。

（3）用途　矮牵牛又名喇叭花、朝颜。植株矮小紧凑。开花繁茂而花形玲珑小巧像喇叭，花色丰富，有紫、蓝、紫红、粉、蓝白、红白相间等色，花瓣富有变化，有单瓣、半重瓣，花瓣边常呈皱褶或波浪状，可谓多姿多彩。它迎着朝阳开放，给人们一种清新幽雅之感，花期极长，从4月下旬至10月下旬开花不绝。现世界各国广泛栽培，以日本栽培最盛，也是我国各地群众喜爱的花卉之一。矮牵牛既适用于大面积花坛和公共绿地栽植，也适用于庆典活动和楼、堂、馆、所摆花及家庭阳台装饰。

3. 万寿菊 *Tagetes erecta*（图4-3）

科属：菊科万寿菊属

（1）识别要点　一年生草本花卉。矮生种，株高30cm，普通种株高40～60cm，茎粗、丛生。叶对生或互生，羽状复叶。花序头状，单生枝顶，花期5～10月。

我国栽培的万寿菊多为普通种，株形高大，近年从日本引进F1代的大花万寿菊品种有：“Doubloon”，花淡黄色；“Seve reign”，花金黄色；“Double eagle”，花橙色。这三个品种花朵大，花容端正，值得推广。

（2）习性 原产于墨西哥，性喜阳光充足和温暖的气候环境，不耐寒冷，怕湿热，稍耐荫，较耐旱，但阳光不足会使枝干软弱。在夏季酷暑时，有伏天小休眠现象，适应性强。冬季夜间温度保持在10℃以上也能开花。对土壤要求不严。

（3）用途 万寿菊又名臭芙蓉，是夏秋季不可缺少的花坛和花境用花，因其色彩鲜艳亮丽，通常被用作切花、盆花栽培。近年来从日本引进的大花万寿菊F1代更受人们的青睐。只要温度满足，万寿菊可作周年栽培，设施的利用率也能提高。

图4-3 万寿菊

4. 鸡冠花 *Celosia cristata*（图4-4）

科属：苋科青葙属

（1）识别要点 一年生草本。株高40～100cm。茎粗壮直立，光滑具棱，少分枝。叶卵形至卵状披针形。花序顶生，肉质，扁平皱褶为鸡冠状，有红、紫红、玫红、橘红、橘黄、黄或白各色，具丝绒般光泽；中下部密生小花，花被及苞片膜质；花期7～10月。

常见栽培变种如下：

1）圆绒鸡冠（f. *childsii*）：株高40～60cm。茎具分枝，不开展。花序卵圆形，表面流苏或绒羽状，有光泽，紫红色或玫瑰红色。

2）凤尾鸡冠（f. *pyramidalis*）：也称为芦花鸡冠、扫帚鸡冠。株高60～150cm。茎多分枝而开展，各枝端着生疏松的火焰状大花序，表面似芦花状细穗，花色极丰富，高矮也有变化。

图4-4 鸡冠花

3）子母鸡冠（f. *plumosa*）：株高30～50cm。茎多分枝而斜出，全株呈广圆锥形，紧密而整齐。花序倒圆锥形，大小不一，每枝顶端生一大型主花序，其基部伴生多数形态相似的小花序，鲜橘红色或黄色。叶深绿，有红晕。

（2）习性 原产于印度。喜炎热和空气干燥，不耐寒；喜阳光充足；喜疏松而肥沃的土壤，不耐瘠薄。

（3）用途 花境；花坛；切花或制干花。

5. 夏堇 *Torenia fournieri*

科属：玄参科玄参属

（1）识别要点 一年生草本。株高20～30cm，披散多分枝，叶对生，卵形或卵状披针形、质薄，边缘有锯齿。花序顶生或在茎上部腋生，花冠筒2唇，上唇2裂，下唇3裂，花冠呈淡蓝紫色、粉红色、白色。

此种园艺品种不多，常见的有淡蓝色、粉红色和白色三个品种。

（2）习性 原产于我国华南地区及东南亚。不耐寒，性喜温暖湿润，喜阳光，不畏炎热，以排水良好的中性或微碱性土壤为宜。夏播，花期6～11月，夏季播种对开花无碍。由于夏堇种子细小，而子叶茎又特别短，所以种子播种后不必覆土，这样能提高出苗率。苗期宜摘心，促使多分枝。播种苗前期生长缓慢，进入距开花尚有20天的日子里，长势迅速，形成完整的株形。这充分说明根系的形成与地上部生长成正比。

(3) 用途　夏堇花期长，初开于5月，花儿越开越旺，特别是盛夏季节，可谓独占鳌头，一直开到初霜降临前的11月。它植株矮小，花形奇特，花色雅致，可为夏季园林中赏花的主要花卉之一。宜作花坛布置，特别是夏秋的花坛布置，也可用于其他方面的环境布置。

6. 长春花（雁来红、日日草、日日新）***Catharanthus roseus*** (Linn.) **G. Don**（图4-5）

科属：夹竹桃科长春花属

(1) 识别要点　多年生草本，常作一年生栽培，茎直立，多分枝，叶对生，长椭圆状至倒卵状。先端圆钝，基部渐狭，叶柄短，全缘，两面光滑无毛，主脉白色明显，聚伞花序顶生或腋生，花玫瑰红、黄或白色，花冠高脚蝶状，5裂，蓇葖果直立，圆柱形，自然花期7~11月。

(2) 习性　原产于南非、非洲东部及美洲热带，我国南方有部分野生，在广东、广西及长江以南各地均有栽培。性喜温暖、阳光充足和稍干燥的环境，忌炎热，故夏季应充分潜水，且置于略荫处开花较好。喜湿润的沙质土壤。

(3) 用途　长春花花期较长，病虫害少，多用于布置花坛，尤其是矮生种，全株呈球形，且花朵繁茂，是优良的盆栽用花和花坛、花境用花。

图4-5　长春花

7. 千日红 ***Gomphrena globosa*** **Linn.**（图4-6）

科属：苋科千日红属

(1) 识别要点　一年生草本。全株密被细毛。单叶，对生，长椭圆形至倒卵形。头状花序，球形，单生或2~3个簇生于长总梗端；花小而密生；花被5片，白色；苞片膜质，常紫红色，干后不易脱落，为主要观赏部位。不同变种或品种的苞片颜色有深红、淡红、金黄、白色等。坚果，外果被纤毛。花期7~10月。

(2) 习性　原产于亚洲、非洲、南美洲等热带地区，世界各地广为栽培。性喜温热和干燥、光照充足的环境，不耐寒。要求疏松、肥沃的土壤，不耐积水，较耐干旱。长日照花卉，在长日照条件下约80天开花，但从播种至开花约需110天。

(3) 用途　主要作盆花，可作家居、会场、宾馆等布置使用，也可用于花坛布置、庭园装饰等。其花序不脱落，也是优良的干花材料。

图4-6　千日红

8. 半支莲（太阳花）***Portulaca grandiflora***（图4-7）

科属：马齿苋科马齿苋属

(1) 识别要点　植株小巧，花色丰富。为一年生肉质草本。茎平卧或斜生。叶互生，圆柱状，花单朵或数朵簇生枝顶，单瓣或重瓣，有红、玫瑰红、紫、黄、白等色。

(2) 习性　原产于巴西，现世界各地广泛栽培。性喜温暖干燥和阳光充足的环境，不耐低温、多湿和多雨天气，喜疏松、肥沃和排水

图4-7　半支莲

良好的沙质土壤。

（3）用途 太阳花花朵繁多，色彩丰富，光泽绚丽，适于布置花坛、花槽和岩石园，盆栽宜于露台、阳台和庭院台阶处摆放美化。

9. 美女樱 *Verbena hybrida*

科属：马鞭草科马鞭草属

（1）识别要点 多年生草本，常作一、二年生栽培。株高15～50cm。茎四棱形，匍匐状，横展，全株有灰色柔毛。叶对生，长圆形或卵圆形，具缺刻状粗齿，近基部稍有分裂。穗状花序顶生，花小而密集呈伞房状排列；花萼细长筒状，先端5裂；花冠筒状，长于花萼2倍，先端5裂，裂片端凹入；花有白、粉、红、紫等色，略有芳香，花期6～9月。

（2）习性 原产于美洲热带，为一种间杂交种。喜温暖、湿润、阳光充足，有一定耐寒性，在长江流域小气候好的条件下可露地越冬，不耐荫，宜疏松肥沃土壤。

（3）用途 花坛；花境。

细叶美女樱 *Verbena tenera*

（1）识别要点 多年生草本。基部木质化，株高20～40cm。茎枝丛生，倾卧匐散，叶2回羽状深裂或全裂，裂片狭细形。花蓝紫色，花期夏季。

（2）习性 原产于巴西。习性及繁殖栽培同美女樱。

10. 香雪球 *Lobularia maritima*

科属：十字花科香雪球属

（1）识别要点 多年生草本，常作一、二年生栽培。株高15～30cm，植株矮小，分枝多而匍匐生长。叶披针形，全缘。总状花序，顶生，总轴短，花朵密生，成球形，花白色或淡紫色，芳香，花期3～6月或9～10月。

（2）习性 原产地中海沿岸。性强健，喜冷凉，稍耐寒，忌炎热；喜光，稍耐荫；对土壤要求不严，耐干旱瘠薄土壤，但不可过湿。

（3）用途 花坛镶边；岩石园；盆栽。

11. 百日草（百日菊）***Zinnia elegans***

科属：菊科百日草属

（1）识别要点 一年生草本。株高50～90cm。茎直立而粗壮，被粗毛。叶对生，全缘，卵形至长椭圆形，基部抱茎。头状花序单生枝端，梗甚长，中空；总苞钟状，全缘，基部联生成数轮；舌状花倒卵形，有白、黄、红、紫等色；筒状花橙黄色，边缘5裂；花期6～9月。

（2）习性 原产于墨西哥。不耐寒，喜温暖，忌酷热；喜光，耐半荫；要求疏松肥沃、排水良好的土壤，较耐干旱，忌连作。

（3）用途 花坛，花丛，花境，切花。

12. 旱金莲（金莲花、旱荷花）***Torpaeolum majus***（图4-8）

科属：旱金莲科旱金莲属

（1）识别要点 多年生草本，常作一、二年生栽培。茎细长半蔓性或倾卧，长可达1.5m，光滑。叶互生，具长柄，近圆形，具波状钝角，盾状着生，叶被蜡质层，形似莲叶而小。花单生叶腋，梗细长，花瓣具爪，萼片中有1枚延伸成距，花乳白、乳黄、紫红、橘红等色，花期7～9月（春播），或2～3月（秋播）。有重瓣、无距、具网纹及斑点等品种。

有茎直立的矮生变种。

(2) 习性　原产于南美洲。喜温暖、湿润，不耐寒；喜阳光充足，稍耐荫；宜肥沃而排水好的土壤。

(3) 用途　暖地地被；垂直绿化；花坛；种于假山石旁；盆栽。

13. 观赏辣椒（五色椒、朝天椒）***Capsicum frutescens***（图4-9）

科属：茄科辣椒属

(1) 识别要点　多年生草本，呈亚灌木状，常作一年生栽培。株高40～60cm。茎多分枝。单叶互生，卵形或长圆形。花小，白色，单生叶腋，花期7～10月。浆果球形、卵形或扁球形，直生或稍斜生；果因成熟程度不同而为红色、黄色或带紫色。

图4-8　旱金莲

图4-9　观赏辣椒

常见的变种有以下几种：

1) 五色椒（var. *cerasiforme*）：浆果小而圆，初时绿色，渐次发白，带紫晕，逐步变红。

2) 朝天椒（var. *conoids*）：浆果细长，果色由绿变红，长2～3cm。

3) 樱桃椒（var. *fasciculatum*）：浆果圆球形，似樱桃，果径1cm左右，常10～18只簇生于枝顶，果色由绿渐变为红色。

4) 佛手椒（var. *fascicalatum*）：浆果指形，长4～5cm，常4～17只簇生枝顶，长短不定，初时白色，熟后变红。

(2) 习性　原产于美洲热带。喜温暖，不耐寒；喜阳光充足；宜湿润、肥沃的土壤。播种繁殖。春季在室内盆播或露地背风向阳处播种。生长期间应注意多浇水和施肥，开花期不宜多浇水。

(3) 用途　宜盆栽供室内观赏，也可布置花坛、花境等。

14. 红绿草（模样苋、锦绣苋）***Alternanthera bettzickiana***

科属：苋科苋属

(1) 识别要点　亚灌木，园林中常作低矮草本栽培。株高多为10～15cm。茎多分枝，直立或斜出成丛状，节膨大。叶小，对生、舌状全缘，叶绿色常具彩斑或色晕。

常用下列品种：

1）“小叶绿”：茎斜出。叶较狭，嫩绿色或略具黄斑。

2）“小叶黑”：茎直立。叶较宽，窄三角状卵形，绿褐色至茶褐色，生长势较上述品种强。

（2）习性　原产于巴西。喜温暖，不耐酷热及寒冷；喜光，略耐荫；不耐干旱及水涝。

（3）用途　模纹花坛。

15. 地肤（扫帚草）***Kochia scoparia***（图4-10）

科属：藜科地肤属

（1）识别要点　一年生草本。株高50～100cm。株丛紧密，呈长球形，主茎木质化，分枝多而纤细。叶稠密，较小，狭条形，草绿色，秋季全株成紫红色。

常用栽培的变种有：

细叶扫帚草（var. *culta*）：株形矮小，叶细软，嫩绿色，秋季转为红紫色。

（2）习性　原产于亚洲中南部及欧洲。喜光和温暖，不耐寒，耐旱；对土壤要求不严，耐碱性土。

（3）用途　丛植；孤植；绿篱；花坛中心材料。

16. 波斯菊 *Cosmos bipinnatus* Cav.（图4-11）

科属：菊科秋英属

（1）识别要点　一年生草本。株高120～150cm，全株光滑或具微毛。茎细而直立，上部分枝，具沟纹。叶对生，2回羽状深裂至全裂，裂片稀疏，线形，全缘。头状花序单生于总梗上；总苞片2层，内层边缘膜质，苞片卵状披针形；舌状花单轮，花大，花有白、粉红及深红等色，顶端齿裂；筒状花黄色；花期6～10月。

图4-10　地肤

图4-11　波斯菊

（2）习性　原产于墨西哥。喜温暖、凉爽，不耐寒，忌暑热；喜光，稍耐荫；耐干旱。短日照下开花。

（3）用途　花丛，花群，花境，地被，切花。

17. 翠菊（蓝菊、江西腊）***Callistephus chinensis***（图4-12）

科属：菊科翠菊属

(1) 识别要点　一年生草本。株高30~100cm，全株疏生短毛。茎直立，上部多分枝。叶互生，阔卵形至长椭圆形，具粗钝锯齿。头状花序单生枝顶；总苞片多层，外层叶状；外围舌状花雌性，原种单轮，浅堇至蓝紫色，栽培品种花色丰富，有绯红、桃红、橙红、浅粉、紫、墨紫、蓝、天蓝、白、乳白、乳黄、浅黄诸色；筒状花黄色，端部5齿裂；春播花期7~10月，秋播5~6月。瘦果有柔毛、冠毛两层，外层短，易脱落。

(2) 习性　喜光，稍耐荫；忌酷暑；不耐旱，不耐水涝；适宜湿润、疏松的土壤。

(3) 用途　花大，品种丰富，花期长，是优秀的观花地被，可植于花境、林缘或疏林下。矮型品种适用于花坛、边缘装饰及盆栽，中高型品种适用于各种园林布置及切花。

图4-12　翠菊

18. 藿香蓟（胜红蓟）***Ageratum conyzoides***（图4-13）

科属：菊科藿香蓟属

(1) 识别要点　一年生草本。株高30~60cm，全株被白色柔毛。茎披散。叶对生，卵形至圆形。头状花序聚伞状着生枝顶，花有蓝色或粉白色，花期夏秋季节。

(2) 习性　原产于美洲热带。不耐寒，喜阳光充足、温暖、湿润。适应性强，对土壤要求不严。

(3) 用途　花坛，花境。

19. 醉蝶花 ***Cleome spinosa***（图4-14）

科属：白花菜科醉蝶花属

(1) 识别要点　一年生草本，有强烈臭味，高可达1.2m。掌状复叶互生，小叶5~7枚，叶片长圆状披针形，先端渐尖，基部楔形，全缘，两面有腺毛；叶柄有腺毛，托叶成小钩刺。总状花序顶生；萼片线状披针形，开时向外反折；花径10cm，花瓣紫红色或白色，倒卵形，有长爪；雄蕊6，较花瓣长2~3倍；子房具长柄。花果期7~9月。

图4-13　藿香蓟

图4-14　醉蝶花

（2）习性　喜光、也耐半荫；喜温暖湿润气候，稍耐高温但不耐寒；稍耐干旱；以疏松、肥沃土壤为宜；抗污染能力强。

（3）用途　此种花形奇特美丽，似彩蝶飞舞，适宜布置花境、花坛，也可用作盆栽和切花，还是极好的蜜源植物。

20. 皇帝菊 *Melampodium paludosum*

科属：菊科美兰菊属

（1）识别要点　多年生草本，常作一、二年生栽培，分枝多，全株被毛，高30～50cm。叶对生，阔披针形至长卵形，缘有锯齿。头状花序顶生，花径约2cm，舌状花金黄色，管状花黄色。花期6～11月。

（2）习性　喜高温高湿环境，不耐寒；耐贫瘠，不择土壤；自播能力强。

（3）用途　生性强健，枝叶繁茂，花朵密集，花期长，是优良的夏季观花植物，适宜布置花坛、花境或岩石园，也可片植作地被。

21. 茑萝（羽叶茑萝、绕龙草、锦屏封）***Quamoclit pennata***（Lam.）**Bojer**（图4-15）

科属：旋花科茑萝属

（1）识别要点　一年生缠绕草本。茎细长，光滑，高达6m。叶互生，羽状深裂，长4～7cm。聚伞花序腋生，有花数朵，高出叶面，花冠呈高脚碟状，管细长2～4cm，外形呈五角星状，径2.0～2.5cm，深红色，还有白色及粉红色品种。蒴果卵形。种子黑色，长卵形，千粒重14.81g。

（2）习性　原产于美洲热带，全球广为栽培。1629年引入英国栽培。喜充足阳光、温暖气候、疏松肥沃土壤。浅根性，易自播繁殖。花期7～10月，果期8～11月。

（3）用途　适植篱垣、花架和小型棚架，还可供盆栽或用作地被。

22. 大花牵牛（裂叶牵牛、喇叭花）***Ipomoea nil***（L.）**Roth**（图4-16）

科属：旋花科牵牛属

（1）识别要点　一年生缠绕性藤本。全株具粗毛，叶互生，阔卵状心形，常呈3裂，中央裂片特大，两侧裂片有时有浅裂，常具白绿色条斑，长10～15cm。花腋生，呈漏斗状喇叭形，苞片狭长。花冠直径达15cm，边缘常呈皱褶状或波浪状，有不同颜色斑驳、镶嵌，或边缘有不同颜色。单瓣或重瓣。花色有白、粉、玫红、紫、蓝、复色等。种子黑色，扁三角形，千粒重43.48g。

图4-15　茑萝

图4-16　大花牵牛

(2) 习性　原产于亚洲热带及亚热带，各地广为栽培。性健壮，喜温暖湿润气候和阳光，稍耐半荫及干旱，对土壤适应性强，较耐干旱盐碱，不怕高温酷暑，属于深根性植物，好生肥沃、排水良好的土壤，忌积水。

(3) 用途　垂直绿化材料，用以攀援棚架，覆盖墙垣、篱笆，或用作地被，还可盆栽。

23. 雏菊（延命草、春菊）***Bellis perennis***（图4-17）

科属：菊科雏菊属

(1) 识别要点　多年生草本，常作二年生栽培。株高10～15cm，全株具毛。叶基生，长匙形或倒卵形，基部渐狭，先端钝，微有齿。头状花序单生，花葶自叶丛抽出；舌状花，1轮或多轮，条形，白色、深红色、淡红色等；筒状花黄色；花期4～5月。

图4-17　雏菊

(2) 习性　原产于西欧。性强健，较耐寒，喜冷凉，可耐-4～-3℃低温，忌炎热；喜阳光充足；宜肥沃、富含腐殖质土壤。

(3) 用途　花坛，花境，盆栽。

24. 金盏菊 ***Calendula officinalis***（图4-18）

科属：菊科金盏菊属

(1) 识别要点　金盏菊为二年生花卉。株高30～50cm，叶互生，头状花序单生。种子星月形。

常见栽培品种依花色来分，有金黄、乳黄、橙黄、橙红等品种。

图4-18　金盏菊

(2) 习性　原产于南欧及伊朗。喜阳光，耐低温，耐移植，适应性强，但忌高温。在生育期如遭0℃以下的低温，就会延缓开花，也会由于冻害而发生花瓣损伤或褪色等情况。长、短日照均能开花。

(3) 用途　金盏菊又名金盏花，为华东地区露地普遍栽培的花卉，现在世界各地也已广泛栽培。金黄色的花朵，圆盘形，婷婷向上，犹如金色的灯盏。花期特长，从12月到翌年3～5月，是晚秋、冬、早春少花季节装点园林花坛、花境必不可少的花卉之一。它栽培容易，成本也低，是一种不可忽视的花卉。

25. 三色堇 ***Viola tricolor***（图4-19）

科属：堇菜科堇菜属

(1) 识别要点　多年生草本，常作二年生栽培。株高30cm。株丛低矮，多分枝。叶互生，基生叶具长柄，近圆心形，茎生叶叶片圆状卵形或宽披针形，具圆钝齿；托叶大而宿存。花大，腋生，两侧对称，侧向开放；花瓣5枚，1枚有距，2枚有附属体；通常原种每花有紫、白、黄三种颜色；花期4～5月。

三色堇栽培历史悠久，园艺品种很多，近几年来欧洲各国和美洲、日本不断进行人工杂交育种，新品种层出不穷。

1）大花品种：花径达10cm。

2）纯色品种：纯色品种中尤以纯黄、紫色、桃红、棕红、纯白等色为上品。

3）双色品种：黄白、蓝黄、白紫等双色组成。

4）花瓣波状品种。

（2）习性　原产于北欧。性耐寒，喜凉爽气候，畏夏季高温烈日；喜生长在疏松、肥沃、湿润且排水良好的土壤中。

（3）用途　三色堇又有“猫脸花”“蝴蝶花”之称。早春，三色堇迎着严寒开花，它花色鲜艳，光泽有绒质感，一花三色，这些色彩又协调地分布在5枚花瓣上，构成一幅栩栩如生的滑稽笑脸，迎来了百花盛开的春天。它花期长，在百花中名列前茅，从早春一直开到5月，为我国早春园林中常见的栽培花卉，也是世界各国普遍栽培的花卉。矮性品种为园林中布置花坛的优良材料，常与金盏菊、雏菊搭配，也是盆栽的好材料。

图4-19　三色堇

26. 羽衣甘蓝 ***Brassica oleracea*** **var.** ***acephalea f. tricolor***

科属：十字花科甘蓝属

（1）识别要点　二年生草本花卉。株高30～40cm。抽苔开花时可高达150～200cm。叶宽大匙形。光滑无毛，被白粉，外部叶片呈粉蓝绿色，边缘呈细波状皱褶，叶柄粗而有翼；内叶叶色极为丰富，有紫红、粉红、白、牙黄、黄绿等色。

（2）习性　原产于西欧。喜光照充足、凉爽，耐寒力不强；宜疏松、肥沃、排水良好的土壤，极喜肥。播种繁殖。

（3）用途　盆栽。主要观赏其色彩和形态变化丰富的叶，赏叶期冬季。在长江流域及其以南地区，多用于布置冬季花坛。

27. 石竹（洛阳花）***Dianthus chinensis***（图4-20）

科属：石竹科石竹属

（1）识别要点　多年生草本，作一、二年生栽培。株高30～50cm。茎细弱铺散。叶较窄，条状。花单生或数朵顶生，花瓣先端浅裂呈牙齿状；苞片与萼筒近等长，萼筒上有枝；花有粉、粉红、红、淡紫等色，微香；花期5～9月。

常见变种如下：

锦团石竹（var. *heddeuigii*）：植株较矮，高20～30cm。茎叶被白粉呈灰绿色。花大，径4～6cm，花瓣先端齿裂或羽裂，花形、花色丰富。耐寒，春化阶段对低温要求不甚严格。

（2）习性　原产于中国。喜凉爽、阳光充足、高燥，耐寒，喜肥，也耐瘠薄。较须苞石竹耐寒。其他同须苞石竹。

（3）用途　花坛；花境；丛植路边及草坪边缘。

图4-20　石竹

28. 金鱼草 ***Antirrhinum majus***（图4-21）

科属：玄参科金鱼草属

（1）识别要点　多年生草本，作二年生栽培，株高20～90cm。茎基部木质化。叶披针形至阔披针形，全缘。总状花序顶生，苞片卵形，萼5裂；花冠筒状唇形，外被绒毛，茎部膨大成囊状，上唇直立，2裂，下唇3裂，开展；花有粉、红、紫、黄、白色或复色，花期5~6月。园艺品种丰富，有露地栽培品种和温室栽培品种，有高型、中型和矮型品种，还有重瓣品种及四倍体品种等。

(2) 习性　原产地中海沿岸及北非。喜凉爽，较耐寒，不耐酷热，喜光，耐半荫；喜疏松、肥沃、排水良好的土壤。

(3) 用途　花坛，花境，花丛，花群，切花。

29. 紫罗兰 *Matthiola incana* (Linn.) **R. Br.** (图4-22)

科属：十字花科紫罗兰属

(1) 识别要点　多年生草本，作一、二年生栽培。全株具灰色星状柔毛，叶互生，长圆形至倒卵状披针形，全缘，灰蓝绿色，顶生总状花序，花白、紫、红色以及复色，苞片4，花瓣4，长角果圆柱形，种子具翅。自然花期4~6月，具香气。

图4-21　金鱼草

图4-22　紫罗兰

(2) 习性　原产于欧洲地中海沿岸，现世界各地园林广泛栽培。紫罗兰喜冷凉气候，冬季能耐-5℃低温，忌燥热，夏季高温易导致植株莲座化。要求肥沃、湿润及深厚的土壤，以中性略碱为宜。喜阳光充足，但也稍耐半荫。

(3) 用途　紫罗兰花朵丰盛，花序硕大，色彩丰富，适于布置花坛、花境和花槽，在欧美国家还是常用的切花材料。

30. 虞美人 *Papaver rhoeas* L. (图4-23)

科属：罂粟科罂粟属

(1) 识别要点　一、二年生草本花卉，茎直立，全株被绒毛。花单生，有长柄，含苞时下垂，开花后花朵向上，花色有纯白、紫红、粉红、红、玫红等，有时具斑点。自然花期5~6月。

(2) 习性　原产于欧洲及亚洲。喜阳光以及通风良好的环境。耐寒。具直根，不耐移植。喜疏松、肥沃、排水良好的沙质土壤。北美洲也有分布。播种或自播繁殖。

(3) 用途　虞美人花瓣质薄，是一种潇洒美丽的草本花卉。可布置花坛，或植于庭院四周，也可盆栽。

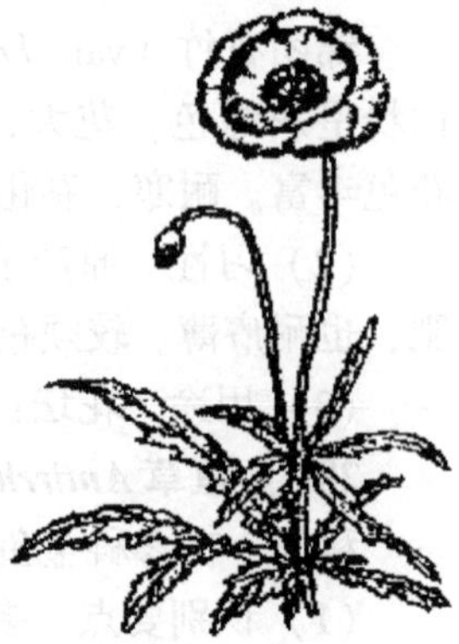

图4-23　虞美人

31. 红叶甜菜（红菾菜、红厚皮菜）***Beta vulgaris* var. *cicla***

科属：藜科甜菜属

（1）识别要点 二年生草本。叶丛生，长椭圆状卵形，边缘常波状，肥厚而有光泽。深红或红褐色，叶柄较长而扁凹。

（2）习性 原产于南欧。喜光，也耐荫；宜温暖、凉爽的气候，极耐寒；喜肥。播种繁殖。适应性强，管理简单，适宜各种土壤，但在疏松、肥沃、排水良好的土壤上生长较好，叶色艳丽。

（3）用途 盆栽观叶；花坛；花境。

32. 花菱草（金英花）***Eschscholtzia californica***

科属：罂粟科花菱草属

（1）识别要点 多年生草本，常作一、二年生栽培，全株光滑无毛，被白粉，高30～60cm。叶互生，多回3出羽状细裂，小裂片线形。花单生于茎或分枝顶端，杯状，花大，橘黄色，花瓣4（通常昼开夜闭）。花期5～8月。

（2）习性 喜光；喜冷凉干燥，较耐寒，忌高温高湿；夏季处于半休眠状态，常枯死，秋后再萌发；宜深厚、疏松、排水良好的土壤。

（3）用途 花姿飘逸，花色艳丽，是庭园中良好的观花植物，可用作花坛、花境的观花主景材料。

模块2 宿根花卉识别与应用

教学目标

知识目标：

◆ 能熟练掌握宿根花卉的概念及特点。了解常见宿根花卉在园林景观设计中的作用。

◆ 熟练掌握宿根花卉的生态习性、观赏特性、园林应用。了解常见宿根花卉的主要习性，掌握宿根花卉的观赏特性及园林应用。

◆ 了解宿根花卉的繁殖栽培管理技术。掌握宿根花卉选择要求。

能力目标：

◆ 能识别15种常见的宿根花卉。

◆ 能熟练应用宿根花卉。

素质目标：

◆ 学生通过收集、整理、总结和应用相关信息资料，培养自主学习的能力。

◆ 通过对形态相似或相近的宿根花卉进行比较、鉴定和总结，培养学生独立思考问题和认真分析、解决实际问题的能力。

◆ 通过对宿根花卉不断深入地学习和认识，提高学生的园林观赏水平。

能力训练

[活动一] 常见宿根花卉识别与应用

活动目的	能识别常见的宿根花卉，熟悉花卉的应用形式
活动要求	正确识别花卉种类
活动地点	街头绿地
活动时间	五一节前后或国庆节前后
活动程序	教师现场讲解、指导学生识别
	学生分组活动，观察花卉的形态，确定花卉名称，记录每种花卉的名称、科属、原产地、生态习性、观赏特性、园林应用
	拍摄照片
	画出花境配置平面图
	各组制作 PPT，并进行交流讨论
	考核评估：花卉识别现场考核（口试）

[活动二] 用盆花布置花坛

活动目的	能识别常见宿根花卉，熟练掌握花坛布置技能
活动要求	应用盆花布置花坛，体现出美观与实用
活动器材	多盆盆花、铅笔、笔记本、数码相机、卷尺
活动地点	校园
活动程序	老师布置花坛图案或学生自行设计花坛图案
	学生分组活动，以小组为单位在规定时间内用盆花布置花坛
	根据花坛布置的合理性、观赏性、色彩协调性给予评分

一、宿根花卉概述

1. 宿根花卉的含义

多年生花卉：指这种花卉的地下茎和根连年生长，地上部分多次开花、结实，即其个体寿命超过两年。

宿根花卉：地下部分的形态正常，不发生变态现象；地上部分表现出一年生或多年生性状，如菊花、蓍草属、紫菀属、金鸡菊、宿根天人菊、金光菊、紫松果菊、一枝黄花、蛇鞭菊、芍药、乌头、耧斗菜、铁线莲、荷苞牡丹、蜀葵、福禄考、剪秋罗、随意草、桔梗、沙参、费菜、鸢尾属、射干、火炬花、萱草、玉簪、万年青、吉祥草、麦冬、沿阶草等。

2. 花境的含义

花境是一种带状自然式的花卉布置，以树丛、林带、绿篱或建筑物作背景，常由几种花卉自然块状混合配置而成，表现花卉自然散布生长的景观。花境的边缘常依环境的变化而变化，可以是自然曲线，也可以是直线。

适宜布置花境的植物材料即花卉的种类较花坛广泛，几乎所有的露地花卉均可选用，其中尤以宿根花卉、球根花卉最为适宜，最能发挥花境的特色。这类花卉栽植后能够多年生长，无需年年更换。

花境中各种花卉的配置必须从色彩、姿态、株形、数量以及生长势、繁衍能力等多方面搭配得当，形成高低错落、疏密有致、前后穿插，花朵此开彼谢的景观，一年内富有季相变化，四季有花观赏。

二、常用宿根花卉

1. 菊花 *Dendranthema morifolium* Tzvel.（图4-24）

科属：菊科菊属

(1) 识别要点　多年生草本，茎基部半木质化，高可达60～150cm。茎直立多分枝，小枝绿色或带灰褐色，全株被灰色柔毛。单叶互生，叶片卵形至广披针形；羽状浅裂至深裂，边缘粗锯齿；形状变化较大为品种性状之一。头状花序顶生或腋生，持有香气；舌状花数轮，单性，形、色、大小多变；筒状花密集成盘状，黄色或黄绿色，两性，结实。花色除蓝色少见外，有黄、白、红、橙、紫等色，浓淡皆备。花期10～12月。种子（实为瘦果）褐色、细小，成熟期12月下旬至翌年2月。

图4-24　菊花

(2) 习性　原产于中国，现南北各地普遍栽培。喜阳光充足，但夏季应遮除烈日照射。耐寒，喜凉爽的气候，宿根能耐－30℃的低温，但地上部分在－1℃时即受冻害；要求疏松、肥沃、排水良好的沙质土壤，忌连作，忌涝。菊花为短日照花卉，生长发育适温18～22℃，气温下降到15℃左右利于花芽分化。虽为宿根花卉，但因一个生长期后长势和开花较差，故需每年重新繁殖新株为宜。

(3) 用途　菊花是我国十大名花之一，品种繁多，花形丰富、色彩娇艳，是布置秋季花坛、花境、花台及岩石园的重要材料；也常盆（缸）栽制作成多种艺菊，用来举办大型的菊花展览。菊花也是世界四大切花之一，可以制作瓶花、花束、花篮、花环等。

2. 芍药 *Paeonia lactiflora*（图4-25）

科属：芍药科芍药属

(1) 识别要点　多年生草本。株高50～110cm。地下具肉质粗根。茎由根部簇生，圆柱形。叶2回3出羽状复叶，裂片广披针形至长椭圆形，边缘具骨质的白色小齿。花顶生或上部腋生，具长梗，单生，具叶状苞片，萼片4枚，宿存；原种花瓣椭圆形，白色，5枚，雄蕊多数，花药呈黄色，心皮5个；花期春季。

园艺品种繁多，花形多变，有单瓣、半重瓣和重瓣以及两三朵花重叠一起形成的台阁形花。重瓣花的花瓣多由雄蕊瓣分化而来，也有花瓣自然增生和雌蕊瓣分化而成的。花色极为丰富，有白、微红、淡红、紫红、大红、黄等色。

图4-25　芍药

(2) 习性　原产于中国及亚洲北部。喜阳光充足，极耐寒，忌夏季湿热；宜湿润及排水良好的壤土或沙质土壤，忌盐碱地和低洼地。以分株繁殖为主，也可播种繁殖。

（3）用途　花坛；花境；专类园；庭院中丛植或孤植；春季切花。

3. 鸢尾（蓝蝴蝶）***Iris tectorum***（图4-26）

科属：鸢尾科鸢尾属

（1）识别要点　多年生草本，地下根茎短粗、多节并分支。株高30～40cm。叶片剑形，直立，嵌叠状排成2列，基部互相抱合。花茎自叶丛中抽出，单一或2分枝，稍高于叶丛，顶端着花1～2朵。花被片6枚，蓝紫色；外轮3枚大，称为垂瓣，倒卵形，正面基部中央有鸡冠状突起；内轮3枚小，称为旗瓣，呈拱形直立；雄蕊3；雌蕊的花柱3裂呈花瓣状，与花被片同色并反折覆盖着雄蕊。花期4～5月。蒴果长椭圆形，果熟期5～6月。

图4-26　鸢尾

变种有白花鸢尾（var. *alba*）：花朵纯白色，花期5～6月。原产于我国中部。

（2）习性　原产于中国中部，缅甸、日本也有分布。喜光、耐寒、耐干燥，性强健；不择土壤，在湿润的弱碱性壤土中生长良好。

（3）用途　植株低矮、叶形秀丽，花姿别致、色彩淡雅。宜布置春季花坛、花境；或作地被、路边、石旁、水边的栽植材料，也可布置鸢尾专类园及供切花用。

4. 耧斗菜 ***Aquilegia vulgaris***（图4-27）

科属：毛茛科耧斗菜属

（1）识别要点　多年生草本。株高40～80cm。茎具细柔毛，多分枝。基生叶和茎生叶均为2回3出复叶，具长柄。数朵花生于茎端，花下垂；花萼花瓣状，先端急尖，常与花瓣同色；花瓣基部呈漏斗状，自萼片向后伸出呈距，与花瓣等长；花紫、蓝或白色；花期5～7月。有许多变种和品种，如大花、红花、斑叶、重瓣等。

图4-27　耧斗菜

（2）习性　原产于中欧、西伯利亚及北美洲。极耐寒，忌热。宜富含腐殖质、湿润及排水良好的沙质土壤。播种或分株繁殖。

（3）用途　花境；岩石园；丛植于林缘或疏林下。

5. 大花飞燕草（翠雀花）***Delphinium grandiflorum***

科属：毛茛科飞燕草属

（1）识别要点　多年生草本。株高60～90cm，全株被柔毛。茎直立，疏散而多分枝，叶掌状深裂，裂片线形。长总状花序，着花3～15朵，花大，径2.5～4cm；萼片淡蓝色或蓝色、莲青色等，距直伸或弯曲；花瓣4枚，两侧瓣蓝紫色，有距，两后瓣白色，无距，多数有眼斑；花期6～9月。

（2）习性　原产于中国及西伯利亚。喜冷凉、阳光充足，较耐寒，耐半荫；喜高燥，忌积涝；喜肥沃、富含有机质的沙质土壤；要求通风良好。播种繁殖。

（3）用途　花境；丛植于庭园角隅处或山石旁；切花。

6. 落新妇 *Astilbe chinensis*（图4-28）

科属：虎耳草科落新妇属

（1）识别要点　多年生草本。株高40～80cm。具块状根茎。茎直立，密被褐色长毛。基生叶2～3回3出复叶，小叶卵状椭圆形，先端渐尖，基部宽楔形，具不整齐重锯齿；茎生叶稀少而小。圆锥花序与茎生叶对生，花序轴长而被褐色弯曲长柔毛，小花密集，红紫色，花期6～7月。

（2）习性　原产于中国，原苏联、朝鲜也有。性强健，喜温暖、湿润及半荫，耐寒；喜富含腐殖质、肥沃而湿润的土壤。

（3）用途　花境，或疏林下丛植。

图4-28　落新妇

7. 多叶羽扇豆 *Lupinus ployphyllus*

科属：豆科羽扇豆属

（1）识别要点　多年生草本。株高90～150cm。茎粗壮直立，光滑或疏生毛。叶基生，掌状复叶，小叶9～16枚披针形；具长总柄，上部叶柄较短，小叶背具粗毛，托叶尖且1/3～1/2与叶柄相连。总状花序顶生，长达60cm，着花密，蓝紫色，花期5～6月。栽培变种较多，有白色、黄色、蓝色和红色花等品种，也有旗瓣与龙骨瓣异色及矮生品种。

（2）习性　原产于北美洲。喜凉爽，忌炎热；喜阳光充足，耐半荫；宜土层深厚及排水良好的中性与酸性土壤，不宜太肥。

（3）用途　花境；花坛；林缘丛植；切花。

8. 蜀葵 *Althaea rosea*（图4-29）

科属：锦葵科蜀葵属

（1）识别要点　多年生草本，株高可达2～3m，全株被柔毛。茎无分枝或少分枝，叶互生，具长柄，近圆心形，5～7掌状浅裂或波状角裂，具齿，叶面粗糙多皱。花大，腋生，聚成顶生总状花序；副萼合生，具8裂；花色丰富，有白、粉、桃红、大红、深红、雪青、深紫、墨红、淡黄、橘红等色；花期7～9月。栽培类型有重瓣、矮生及丛生型。

（2）习性　喜凉爽、向阳环境，耐寒，也耐半荫；宜肥沃、排水好的土壤。春、秋季播种繁殖。可自播繁殖；也可扦插繁殖，此法最适合重瓣品种；还可以分株繁殖。

（3）用途　园林背景材料；花境；墙边栽植。

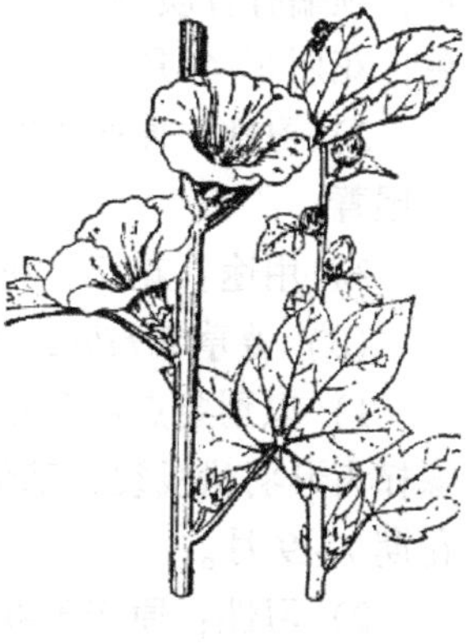

图4-29　蜀葵

9. 随意草（芝麻花、假龙头花）***Physostogia virginiana***

科属：唇形科随意草属

（1）识别要点　多年生草本。株高60～120cm。具根茎，地上部分茎丛生少分枝，稍具4枝。叶椭圆形至披针形，先端锐尖，具锯齿。顶生穗状花序，单一或分枝，每轮着花2朵，花冠筒长，唇瓣短，花紫红、红至粉色，花期7～9月。有白花、大花变种以及厚型和斑叶品种。

(2) 习性　原产于北美洲。耐寒力强；喜阳光充足、湿润、通风良好；宜排水良好的土壤。适应性强。分株或播种繁殖。

(3) 用途　花坛，花境，切花。

10. 费菜 *Sedum kamtschaticum*

科属：景天科景天属

(1) 识别要点　多年生草本。株高 15~40cm。根状茎粗而木质化，茎直立，稍有棱。叶互生，间或对生，倒披针形至狭匙形，先端钝，基部渐狭，近上部边缘具钝锯齿，叶无柄，聚伞花序顶生，花橙黄色，花期6月。

(2) 习性　原产于亚洲东北部。耐寒力较强，喜阳光充足，稍耐荫；对土壤要求不严，但宜排水良好，耐干旱。分株、扦插繁殖为主，也可播种繁殖。

(3) 用途　花坛，花境及岩石园。

11. 蓍草类

(1) 凤尾蓍 *Achillea filipendulina*

1) 识别要点：多年生草本。株高约100cm。茎具纵沟及腺点，有香气。羽状复叶，椭圆状披针形，小叶羽状细裂。叶轴不延；茎生叶鞘小，上部叶线形刺毛状。头状花序伞房状着生，鲜黄色；花期6~9月。

2) 习性：原产于高加索。耐寒，宜温暖、湿润；喜光，耐半荫；对土壤要求不严，宜疏松、肥沃、排水良好的土壤。播种、扦插或分株繁殖。

3) 用途：花坛，花境，切花。

(2) 千叶蓍（西洋蓍草）*Achillea millefolium*

1) 识别要点：多年生草本。株高 60~100cm。具匍匐的根状茎。茎直立，稍具棱，上部有分枝，密生长白色柔毛。叶矩圆状披针形，2~3 回羽状深裂至全裂，裂片披针形或条形，顶端有骨质小尖，被疏长柔毛或近无毛，有蜂窝状小点。头状花序伞房状着生，花白色，花期6~7月。

2) 习性：原产于欧洲、亚洲及美洲，中国西北、东北等地有野生。习性及繁殖栽培同凤尾蓍。

3) 用途：花坛，花境，切花。

(3) 蓍草 *Achillea sibirica*

1) 识别要点：多年生草本。株高 80cm。茎直立，密生柔毛，上部分枝。叶披针形，边缘栉齿形羽状浅裂，基部裂片抱茎。头状花序伞房状着生，总苞钟形，舌状花单轮，白色，花期7~9月。

2) 习性：原产于欧洲。习性及繁殖栽培同凤尾蓍。

3) 用途：花坛，花境，林下地被。

12. 紫松果菊 *Echinacea purpurea*

科属：菊科紫锥花属

(1) 识别要点　多年生草本。株高 80~120cm，全株具糙毛。茎直立，少分枝或上部分枝。叶卵形至卵状披针形，具疏浅锯齿，基生叶基部下延与叶柄相连，茎生叶基部略抱茎。头状花序单生枝顶；总苞5层，苞片披针形，革质，端尖刺状；舌状花单轮，淡粉、洋红至紫红色，瓣端2～3裂，稍下垂；中心筒状花紫褐色或橙黄色，具光泽，先端刺状，筒状花突起似松果；花期6～7月。

（2）习性　原产于北美洲。耐寒，喜阳光充足、温暖，稍耐荫；宜深厚肥沃、富含腐殖质的土壤。

（3）用途　花境，花坛，丛植，切花水养持久。

13. 萱草（忘忧草、忘郁）***Hemerocallis fulva***（图4-30）

科属：百合科萱草属

（1）识别要点　多年生草本。块根白，肉质肥大，根茎短。叶基生，排成两列状，长带形，稍内折。花葶自叶丛中抽出，粗壮，高于叶面，可达100cm。圆锥花序顶生，着花8～12朵；小花冠漏斗形，橘红色，花瓣中部有褐红色“∧”形斑纹；花期6～7月，早上开放，晚上凋谢，味芳香，有许多变种。

图4-30　萱草

主要变种如下：

1）大花萱草（var. *flore-pleno*）：花大。

2）重瓣萱草（var. *kwans*）：又名干叶萱草，花橘红色，半重瓣。花葶着花6～14朵，无香气。此外，还有长筒萱草、斑花萱草等。

（2）习性　原产于中国南部。性强健，耐寒，耐干旱，不择土壤，喜光，耐半荫。在深厚、肥沃、湿润且排水好的沙质土壤上生长良好。适应性强，管理简便。

（3）用途　可用于花境、丛植，也可作疏林下地被。

14. 玉簪 ***Hosta plantaginea***（图4-31）

科属：百合科玉簪属

（1）识别要点　多年生草本。株高40cm。叶基生成丛，具长柄，叶柄有沟槽；叶片卵形至心脏形，基部心形，弧形脉。顶生总状花序，高出叶丛，花被筒长，下部细小，形似簪；小花漏斗形，白色，具浓香；花期6～7月，傍晚开放，次日晚凋谢。

图4-31　玉簪

常见栽培变种如下：

重瓣玉簪（var. *pleno*）：叶较玉簪肥厚。花重瓣，香气淡。

（2）习性　原产于中国。性强健，耐寒，喜阴湿，忌强光直射。对土壤要求不严。喜疏松、肥沃、排水好的沙质土壤。

（3）用途　可作林下地被及阴处的基础种植，也可盆栽观赏，切叶用。

15. 火炬花 ***Kniphofia uvaria***

科属：百合科火把莲属

（1）识别要点　多年生草本。地下部分具粗壮直立的短根茎；地上部茎极短。叶基生，广线形边缘内折成三棱状，叶背有脊，叶缘有细锯齿；黄绿色，被白粉。花葶120cm，高于叶丛；钝圆锥状总状花序，密生小花，基部先开放，状圆筒形，稍下垂，呈蕾状，红至深红色，开放后变黄红色；花期夏季。栽培品种及变种较多。

（2）习性　原产于南非。喜温暖，稍耐寒，喜光；喜肥沃、排水好的轻黏质土壤。春或秋季分株繁殖，也可播种繁殖。我国华北地区种植在避风向阳处，覆盖即可过冬。性强健，管理较为简便。

（3）用途　优良的花境材料，也可切花用。

16. 毛地黄（自由钟、洋地黄）***Digitalis purpurea***（图4-32）

科属：玄参科毛地黄属

（1）识别要点　多年生草本，常作二年生栽培。株高90～120cm。茎直立，少分枝，全株密生短柔毛和腺毛。叶粗糙，皱缩；基生叶，互生，具长柄，卵形至卵状披针形；茎生叶叶柄短或无，长卵形。总状花序顶生，长50～80cm；花冠钟状而稍偏，着生于花序一侧，下垂；花紫色，筒部内侧浅白，并有暗紫色细斑点及长毛；花期6～8月。

（2）习性　原产于欧洲西部。较耐寒，喜凉爽，忌炎热；喜光，耐半荫；喜湿润、通风良好，耐旱；喜排水良好的土壤。播种或分株繁殖。

（3）用途　花境；大型花坛中心材料；丛植于庭院绿地；切花。

图4-32　毛地黄

17. 丛生福禄考 *Phlox subulata*

科属：花荵科天蓝绣球属

（1）识别要点　多年生常绿草本。株高10～15cm。茎匍匐，丛生密集成毯状，基部稍木质化。叶多而密集，质硬，钻形。花少，成聚伞花序，花冠裂片倒心形，有深缺刻，花有粉红、雪青、白色或具条纹等多数变种与品种，花期3～4月。

（2）习性　原产于北美洲。性强健，抗热，也极耐寒，抗干旱。可自播繁衍，繁殖力强。

（3）用途　花坛；岩石园材料；护坡地被。

18. 桔梗 *Platycodon grandiflorus*

科属：桔梗科桔梗属

（1）识别要点　多年生草本。株高30～100cm，上部有分枝。叶互生，或对生，或3叶轮生，近无柄，卵形至披针形，具锯齿，叶背具白粉。花单生，或数朵聚合呈总状花序；花冠钟形，蓝紫色，萼钟状，宿存；花期6～9月。

（2）习性　原产于中国、朝鲜和日本。耐寒性强，喜凉爽、湿润、疏阴；宜排水良好、富含腐殖质的沙质土壤。

（3）用途　花境，岩石园，或作切花。

19. 大花金鸡菊 *Coreopsis grandiflora*

科属：菊科金鸡菊属

（1）识别要点　多年生草本。株高30～60cm，稍被毛。茎分枝。叶对生，基部叶全缘，披针形，上部叶3～5裂，裂片披针形至线形，顶裂片尤长。头状花序大，具长总梗，内外列总苞近等长，舌状花与筒状花均黄色，花期6～9月。

（2）习性　原产于北美洲。性强健，耐寒，喜温暖、阳光充足；稍耐荫；对土壤要求不严。

(3) 用途　花境，花坛，花丛，花群，地被植物，切花。

20. 蒲苇 *Cortaderia selloana*

科属：禾本科蒲苇属

(1) 识别要点　多年生丛生草本。植株高大。叶聚生于基部，长而狭，具细齿，被短毛。雌雄异株，圆锥花序大，呈羽毛状，银白色，花期秋季。

(2) 习性　原产于巴西南部及阿根廷。性强健，耐寒，喜温暖、阳光充足及湿润，对土壤要求不严。

(3) 用途　庭园栽培，或植于岸边，也可做干花。

模块3　球根花卉识别与应用

教学目标

知识目标：

◆ 熟练掌握球根花卉的概念及特点。

◆ 熟练掌握球根花卉的生态习性、观赏特性、园林应用。

◆ 了解球根花卉的繁殖栽培管理技术。

能力目标：

◆ 能识别10种常见的球根花卉。

◆ 能熟练应用球根花卉。

素质目标：

◆ 学生通过收集、整理、总结和应用相关信息资料，培养自主学习的能力。

◆ 通过对形态相似或相近的球根花卉进行比较、鉴定和总结，培养学生独立思考问题和认真分析、解决实际问题的能力。

◆ 通过对球根花卉不断深入地学习和认识，提高学生的园林观赏水平。

能力训练

[活动] 常见球根花卉识别与应用

活动目的	能识别常见的球根花卉，熟悉花卉的应用形式
活动要求	正确识别花卉种类
活动地点	校园或广场
活动时间	五一节前后或国庆节前后

（续）

活动程序	教师现场讲解、指导学生识别
	学生分组活动，观察花卉的形态，确定花卉名称，记录每种花卉的名称、科属、原产地、生态习性、观赏特性、园林应用 拍摄照片
	画出花境配置平面图
	各组制作 PPT，并进行交流讨论
	考核评估：花卉识别现场考核（口试）

一、球根花卉的含义

球根花卉：地下部分的根或茎发生变态，肥大呈球状或块状等，可分为：鳞茎类、球茎类、块茎类、根茎类、块根类，如郁金香、风信子、葡萄风信子、贝母、百合、绵枣儿、大花葱、铃兰、秋水仙、白芨、水仙、石蒜、葱兰、韭兰、晚香玉、唐菖蒲、球根鸢尾、火星花、番红花、美人蕉、大丽花、花毛茛、红花酢浆草。

二、常用球根花卉

1. 大丽花（大理花）***Dahlia pinnata***（图 4-33）

科属：菊科大丽花属

（1）识别要点　多年生球根花卉。具粗大纺锤状肉质块根。茎光滑粗壮，直立而多分枝。叶对生，大型，1～2 回羽状裂，裂片卵形，具粗钝锯齿，总柄微带翅状。头状花序顶生，其大小、色彩及形状因品种不同而异，花期 6～10 月。园艺品种繁多，花有白、黄、橙、红、粉红、紫等色，并有复色品种及矮生品种。

（2）习性　原产于墨西哥。不耐寒，忌暑热，喜高燥、凉爽；要求阳光充足、通风良好；宜富含腐殖质、排水良好的沙质土壤；忌积水。短日照下开花。

（3）用途　花坛，花境，庭院丛植，盆栽，切花。

2. 唐菖蒲（剑兰、菖兰、什锦兰）***Gladiolus hybrids***（图 4-34）

科属：鸢尾科唐菖蒲属

图 4-33　大丽花

图 4-34　唐菖蒲

(1) 识别要点　多年生球根花卉。球茎扁球形，外被膜质鳞片，叶剑形，7～8枚呈2列嵌叠状着生，灰绿色。花葶直立，高90～150cm；蝎尾状聚伞花序，花穗可达70cm；着花12～24朵，排成2列，侧向一边，每朵花生于革质佛焰苞内；花冠漏斗状。花期6～10月。有红、黄、白、粉、紫、蓝、复色、斑纹等品种。花被片也有平瓣、波瓣、皱瓣等变化。

(2) 习性　原产于南非及非洲热带，以及地中海地区。喜温暖，较耐寒，忌炎热；喜阳光充足；要求肥沃、排水良好的沙质土壤；不耐涝。

(3) 用途　重要的切花，在花序基部1～2朵小花初开时；剪取切花用，也可用于花坛、花境。

3. 大花美人蕉（红艳蕉）***Canna generalis***

科属：美人蕉科美人蕉属

(1) 识别要点　多年生草本。株高1.5m。地下根茎粗壮、肥大而横卧，茎叶均具白粉。叶片大，阔椭圆形。总状花序顶生，花大，萼片绿色呈苞片状；花瓣3枚，稍带绿色，似萼状；瓣化雄蕊5枚，花瓣状，色彩艳丽，有深红、橙红、黄、粉、乳白等色；花期7～10月。我国华南地区四季开花。还有矮生及褐紫叶色等品种。

(2) 习性　原产于美洲热带和亚热带。由美人蕉（*C. india*）杂交改良而成。喜高温炎热，不耐寒，遇霜即枯萎；喜阳光充足；喜肥沃、湿润的深厚土壤。一般土壤上也能生长。在原产地无休眠性。

(3) 用途　花坛中心、庭院种植，花境，盆栽。

4. 姜花 ***Hedychium coronarium***

科属：姜科姜属

(1) 识别要点　多年生草本。株高1～2m，叶互生，无柄，具叶舌，矩圆状披针形，叶背疏具短柔毛。穗状花序顶生；苞片覆瓦状排列，卵圆形，每片内有花2～3朵；花冠筒细长，裂片披针形，后方1枚兜状；小花白色，侧生并退化为花瓣状，雄蕊白色；极芳香；花期秋季。

(2) 习性　原产于中国南部、西南部，印度、越南也有。喜温暖湿润，不耐寒；喜半荫及肥沃、湿润的微酸性壤土。

(3) 用途　花境，丛植，盆栽，或作切叶。

5. 晚香玉（夜来香）***Polianthes tuberosa***（图4-35）

科属：石蒜科晚香玉属

(1) 识别要点　多年生球根花卉。具鳞块茎，上部分为鳞茎，下部分为块茎。基生叶为细长带状。全缘，呈拱形开展；茎生叶互生，越向上越小，近花序处呈苞片状。顶生总状花序，小花成对着生于花序轴上，共20多朵；漏斗状，花被筒细长稍弯曲；白色，浓香，日落后香味更浓；花期7～10月。有重瓣及叶面具斑纹的变种。

(2) 习性　原产于墨西哥。喜温暖湿润，稍耐寒；喜阳光充足，要求肥沃、排水好的黏质壤土，忌积水；对土壤要求不甚严，耐盐碱。

(3) 用途　花境，岩石园，夜花园，丛植，盆栽，或作切花。

图4-35　晚香玉

6. 葱兰（白玉帘、葱莲）***Zephyranthes candida***

科属：石蒜科葱莲属

（1）识别要点　多年生常绿球根花卉。株高10～20cm。小鳞茎狭卵形，颈部细长。叶基生，线形，宽3～4mm，具纵沟，稍肉质，暗绿色。花葶自叶丛一侧抽出，顶生一花，苞片白色膜质；或漏斗状，无筒部，白色或外侧略带紫红晕；花期7～10月。

（2）习性　喜温暖、湿润，稍耐寒；喜阳光充足，耐半荫；要求排水好、肥沃的黏质土壤。

（3）用途　花坛，花境，丛植草坪上，或作地被，盆栽。

7. 水仙（中国水仙、凌波仙子、金盏银台、天葱、雅蒜）***Narcissus tazetta* var. *chinensis***（图4-36）

科属：石蒜科水仙属

（1）识别要点　多年生草本，地下鳞茎肥大成扁球形，横径6～8cm，皮膜褐色。株高约30cm。叶片2列，狭长带状，稍肉质，先端钝；自鳞茎顶端长出。花葶从叶丛中央抽出，中空，顶端着生伞形花序，有花6～12朵，芳香，总苞膜质。花被片6枚，高脚碟状，边缘6裂，白色；副冠浅杯状，鲜黄色；雄蕊6，子房下位。花期1～3月。蒴果。

图4-36　水仙

中国水仙是法国水仙的变种，有如下两个园艺品种：

1）金盏银台：花单瓣，白色，具浓香。

2）玉玲珑：花重瓣，花被裂片9枚以上，副冠瓣化，呈黄白相间色，花形大，香气淡。

（2）习性　分布在中国东南沿海地区，以福建漳州、上海崇明、浙江舟山栽培为多，尤以漳州产水仙最为驰名。喜温暖、空气湿润、阳光充足、冬无严寒、夏无酷暑的环境，略耐寒，耐半荫及耐肥，要求富含腐殖质、湿润且排水良好的沙质土壤，也能在浅水中生长。可用分球法繁殖水仙。将地下当年长出的鳞茎侧球（子球）掰下，继续培育两三年，长成大球，方能栽培开花。由于水仙是同源三倍体，不结实，不能采用种子育苗。还可用组织培养法繁育水仙。

（3）用途　水仙花凌波吐艳，花形奇特，芳香馥郁，是元旦、春节期间的重要观赏花卉，既适宜室内案头、几架、窗台点缀，又可布置花坛、花境或在草坪上成丛成片种植。由于水养方便，深受广大群众的喜爱，我国南北各地普遍水培，作冬春季的室内观赏花卉。

8. 百合 ***Lilium brownii* var. *viridulum***（图4-37）

科属：百合科百合属

（1）识别要点　多年生球根草本花卉，株高40～60cm。茎直立，不分枝，草绿色，茎干基部带红色或紫褐色斑点。地下具鳞茎，鳞茎有阔卵形或披针形，白色或淡黄色，直径由6～8cm的肉质鳞片抱合成球形，外有膜质层。多数须根生于球基部。单叶，互生，狭线形，无叶柄，直接包生于茎干上，叶脉平行。有的品种在叶腋间生出紫色或绿色颗粒状珠芽，其珠芽可繁殖成小植株。花着生于茎干顶端，呈总状花序，簇生或单生，花冠较大，花筒较长，呈漏斗形喇叭状，6裂，无萼片，因茎干纤细，花朵大，开放时常下垂或平伸；花色，因品种不同而色彩多样，多为黄色、白色、粉红色、橙红色，有的具紫色或黑色斑点，也有一朵花具多种颜色的，极美丽。花瓣有平展的，有向外翻卷的，故有“卷丹”美名。有的花味浓香，故有“麝香百合”之称。花落结长椭圆形蒴果。

图4-37　百合

百合的园艺品种很多，北美百合协会曾将百合园艺品种划分为10个种系，这种系统已在所有的百合展览中采用。目前，切花生产的观赏栽培品种主要是三个种系。亚洲百合杂种系，包括卷丹、川百合、山丹等；麝香百合杂种系，包括麝香百合与台湾百合衍生的杂种或杂交品种；东方百合杂种系，包括鹿子百合、天香百合、日本百合、红花百合及其与湖北百合的杂种。

（2）习性　百合主要分布于中国、日本、北美和欧洲等温带地区。性喜湿润、光照，要求肥沃、富含腐殖质、土层深厚、排水性极为良好的沙质土壤，多数品种宜在微酸性至中性土壤中生长。百合喜凉爽潮湿环境，日光充足的地方、略荫蔽的环境对百合更为适合。忌干旱、忌酷暑，它的耐寒性稍差些。百合生长、开花的温度为16～24℃，低于5℃或高于30℃生长几乎停止，10℃以上植株才正常生长，超过25℃时生长又停滞，如果冬季夜间温度低于5℃持续5～7天，花芽分化、花蕾发育会受到严重影响，推迟开花甚至盲花、花裂。百合喜肥沃、腐殖质多、深厚的土壤，最忌硬黏土；排水良好的微酸性土壤为好，土壤pH为5.5～6.5。

（3）用途　百合是重要的鲜切花之一。

9. 郁金香 *Tulipa gesneriana*（图4-38）

科属：百合科郁金香属

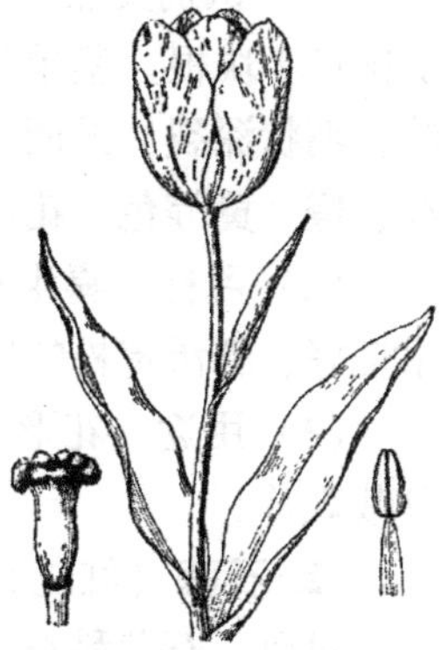

图4-38　郁金香

（1）识别要点　郁金香为多年生草本植物，鳞茎扁圆锥形或扁卵圆形，长约2cm，具棕褐色皮，外被淡黄色纤维状皮膜。茎叶光滑具白粉。叶出，3～5片，长椭圆状披针形或卵状披针形，长10～21cm，宽1～6.5cm；基生者2～3枚，较宽大，茎生者1～2枚。花茎高6～10cm，花单生茎顶，大形直立，杯状，基部常黑紫色。花葶长35～55cm；花单生，直立，长5～7.5cm；花瓣6片，倒卵形，鲜黄色或紫红色，具黄色条纹和斑点：雄蕊6，离生，花药长0.7～1.3cm，基部着生，花丝基部宽阔；雌蕊长1.7～2.5cm，花柱3裂至基部，反卷。花形有杯形、碗形、卵形、球形、钟形、漏斗形、百合花形等，有单瓣也有重瓣。花色有白、粉红、洋红、紫、褐、黄、橙等色，深浅不一，单色或复色。花期一般为3～5月，有早、中、晚之别。蒴果3室，室背开裂，种子多数，扁平。

经过园艺家长期的杂交栽培，目前全世界已拥有8000多个品种，被大量生产的约150种。

（2）习性　郁金香原产于伊朗和土耳其高山地带，由于地中海的气候，形成郁金香适应冬季湿冷和夏季干热的特点，其特性为夏季休眠、秋冬生根并萌发新芽但不出土，需经冬季低温后第二年2月上旬左右（温度在5℃以上）开始伸展生长形成茎叶，3～4月开花。生长开花适温为15～20℃。花芽分化是在茎叶变黄时，将鳞茎从盆内掘起放阴冷的室内贮藏期间进行的。分化适温为20～25℃，最高不得超过28℃。郁金香属于长日照花卉，性喜向阳、避风，适宜冬季温暖湿润、夏季凉爽干燥的气候。8℃以上即可正常生长，一般可耐-14℃低温。耐寒性很强，在严寒地区如有厚雪覆盖，鳞茎就可在露地越冬，但怕酷暑。要求腐殖质丰富、疏松肥沃、排水良好的微酸性沙质土壤。

(3) 用途　花形高贵、典雅，花色繁多、艳丽，可植于花坛、花境，也可丛植或片植于草坪上、疏林下等，也可点缀庭院或成片图案栽植。世界上许多著名的公园和游览圣地都少不了它。不但如此，在艺术插花方面，它又是最难能可贵的花材。它的花柄可长达四五十厘米，不论高瓶、浅盆、圆缸，插起来都格外高雅脱俗，清新隽永，令人百看而不厌。

10. 风信子（洋水仙、五色水仙）***Hyacinthus orientalis***（图4-39）

科属：百合科风信子属

(1) 识别要点　多年生球根草本。鳞茎近球形。基生叶厚，光泽，披针形，上有凹槽。花葶肉质，略高于叶，中空。总状花序顶生，花小，基部筒状，上部4裂，反卷，花有紫、白、红、蓝等色，栽培品种丰富。花期3~4月。

图4-39　风信子

(2) 习性　喜光；喜凉爽、湿润环境，较耐寒；喜肥，宜肥沃、排水良好的沙质土壤中生长，忌低湿黏重的土壤。

(3) 用途　植株低矮整齐，花色艳丽，花期早，适于布置花坛、花境和花槽，也可片植作地被，或切花、盆栽、水养观赏。

11. 花毛茛（芹菜花、波斯毛茛）***Ranunculus asiaticus***

科属：毛茛科毛茛属

(1) 识别要点　多年生球根花卉，株高20~40cm。根颈部聚生纺锤形小块根。茎单生或少数分枝，中空有毛。基生叶阔卵形，2回3出羽状复叶；茎生叶，羽状深裂，无柄。花单生或数朵顶生，花径4~9cm，花冠圆形，多为重瓣，花色有白、红、橙、黄等色。花期4~5月。

(2) 习性　喜半荫，夏季忌酷热及阳光直射；喜凉爽；怕干燥、忌水涝；宜种植于排水良好、肥沃疏松的中性或偏碱性土壤。

(3) 用途　花形秀丽，花色多，可布置花坛、花境、林缘草地等处，也适宜作切花或盆栽观赏。

12. 石蒜（红花石蒜、老鸦蒜、蟑螂花）***Lycoris radiata***（图4-40）

科属：石蒜科石蒜属

(1) 识别要点　多年生球根花卉。鳞茎广椭圆形。叶丛生，线形，深绿色，叶两面中央色浅，于秋季花后抽出。花葶高30~60cm，顶生伞形花序，着花5~12朵；花被片狭长倒披针形，边缘皱缩呈波状，显著反卷；雄蕊及花柱伸出花冠外，与花冠同为红色；花期7~9月。有白花品种。

(2) 习性　原产于中国长江流域及西南地区。性强健，适应性广。喜温暖，耐寒力强；喜湿润和半荫环境；耐日晒及干旱；不择土壤。

(3) 用途　林下地被，溪间石旁自然栽植或用于花境、岩石园，盆栽，水培，作切花。

图4-40　石蒜

模块4　水生花卉识别与应用

教学目标

知识目标：

◆ 能熟练掌握水生花卉的概念及其范畴。

◆ 理解水生花卉的特点。

◆ 熟练掌握水生花卉的生态习性、观赏特性、园林应用。

能力目标：

◆ 能识别15种常见的水生花卉。

◆ 能熟练应用水生花卉。

素质目标：

◆ 学生通过收集、整理、总结和应用相关信息资料，培养自主学习的能力。

◆ 通过对形态相似或相近的水生花卉进行比较、鉴定和总结，培养学生独立思考问题和认真分析、解决实际问题的能力。

◆ 通过对水生花卉不断深入地学习和认识，提高学生的园林观赏水平。

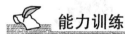

能力训练

［活动一］常见水生花卉识别

活动目的	能识别常见的水生花卉
活动要求	正确识别水生花卉的类型以及15种常见水生花卉的名称、形态特征、科属、生态习性、观赏特性
活动地点	校园
活动程序	教师现场讲解、指导学生识别
	学生分组活动，观察花卉的形态、确定花卉名称，记录每种花卉的名称、科属、原产地、生态习性、观赏特性、园林应用 拍摄照片
	考核评估：花卉识别现场考核（口试）

［活动二］常见水生花卉应用

活动目的	在正确识别常见的水生花卉的基础上，熟悉水生花卉在水体景观绿化种植设计中的应用
活动要求	利用常见的水生花卉，画出水体景观绿化种植设计平面图
活动器材	绘图工具、图纸
活动地点	校园
活动程序	学生观察花卉的形态、确定花卉名称，记录每种花卉的名称、科属、原产地、生态习性、观赏特性
	画出水体景观绿化种植设计平面图
	考核评估：水体景观绿化种植设计平面图作业

一、水生花卉的含义及类型

1. 含义

园林水生花卉指生长于水体中、沼泽地上、湿地上，观赏价值较高的花卉，包括一年生花卉、宿根花卉、球根花卉。

2. 类型

园林水体中的花卉主要分为以下几种：

（1）挺水类　根生长于水下泥土中，茎叶挺出水面之上，包括沼生到1.5m水深的植物。栽培中一般是80cm水深以下。如荷花、千屈菜、水生鸢尾、香蒲、菖蒲、旱伞草等。

（2）浮水类　根生长于水下泥土中，叶片漂浮于水面上，包括水深1.5～3m的植物。栽培中一般是80cm水深以下。如睡莲类、萍蓬草、王莲、芡实等。

（3）漂浮类　根生长于水中，植株漂浮于水面之上，随水流、风浪四处漂泊。如凤眼莲、槐叶萍、水鳖、水罂粟等。园林中作为景观的水生花卉主要是挺水和浮水花卉，也使用少量漂浮花卉。

（4）沉水类　根生于泥中，整个植株沉入水体之中，通气组织发达。如黑藻、金鱼藻、狐尾藻、苦草、菹草之类。在园林大水体中自然生长，可以起到净化水体的作用，没有特殊要求一般不专门栽植这类植物。

二、常见水生花卉

1. 荷花（莲、芙蓉、芙蕖、菡萏）*Nelumbo nucifera*（图4-41）

科属：睡莲科莲属

（1）识别要点　多年生挺水植物。叶基生，具长柄，有刺，挺出水面；叶盾形，全缘或稍呈波状，表面蓝绿色，被蜡质白粉，背面淡绿色；叶脉明显隆起；幼叶常自两侧向内卷。地下根茎有节，其上生根，称为藕；在节内有多数通气的孔眼。花单生于花梗顶端，具清香；花色有红、粉红、白、乳白、黄色，群体花期在6～9月；雌蕊多数，埋藏于倒圆锥形、海绵质的花托（莲蓬）内，以后形成坚果，称为莲子。

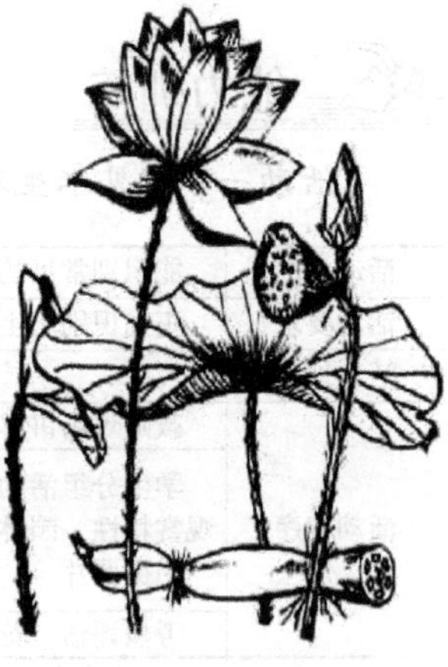

图4-41　荷花

常见类型及品种如下：

荷花根据用途可分为藕莲、子莲和花莲3类。

1）藕莲：株高100cm，根茎粗壮，生长势强健，但不开花或开花少。

2）子莲：开花繁密，单瓣花，但根茎细。

3）花莲：根茎细而弱，生长势弱，但花的观赏价值高；开花多，群体花期长，花形、花色丰富。

荷花品种繁多，有300多种，花色丰富，分为大中花群、小花群（碗莲）两大类，大类下再分为单瓣和重瓣品种。其下分为红莲、白莲和粉莲等。

（2）习性　喜光和温暖，炎热的夏季是其生长最旺盛的时期。其耐寒性也很强，只要池底不冻，即可越冬。23～30℃为其生长发育的最适温度。对光照的要求也高，在强光下生长发育快，开花也早。喜湿怕干，缺水不能生存，但水过深淹没立叶，则生长不良，严重时可导致死亡。

（3）用途　荷花碧叶如盖，花朵娇美高洁，是园林水景中造景的主题材料。可以在大水面上片植，形成“接天莲叶无穷碧，映日荷花别样红”的壮丽景观。一般小水面可以丛植，也可以盆栽或缸栽布置庭院，还可以作荷花专类园。此外，有极小型的品种，可以种在碗中观赏，称为碗莲。

2. 睡莲 *Nymphaea*（图4-42）

科属：睡莲科睡莲属

（1）识别要点　地下根状茎平生或直生。叶基生，具细长叶柄，浮于水面；叶光滑近革质，圆形或卵状椭圆形，上面浓绿色，背面暗紫色。花单生于细长的花柄顶端，有的浮于水面，有的挺出水面；花色有深红、粉红、白、紫红、淡紫、蓝、黄、淡黄色等。

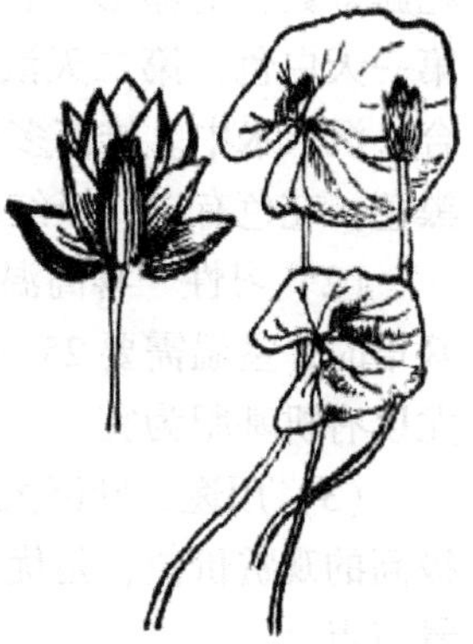
图4-42　睡莲

常见类型及品种如下：

1）不耐寒类：原产于热带，耐寒力差，需越冬保护。其中许多为夜间开花种类。热带睡莲属于此类。主要种类有以下几种：

① 蓝睡莲（*N. caerulea*）：叶全缘。花浅蓝色，花径7～15cm，白天开放。原产于非洲。

② 埃及白睡莲（*N. lotus*）：叶缘具尖齿。花白色，花径12～25cm，傍晚开放，午前闭合。原产于非洲。

③ 红花睡莲（*N. rubra*）：花深红色，花径15～25cm，夜间开放。原产于印度，有很多品种，白天开放。

④ 黄花睡莲（*N. mexicana*）：叶表面浓绿，具有褐色斑点，叶缘具浅锯齿。花浅黄色，稍挺出水面，花径10～15cm，中午开放。原产于墨西哥。

热带睡莲在叶基部与叶柄之间有时生小植株，称“胎生”。

2）耐寒类：原产于温带，白天开花。适宜浅水栽培。主要种类有以下几种：

① 子午莲（*N. tetragona*）：叶小而圆，表面绿色，背面暗红色。花白色，花径5～6cm，每天下午开放到傍晚；单花期3天，为园林中最常栽种的原种。

② 香睡莲（*N. odorata*）：叶革质全缘，叶背紫红色。花白色，花径8～13cm，具浓香，午前开放。原产于美国东部和南部。有很多杂种，是现代睡莲的重要亲本。

③ 白睡莲（*N. alba*）：叶圆，幼时红色。花白色，花径12～15cm。有许多园艺品种，是现代睡莲的重要亲本。

（2）习性　喜温暖、湿润、阳光充足、通风良好、水质清。要求肥沃的中性黏质土壤。适宜水位30～80cm，温度15～32℃，低于10℃时停止生长。

（3）用途　睡莲飘逸悠闲，花色丰富，花形小巧，体态可人，在现代园林水景中，是重要的浮水花卉，最适宜丛植，点缀水面，丰富水景，尤其适宜在庭院的水池中布置。睡莲作切花也很盛行，尤其是蓝睡莲。

3. 王莲（亚马逊王莲）***Victoria amazornica***（图4-43）

科属：睡莲科王莲属

(1) 识别要点　多年生宿根浮叶花卉，地下具短而直立的根状茎。叶有多种形态，从第 1 片叶到第 10 片叶，依次为针形、箭形、戟形、椭圆形、近圆形，皆平展。第 11 片及以后的叶具有较高的观赏价值，圆形而大，直径 1 ~ 2.5m，叶缘直立高 8cm 左右；表面绿色背面紫红色，有凸起的具刺网状叶脉；叶柄粗有刺；成叶可承重 50kg 以上。花单生，花瓣多数，倒卵形，长 10 ~ 22cm，每朵花开 2 天，第一天白色，第二天淡红色至深紫红色，第三天闭合，沉入水中。雄蕊多数，花丝扁平，长 8 ~ 10mm；子房下位密被粗刺。浆果球形，种子黑色。花色有白、淡红、深红；观赏期在 6 ~ 9 月，花期在夏、秋季。

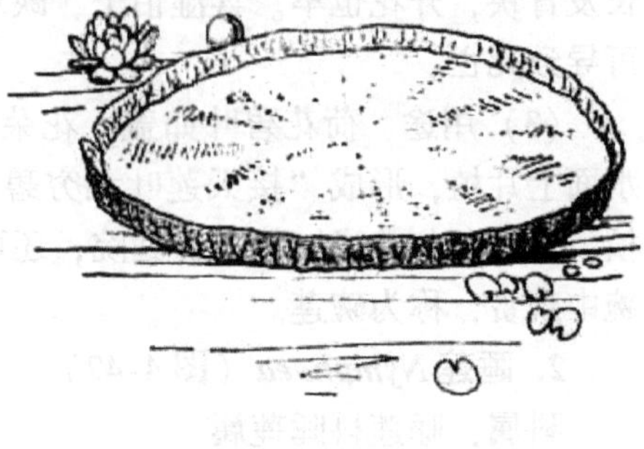

图 4-43　王莲

(2) 习性　喜高温高湿、阳光充足和水体清洁的环境。通常要求水温 28 ~ 32℃，室内栽培时，室温需要 25 ~ 30℃，若低于 20℃便停止生长。空气湿度以 80% 为宜。王莲喜肥，尤以有机基肥为宜。

(3) 用途　叶巨大肥厚而别致，漂浮水面，十分壮观，是水池中的珍宝，美化水体有极高的观赏价值，是优美的水面花卉。在园林水景中成为水生花卉之王，形成独特的热带水景特点。

4. 芡实（鸡头米、鸡头莲）***Euryale ferox***（图 4-44）

科属：睡莲科芡属

(1) 识别要点　一年生大型浮叶型草本植物。全株具刺。根茎肥短。叶丛生，浮于水面，圆状盾形或圆状心脏形，直径可达 2m 以上，最大者可达 3m 左右；叶脉隆起，两面均有刺。花单生叶腋，具长梗，挺出水面；花瓣多数，紫色；花托多刺，状如鸡头，故称“鸡头米”。花期在 7 ~ 8 月，果期在 7 ~ 10 月。

(2) 习性　多为野生，适应性强，深水或浅水均能生长，小于 100cm。而以气候温暖、阳光充足、泥土肥沃之处生长最佳。生长适温 20 ~ 30℃，低于 15℃生长缓慢，10℃以下停止生长。全年生长期为 180 ~ 200 天。雨季水深超过 1m，要排水。喜富含有机质的轻质黏土。

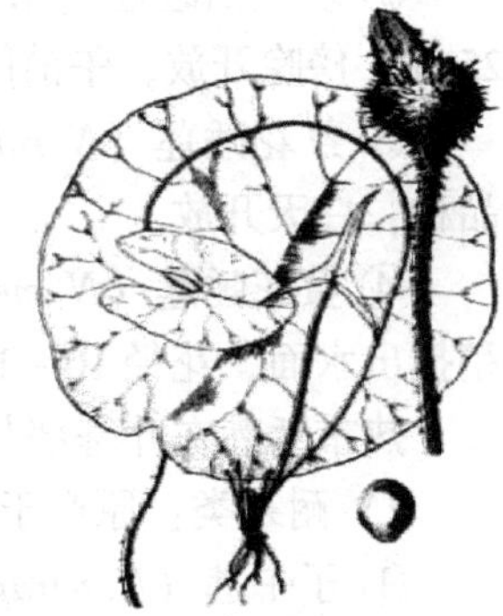

图 4-44　芡实

(3) 用途　叶片肥大，浓绿具皱褶，花色明艳，形状奇特，孤植形似王莲。常用水面绿化。芡实果实中的淀粉就是制作菜肴的“芡粉”。

常见类型及品种如下：

芡的品种主要有南芡和北芡。北芡称为刺芡，花紫红色，主产于江苏洪泽湖一带，适应性强。南芡称为苏芡，有白色花和紫色花两个品种，比北芡叶大。

5. 千屈菜（水枝柳、水柳、对叶莲）***Lythrum salicaria***（图 4-45）

科属：千屈菜科千屈菜属

(1) 识别要点　多年生挺水或湿生草本。株高为 30 ~ 100cm，地下根茎粗硬，木质化。地上茎直立，多分枝，茎四棱形，直立多分枝，基部木质化。植株丛生状。叶对生或轮生，披针形，有毛或无毛。长穗状花序顶生，小花多而密集，紫红色。花紫红，花期 7 ~ 9 月，果期8~11月。

常见栽培的有全株被绒毛，花穗大的毛叶千屈菜；花穗大，深紫色的紫花千屈菜；花穗大，暗紫红色的大花千屈菜；花穗大，桃红色的大花桃红千屈菜。

图4-45　千屈菜

（2）习性　喜强光和潮湿以及通风良好的环境。尤喜水湿，通常在浅水中生长最好，但也可露地栽植。耐寒性强，在中国南北各地均可露地越冬。对土壤要求不严，但以表土深厚、含大量腐殖质的壤土为好。

（3）用途　枝条繁茂，花色艳丽，为河畔、湖畔、池旁、溪边常用的造景材料。水边丛植、水池栽植、盆栽、花境。千屈菜是我国目前应用最为广泛的优秀水生花卉。

6. 雨久花（水白菜、蓝鸟花）***Monochoria korsakowii***（图4-46）

科属：雨久花科雨久花属

（1）识别要点　多年生挺水草本植物。株高50~90cm。地下茎短且成匍匐状，地上茎直立。叶卵状心脏形，端短尖，全缘，质较肥厚，深绿色而有光泽；基生叶具长柄，茎生叶柄渐短，基部扩大成鞘状而抱茎。花茎高于叶丛，顶生圆锥花序；花被6片，花瓣状，蓝紫色或稍带白色。花果期9~10月。

图4-46　雨久花

同属在中国南方地区常见栽培的还有箭叶雨久花（*M. hastate*）。本种与前者的主要区别是：叶较小，箭形或三角状披针形，顶端锐尖；花蓝紫色带红点；花期稍晚，于秋季开放。

（2）习性　喜温暖、湿润和阳光充足的环境。不耐寒、耐半荫生长，适宜温度15~30℃，温度降至10℃左右时，植株停止生长。开花结实后植株枯死。

（3）用途　水面绿化、岸旁绿化、盆栽。

7. 菖蒲（臭蒲子、水菖蒲、白菖蒲）***Acorus calamus***（图4-47）

科属：天南星科菖蒲属

（1）识别要点　多年生挺水草本。株高60~80cm。根茎稍扁肥，横卧泥中，有芳香。叶二列状着生，剑状线形，端尖，基部鞘状，对折抱茎；革质具有光泽；中肋明显并在两面隆起，边缘稍波状。花茎似叶稍细；叶状佛焰苞长达30~40cm，内具圆柱状锥形肉穗花序；花小型，黄绿色，花期在7~9月，果期在8~9月。

图4-47　菖蒲

常见栽培变种如下：

主要品种有花叶菖蒲（cv. *variegata*）观赏价值更佳。

（2）习性　喜生于沼泽、溪边或浅水中。生长适宜温度18~23℃，10℃停止生长。有一定耐寒性，在华北地区呈宿根状态，每年地上部分枯死，以根茎潜入泥中越冬，可耐－15℃低温，喜日光充足环境。

（3）用途　叶丛挺立而秀美，并具香气，最适宜岸边或水面绿化材料，也可盆栽作广场、庭院布置。

8. 萍蓬莲（萍蓬草、黄金莲、水栗）***Nuphar pumilum***（图4-48）

科属：睡莲科萍蓬草属

（1）识别要点　多年生水生草本。地下具块茎。叶基生，浮水叶卵形、广卵形或椭圆形，先端圆钝，基部开裂且分离，裂深约为全叶的1/3，近革质，表面亮绿色，背面紫红色，密被柔毛；沉水叶半透明，膜质；叶柄长，上部三棱形，基部半圆形。花单生叶腋，伸出水面，金黄色，花径2~3cm；萼片呈花瓣状。浆果卵形，长约3cm。花期在5~7月，果期在7~10月。

图4-48　萍蓬莲

（2）习性　喜温暖、阳光充足。喜流动的水体，生于湖泊及河流等浅水处。不择土壤，但以肥沃黏质土为好。生长适温15~32℃，低于12℃时停止生长。对光照和土壤的pH要求不严。

（3）用途　初夏开放，叶亮绿，金黄娇嫩的花朵从水中伸出，小巧而艳丽，是夏季水景园的重要花卉。可以片植或丛植，也可盆栽装点庭院。一般小池以3~5株散植于亭、榭边或桥头，花虽小，但淡雅飘逸，饶有情趣。种子和根茎可食，根可净化水体，根茎可入药。

9. 石菖蒲（山菖蒲、药菖蒲、水剑草、凌水档）***Acorus gramineus***（图4-49）

科属：天南星科菖蒲属

（1）识别要点　株高30cm。全株具香气。叶基生，剑状线形。肉穗花序直立或斜向上；佛焰苞与花序等长；花小型，淡黄色，花期4~5月。

图4-49　石菖蒲

常见的栽培种如下：

1）金钱蒲（*A. gramineus* var. *pusillus*）：株丛矮小，叶极窄而硬，长仅10cm。

2）花叶石菖蒲（*A. gramineus* var. *variegatus*）：株丛矮小，叶具黄色条纹。这两种常用于山石盆景中。

（2）习性　喜阴湿、温暖的环境，在自然界常生于山谷溪流中或流水的石缝中。具有一定的耐寒性，在长江流域虽可露地越冬，但叶丛上部常干枯；在华北地区则变为宿根状，地上部分枯死，根茎在土中越冬。

（3）用途　在园林中常用于水边栽植、盆栽观叶、切花、湿地地被、浅水地被、浅水景装饰等。可入药，有开窍、豁痰、理气、活血、散风、去湿之功效；可治癫痫、热病神昏、健忘、气闭耳聋、心胸烦闷、胃病、风寒、跌打损伤等。可提炼芳香油供化妆品用。

10. 荇菜（水荷叶、大紫背浮萍、水镜草）***Nymphoides peltatum***（图4-50）

科属：龙胆科荇菜属

（1）识别要点　多年生宿根，漂浮花卉。茎细长柔弱，多分枝，匍匐水中，节处生须根扎入泥中。叶互生，心状椭圆形或圆形，近革质，基部开裂呈心脏形，全缘或微波状，表面绿色而有光泽，背面带紫色，漂浮于水面。伞形花序腋生，小花鲜黄色。花期在6~10月。

（2）习性 喜温暖、水湿和阳光充足的环境。耐寒，强健，对环境适应性强，常野生于湖泊、池塘静水或缓流中。可自播繁衍。对土壤要求不严，以肥沃稍带黏质的土壤为好。生长适宜温度15~30℃，低于10℃停止生长。能耐一定低温，但不耐严寒。

（3）用途 荇菜叶小而翠绿，黄色小花覆盖水面，很美丽，在园林水景中大片种植可形成“水荇牵风翠带长”的景观。荇菜与荷花伴生，微风吹来，花颤叶移，姿态万端。在造景中，还要注意荇菜的动态美，留有足够的空间。

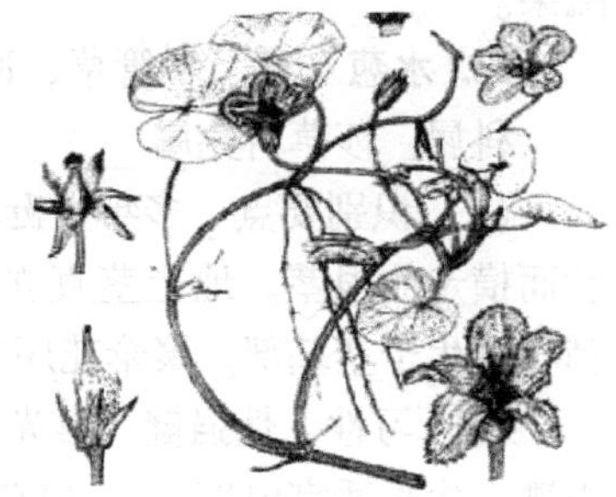
图4-50 荇菜

11. 大薸（大叶莲、水浮莲、水莲、芙蓉莲）***Pistia stratiotes***（图4-51）

科属：天南星科大薸属

（1）识别要点 多年生宿根漂浮花卉，株高10~20cm。具横走茎，须根细长。叶基生，莲座状着生，无柄，倒卵形或扇形，两面具绒毛，草绿色；叶脉明显，使叶成折扇状。叶腋可抽生匍匐茎，端部生长小植株。成株开花绿色。

（2）习性 喜光和高温，不耐寒，生育适宜温度20~35℃。温度高，营养生长快；温度低，匍匐茎多。温度低于14℃不能生长，低于5℃不能生存。

（3）用途 株形美丽，叶色翠绿，质感柔和，犹如朵朵绿色莲花漂浮水面，别具情趣，3天可增加1倍。栽培管理简单。随时除去老叶和枯叶，保持水质清洁。

图4-51 大薸

12. 慈姑（燕尾草、茨菰、欧慈姑）***Sagittaria sagittifolia***（图4-52）

科属：泽泻科慈姑属

（1）识别要点 多年生球根挺水花卉。株高100cm，地下具根茎，其先端形成球茎即慈姑。叶基生，出水叶片戟形，大小及宽窄变化大，顶端裂片三角状披针形，基部具二长裂片。圆锥花序；花白色，夏秋开放。花期7~9月。

同属约25种，中国约6种，常见品种有以下几种：

1）重瓣慈姑：花重瓣。

2）常瓣慈姑：叶的裂片较狭窄，常呈飞燕状。

（2）习性 对气候和土壤的适应性很强，池塘、湖泊的浅水处、水田中或水沟渠中均能良好生长，但最喜欢气候温暖、阳光充足的环境；土壤以富含腐殖质而土层不太深厚的黏质壤土为宜。生长适宜温度20~25℃，冬季能耐-10℃低温。喜生浅水中，但不宜连作。

图4-52 慈姑

（3）用途 慈姑叶形独特，植株美丽，在水面造景中，以衬景为主。在园林水景中，一般数株或数十株散植于池边，对浮水花卉起到衬托作用。也可盆栽观叶、切花。它的球状根，色泽白而莹滑，生食味道鲜美而甘甜。中国南方地区，人们把它当做一种时令水果或蔬菜。

13. 水葱（莞、翠管草、冲天草、欧水葱）***Scirpus tabernaemontani***（图4-53）

科属：莎草科莞属

（1）识别要点　多年生挺水花卉。株高1.5～1.8m，地下具粗壮而横走的根茎。地上茎直立，圆柱形，中空，粉绿色。叶褐色，鞘状，生于茎基部。聚伞花序顶生，稍下垂。花果期在5～9月。

（2）习性　性强健。喜光，喜温暖、湿润。耐寒、耐荫，不择土壤。生长适宜温度15～30℃，低于10℃以下茎叶停止生长。冬季能耐－15℃低温。在自然界中常生于湿地、沼泽地或池畔浅水中。

（3）用途　株丛翠绿挺立，色泽淡雅洁净，引来蜻蜓等昆虫在上驻足，十分有趣。常用于水面绿化或作岸边、池旁点缀，是典型的竖线条花卉，甚为美观。也常盆栽观赏。可切茎用于插花。

图4-53　水葱

14. 香蒲（长苞香蒲、蒲黄、鬼蜡烛）***Typha angustata***（图4-54）

科属：香蒲科香蒲属

（1）识别要点　多年生宿根挺水花卉。株高为150～350cm，地下具匍匐状根茎。地上茎直立，不分枝。叶由茎基部抽出，二列状着生，长带形，向上渐细，端圆钝，基部鞘状抱茎，色灰绿。穗状花序呈蜡烛状，浅褐色，雄花序在上，雌花序在下，中间有间隔，露出花序轴。小坚果果皮具长形褐色斑点。种子褐色，微弯。花果期在5～8月。

（2）习性　对环境条件要求不严，适应性强，耐寒，但喜阳光，喜深厚肥沃的泥土，最宜生长在浅水湖塘或池沼内。

（3）用途　叶丛秀丽潇洒，雌雄花序同花轴，整齐圆滑形似蜡烛，别具一格。是水边丛植或片植的好材料，可以观叶和观花序。其烛状花序可用于插花，装饰室内。

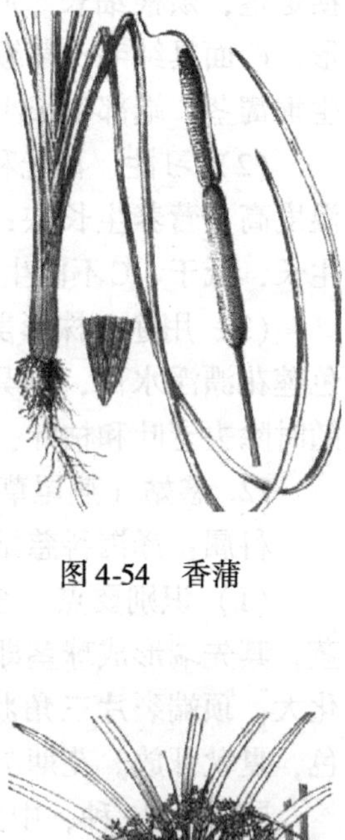

图4-54　香蒲

15. 旱伞草 ***Cyperus alternifolius***（图4-55）

科属：莎草科莎草属

（1）识别要点　挺水植物。地下茎块状、短粗，茎干自地下块状茎上丛生而出，其截面略呈三角形，草质中空。叶片退化呈鞘状，棕色，包裹在茎干基部。花序着生于茎顶，总苞片叶状，放射状均匀伸展，苞片狭剑形至线形，呈叶片状，平行脉显著。小花序白色至黄色，无花被。

（2）习性　喜温暖、湿润及通风良好的环境，喜土壤湿润，对土壤、水质的要求不十分严格，不耐寒，极耐荫。

（3）用途　株丛繁密，叶形奇特，是良好的观叶、观花水生花卉。适宜配置于水景的假山石旁作点缀，亦可作盆景装饰室内，有较强的观赏性。

图4-55　旱伞草

模块5 地被植物识别与应用

教学目标

知识目标：

◆ 能熟练掌握地被植物的概念及特点。

◆ 熟练掌握地被植物的生态习性、观赏特性、园林应用。

能力目标：

◆ 能识别20种常见的地被植物。

◆ 能熟练应用地被植物。

素质目标：

◆ 学生通过收集、整理、总结和应用相关信息资料，培养自主学习的能力。

◆ 通过对形态相似或相近的地被植物进行比较、鉴定和总结，培养学生独立思考问题和认真分析、解决实际问题的能力。

◆ 通过对地被植物不断深入地学习和认识，提高学生的园林观赏水平。

能力训练

［活动］常见地被植物的识别与应用

活动目的	能识别常见的地被植物，熟悉花卉的应用形式
活动要求	正确识别花卉种类
活动地点	校园或公园
活动程序	教师现场讲解、指导学生识别
	学生分组活动，观察花卉的形态、确定花卉名称，记录每种花卉的名称、科属、原产地、生态习性、观赏特性、园林应用 拍摄照片
	画出植物配置平面图
	各组制作PPT，并进行交流讨论
	考核评估：花卉识别现场考核（口试）

一、地被植物概述

1. 地被植物的含义

地被植物泛指一些生长低矮、扩展性强的用以覆盖、绿化地面的植物，是园林植物群落的重要组成部分。它们种类繁多、色彩丰富、选择范围宽，适生环境广，在荫蔽贫瘠的地方也可以生长，在管理上粗放简单、养护简便和节约成本；在造景中可以丰富植物层次，增添园林色彩，形成视觉景观，填补地被层的单调，营造不同的景色。此外，地被植物在功能上可以覆盖黄土、涵养水源、净化空气、固土护坡、改善生态环境，是一种兼具功能性和观赏性的园林植物。

2. 地被植物的分类

（1）按生态环境区分

1）喜阳地被植物类：在全日照的空旷地上生长的地被植物。

2）喜阴地被植物类：在建筑物密集的阴影处或郁闭度较高的树丛下生长的地被植物。

3）耐荫地被植物类：一般在稀疏的林下或林缘处，以及其他阳光不足之处生长的地被植物。

（2）按观赏特点区分

1）常绿地被植物类：四季常青的地被植物，可达到终年覆盖地面的效果。

2）观叶地被植物类：一些地被植物有特殊的叶色与叶姿，单株或群体均可供人欣赏。

3）观花地被植物类：花期长、花色艳丽的低矮植物，在其开花期以花取胜。

（3）按地被植物的生物学习性区分

1）草本地被植物类：草本地被植物应用于城市园林绿地，可使自然生态环境在现代城市中得到体现，避免草坪的单调性。有多年生蔓生草本地被植物。

2）矮灌木地被植物类：矮生灌木因其种类繁多，形态色彩各异，季相变化丰富，而成为造园过程中增加林地层次、丰富园林景观的主要植物材料。

3）藤本地被植物类：如常春藤、扶芳藤、络石等，单株覆盖面积大、附着力强，能很好地防止水土流失，且无需专门管理，是公路、立交桥体、围栏、墙体、河岸的优良护坡绿化植物。

4）矮竹地被植物类：茎秆比较低矮，常种在绿地假山园、岩石园中作为地被植物的竹子，如菲白竹、箬竹。

5）蕨类地被植物类：如铁线蕨（*Adiantum capillus-veneris* Linn.）等，大多喜阴湿环境，是园林绿化中优良的耐荫地被植物。

（4）按应用范围区分

1）空旷地被植物类：在阳光充足的空旷地段，利用喜阳或观花、观叶的地被植物建植绿地。

2）疏林地被植物类：建植于树丛边缘、稀疏树丛或林下的地被植物。该类植物适于半荫环境条件，如连钱草、麦冬等。

3）林下地被植物类：建植于郁闭的树丛、林下或建筑物背阴处的地被植物，喜欢或能忍受荫郁、潮湿的环境。喜阴性地被植物如虎耳草、玉竹、苔草及各类蕨类等。

4）岩石地被植物类：覆盖于假山石表面或配置于山石边的地被植物，如络石可覆盖于山石之上，使山石增加生气和灵气。又如石菖蒲、酢浆草、矮竹类等，配置于山石边，则能增添诗情画意，使景色更美。

5）斜坡地被植物类：在土坡、河岸等地段种植的地被植物，能保持水土，防止水流冲刷、侵蚀。该类植物抗性强，耐瘠薄、根系强大、能迅速蔓延生长，如小冠花、地锦等。

6）行道绿篱地被植物类：在道路绿化或庭院、居住区及草坪边缘种植的地被植物，一般具有较强的抗逆性，同时具有一定的观赏性，可丰富绿地景观。

二、常见地被植物

1. 诸葛菜（二月兰）***Orychophragmus violaceus***（图4-56）

科属：十字花科诸葛菜属

（1）识别要点　一二年生草本，植株无毛，株高20～70cm，一般多为30～50cm。茎直立且仅有单一茎。基生叶和下部茎生叶羽状深裂，叶基心形，叶缘有钝齿；上部茎生叶长圆形或窄卵形，叶基抱茎呈耳状，叶缘有不整齐的锯齿状结构。总状花序顶生，着生5～20朵，花瓣中有幼细的脉纹，花多为蓝紫色或淡红色，随着花期的延续，花色逐渐转淡，最终变为白色。花期4～5月份，果期5～6月份。花瓣4枚，长卵形，具长爪，爪长约3～6mm，花瓣长度约1～2cm；雄蕊6枚，花丝白色，花药黄色；花萼细长呈筒状，色蓝紫，萼片长3mm左右。果实为长角果圆柱形，长6～9cm，角果的顶端有细长的喙，果实具有四条棱，内有大量细小的黑褐色种子，种子卵形至长圆形。果实成熟后会自然开裂，弹出种子。

图4-56　诸葛菜

（2）习性　喜光亦耐半荫；耐寒性强，冬季常绿。适生性强，耐旱；对土壤要求不严，但以中性或弱碱性土壤为好；具有较强的自播能力，一次播种年年能自成群落。

（3）用途　冬季绿叶葱葱，早春繁花盛开，是优秀的春花类半荫地被植物，宜栽于林下、林缘、住宅小区、高架桥下、山坡下或草地边缘，既可独立成片种植，也可与各种灌木混栽，形成春景特色。可用作早春花坛。亦是良好的花境植物。

2. 八宝 ***Hylotelephium erythrostictum***

科属：景天科八宝属

（1）识别要点　多年生肉质草本，全株略被白粉，呈灰绿色，高30～80cm。茎直立，基部木质化，少分枝。叶对生，少互生或3～5枚轮生，叶片长圆形或卵状长圆形，缘具疏生圆锯齿。聚伞状伞房花序顶生，径约10cm，白色或粉红色。花期8～10月。

（2）习性　喜光亦耐半荫；性耐寒；耐干旱，忌涝；耐贫瘠，喜疏松、排水良好的土壤。

（3）用途　花密集而美丽，颜色多，是优良的观花观叶地被植物，常成片栽植于疏林下，也可布置花坛、花境和岩石园。

3. 费菜 ***Sedum aizoon***（图4-57）

科属：景天科景天属

（1）识别要点　多年生匍匐状肉质草本，高20～50cm。根状茎粗厚近木质化。茎直立，不分枝。叶对生，肉质，倒卵状披针形，长5～7.5cm，先端钝或稍尖，边缘具细齿，或近全缘，基部渐狭，光滑或略带乳头状粗糙。伞房状聚伞花序顶生；无柄或近乎无柄；萼片5，长短不一，长约为花瓣的1/2，线形至披针形，先端钝；花瓣5，黄色，长圆状披针形，先端具短尖；雄蕊10，较花瓣短；心皮5，略开展，基部稍稍相连。蓇葖果5枚成星芒状排列。种子平滑，边缘具窄翼，顶端较宽。花期6~8月，果期8~9月。

（2）习性　喜光，稍耐阴；喜温暖凉爽的环境；耐寒；耐旱，不耐水湿；生于山坡岩石上、草丛中，主产我国北部和长江流域各省。对土壤性质要求不严。

（3）用途　叶形奇特，生长密集，花期长，是优秀的观花观叶地被植物，可片植于林缘或作护坡植物材料，也可用于花坛、花境、地被，岩石园中多采用其作为镶边植物，也可盆栽吊栽，调节空气湿度、点缀平台庭院。

4. 垂盆草 *Sedum sarmentosum*（图4-58）

科属：景天科景天属

（1）识别要点　多年生肉质草本，高9~18cm。茎平卧或上部直立，匍匐状延伸，节上生不定根。叶3枚轮生，叶片倒披针形至长圆形，全缘，无柄，基部有垂距，长15~25cm；聚伞花序顶生，花稀疏，无花梗，花瓣5，鲜黄色，雄蕊较花瓣短，花期5~6月。

图4-57　费菜

图4-58　垂盆草

（2）习性　喜光，稍耐荫；喜温暖湿润的环境；耐寒，耐高温；耐旱；耐瘠薄能力强，对土壤要求不严，但以湿润、肥沃的土壤为宜。

（3）用途　植株低矮、枝叶密集，盛花期一片金黄，是优良的观花观叶地被植物，可作林下地被和屋顶绿化，也可布置花坛、花境和岩石园。

（4）相近植物　佛甲草（*S. lineare*）与垂盆草形态相似，但耐寒、耐热、耐旱性等均不及垂盆草。

5. 虎耳草（金丝荷叶、金线吊芙蓉）***Saxifraga stolonifera***（图4-59）

科属：虎耳草科虎耳草属

（1）识别要点　多年生常绿草本，全株密生短绒毛，高10~15cm。匍匐茎细长，紫红色，先端着地长出幼株。叶基部丛生，具长柄，肉质，圆形或肾形，缘具疏生锐齿，叶面绿色，沿脉具白色斑纹，叶背紫红色。圆锥花序松散；小花两侧对称，白色，花瓣5，上方3片较小，有深红色斑点。花期5~6月。

（2）习性　喜半荫，忌阳光直晒；喜凉爽湿润的环境；较耐寒，不耐高温；耐阴湿，不耐干旱；土壤条件要求不高，但适宜于疏松、排水良好的土壤；在炎热的夏季休眠，入秋后恢复生长。

（3）用途　株形玲珑小巧，叶形优美，可全年观赏，覆盖性强，是优秀的耐阴湿观叶观花地被植物；宜片植于林下、林缘，或布置岩石园。

6. 白车轴草（白三叶、白花苜蓿）***Trifolium repens***（图4-60）

科属：豆科车轴草属

（1）识别要点　多年生草本。茎匍匐，茎节处易生不定根，分枝长达40～60cm。掌状3出复叶，小叶倒卵形或倒心形，叶面中部有“V”形白斑，基部楔形，缘有细齿。花多数，密集成近头状或球状花序，着生于长花梗顶端，高出叶丛，花冠白色或淡红色。花期5～7月。

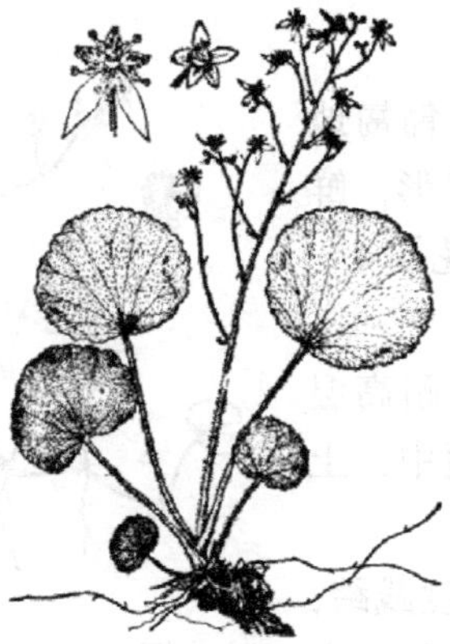

图4-59　虎耳草

图4-60　白车轴草

（2）习性　喜光，亦较耐荫；喜温暖的环境，耐寒；抗逆性强，耐干旱、耐瘠薄、耐践踏；适应性强，不耐盐碱，宜排水良好的中性或微酸性土壤。

（3）用途　叶形奇特，花期长，铺地效果好，是优良的观花观叶地被植物；宜作地面、斜坡水土保持植物材料，也可片植于广场、疏林下。

7. 红花酢浆草 ***Oxalis corymbosa***（图4-61）

科属：酢浆草科酢浆草属

（1）识别要点　多年生草本，高20～30cm。地下块状根茎呈纺锤状，植株丛生，无地上茎。叶具长柄，掌状3出复叶，基生，小叶倒心形，叶面具有近似叶形的白晕，叶背被毛，缘散生橙黄色小腺体。伞房花序成复伞状，有花5～14；花瓣内面粉红色，基部淡绿色或深红色，有红色条纹，外面白色略带淡绿色。花期4～11月。

（2）习性　喜光，亦耐半荫；喜温暖湿润的环境；较耐旱，忌积水；土壤适应性强，但宜生长在富含腐殖质、排水良好的土壤中。

（3）用途　植株低矮，叶丛茂密，碧绿青翠，小花繁多，是常用观叶观花地被植物；可在草地、林缘或疏林下大片栽植，也可布置花坛、花境、树穴，点缀岩石园石隙等。

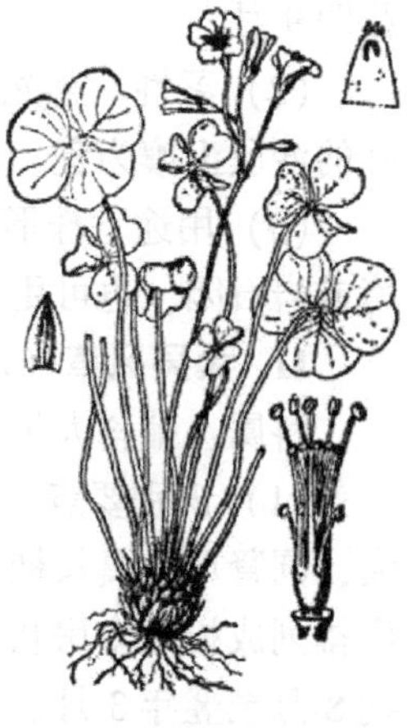

图4-61　红花酢浆草

8. 金叶过路黄（金钱草）***Lysimachia nummularia* cv. *Aurea***

科属：报春花科珍珠菜属

（1）识别要点　多年生常绿蔓性草本，高5～10cm。枝条匍匐生长，长可达1m，茎节较短，节着地能生根。单叶对生，卵圆形，全缘，基部心形，早春至秋季长达9个月的时间叶金黄色，冬季霜后略带暗红色。单花黄色，呈杯状，花冠裂片在花蕾时旋转状排列。花期5~7月。

（2）习性　喜光，耐半荫；耐热，耐寒性强；耐旱；在酸性至碱性土壤中均可生长；抗逆性强，耐践踏。以小枝扦插繁殖，成活率极高。高温加积水或水分过多易造成病害，因此梅雨季节应进行防病处理。

（3）用途　叶色金黄，彩叶期长达9个月，覆地能力强，是优良的观叶地被植物，可布置草坪上的色块，也可群植于疏林下或花坛边缘做镶嵌材料。

9. 马蹄金 *Dichondra repens*（图4-62）

科属：旋花科马蹄金属

（1）识别要点　多年生丛生草本，高5~15cm。茎匍匐地面，细长，长达90~120cm，节着地生根。叶互生，马蹄形，鲜绿色，全缘。花小，单生于叶腋，花冠钟状，淡黄色。花期4~5月。

（2）习性　喜光，也耐半荫；喜温暖湿润的环境；耐高温干旱，耐寒；不耐碱性土壤，喜生长在肥沃湿润的土壤中，土壤贫瘠时生长不良；耐轻度践踏。

（3）用途　植株低矮，四季常绿，扩展性强，耐轻度践踏，是优良耐阴湿观叶地被植物；可片植作地被、固土护坡等，也可作花坛、花境的底色。

图4-62　马蹄金

10. 亚菊 *Ajania pallasiana*

科属：菊科亚菊属

（1）识别要点　多年生丛生草本，高30~60cm。根状茎粗壮，直立。叶长椭圆形或菱形，3深裂或二回羽状分裂；叶面有腺体，边缘银白色，被疏交叉状柔毛，叶背灰白色，被密贴伏的叉状绒毛。头状花序在茎顶集成紧密的伞房状；花黄色，缘花细管状，盘花管状。花期9月。

（2）习性　喜光；喜温暖的环境；耐寒，较耐旱，忌高温高湿；以疏松肥沃、排水良好的沙质土壤为宜。

（3）用途　株形整齐紧凑，是优良的观花观叶地被植物，可片植观赏，或适宜布置花境或岩石园，也可用于林缘镶边。

11. 大吴风草（八角乌、活血莲）***Farfugium japonicum***（图4-63）

科属：菊科大吴风草属

（1）识别要点　多年生草本，高30~70cm。根茎粗壮。叶多莲座状基生，近革质，较大，圆肾形，具长柄，基部鞘状抱茎，幼时被灰色柔毛；茎生叶1~3片，苞叶状。头状花序排列成松散伞房状，花径4~6cm，小花多数；缘花舌状，黄色，盘花管状，黄色。花果期8月至翌年3月。

（2）习性　喜半荫，忌阳光直射；喜湿润的环境；耐寒；不择土壤，以肥沃疏松、排水良好的壤土为宜。

（3）用途　华东地区常绿，叶片硕大，深绿色，有光泽，是良好的耐阴湿观叶地被植物，适宜大面积种植在林下或立交桥下，或布置于荫蔽处的花坛、花境。

12. 沿阶草（书带草、麦冬）***Ophiopogon bodinieri***（图4-64）

科属：百合科沿阶草属

（1）识别要点　多年生常绿草本。须根中部或近末端常膨大呈椭圆形或纺锤形的小块根；根状茎短粗，具地下走茎，茎不明显；单叶丛生，狭线形，边缘具细锯齿；总状花序稍下弯，花葶短于叶丛，有棱，花淡紫色或白色，花期6~7月；种子圆球形，成熟时暗蓝色，果期7~8月。

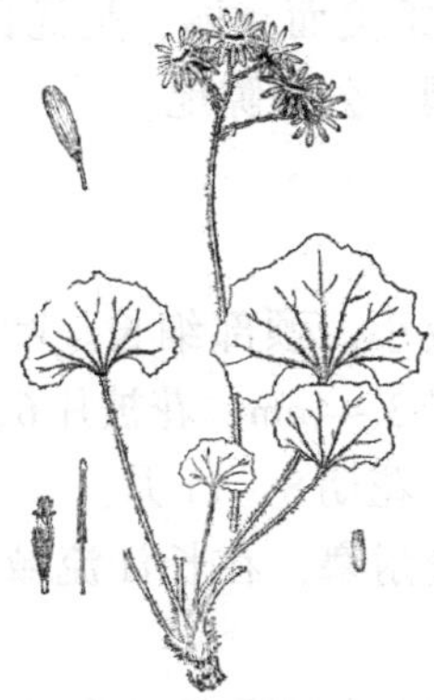

图4-63　大吴风草

图4-64　沿阶草

（2）习性　喜阴湿环境，忌阳光暴晒；不耐盐碱和干旱；耐寒力较强；对土壤要求不严，但以肥沃湿润的土壤为宜。

（3）用途　植株低矮，终年常绿，是优良的耐阴湿观叶地被植物；宜成片栽于林下阴湿处作地被植物，或作小径、台阶等的镶边材料，也可栽植于树穴，点缀假山岩壁。

银边阔叶沿阶草（*O. jaburan* cv. *Vittattus*），叶长60cm，宽1~2cm，深绿色叶片上有许多宽窄不同的纵向白条纹。花白色，花期夏季。喜光也耐半荫；喜温和的环境。其他同沿阶草。

13. 吉祥草（观音草、玉带草）***Reineckia carnea***（图4-65）

科属：百合科吉祥草属

（1）识别要点　多年生常绿草本，高15~25cm。根状茎细长，横生于浅土中或露出地面呈匍匐状。叶丛生，带状或披针形，深绿色，中脉下凹，先端渐尖，基部渐狭成柄。花葶侧生，短于叶丛；顶生穗状花序，粉红色，芳香。浆果球形，成熟时红色。花期9~11月，果期12月至翌年5月。

（2）习性　极耐荫，忌阳光直射；喜温暖湿润的环境；稍耐寒，在较寒冷的冬天，可见叶边缘或尖部枯死现象；不耐干旱；对土壤的要求不高，一般的土壤中都能健壮生长。

图4-65　吉祥草

（3）用途　株形优美，较之沿阶草、山麦冬，吉祥草的夜色更为青翠，为优良的耐荫湿野生地被植物；可片植于林下、竹下或布置于湖畔或水沟边，也可与石蒜属植物或紫叶酢浆草等混种，但不能种在空旷地和高架桥下。

14. 紫娇花 *Tulbaghia violacea*

科属：石蒜科紫娇花属

（1）识别要点　多年生常绿球根花卉，高30～50cm。具圆柱形小鳞茎。成株丛生状，茎叶均含有韭味。叶狭长线形，深绿色。聚伞花序顶生，高于叶丛10cm以上，有花10余朵，小花长约10cm，紫粉色，芳香。花期5～11月。

（2）习性　喜光；喜高温，稍耐寒；不择土壤，以湿润、排水良好的土壤为宜。

（3）用途　株丛紧密，叶色翠绿，覆地效果好，小花柔美而秀丽，是优良的观花地被植物。适宜配置于疏林下、林缘、路边作地被，或点缀庭园、公园隙地。

15. 葱兰 *Zephyranthes candida*

科属：石蒜科葱莲属

（1）识别要点　多年生常绿草本。鳞茎卵形，直径较小，颈部细长。叶基生，线形，暗绿色。花葶自叶丛一侧抽出，较短，中空；花单生，花径3～4cm，花被片6，椭圆状披针形，白色或外侧略带淡红色，花梗藏于佛焰苞状总苞片内。花期8～11月。

（2）习性　喜光，亦耐半荫；喜温暖湿润的环境；较耐寒，在长江流域可保持常绿；耐低湿；以肥沃、带黏性而排水好的土壤为宜。

（3）用途　株丛低矮清秀，花朵繁多，花期长，是优良的耐阴湿观花观叶地被；适宜片植于林下、坡地或半荫处作地被植物，或作花坛、花境及路边的镶边材料。

韭兰（*Z. grandiflora*）：又名风雨花。鳞茎卵形，颈部较短。叶较长，线形，扁平，极似韭菜。花径5～7cm，漏斗状，筒部显著，花瓣略弯垂，粉红色或玫瑰红色。花期6～9月。

16. 鸢尾（蓝蝴蝶）***Iris tectorum***（图4-66）

科属：鸢尾科鸢尾属

（1）识别要点　多年生草本。根状茎匍匐多节，粗而节间短，地上茎不明显。叶基生，淡绿色，宽剑形，二纵列交互排列，基部互相包叠。花茎与叶等长；总状花序，着1～3朵组成；花蝶形，花径约10cm，花冠蓝紫色，外轮垂瓣倒卵形，中脉有1行鸡冠状白色带蓝紫纹凸起的附属物，内轮旗瓣稍小、椭圆形，花期4～5月。

（2）习性　喜光，亦耐半荫；耐寒性强；耐旱；喜排水良好、湿润、微酸性的土壤；长三角地区陆地栽培时，冬季地上茎不完全枯萎。

（3）用途　花大美丽，植株整齐，适宜丛植、片植于林缘或草地上作地被，或布置花坛、花境，也可种于溪边、池边、沼泽土壤或浅水中。

图4-66　鸢尾

17. 紫露草 *Tradescantia reflexa*

科属：鸭跖草科紫露草属

（1）识别要点　多年生半常绿草本，高50～70cm。茎直立，粗壮。叶线形至线状披针形，禾叶状；聚伞花序缩短成顶生伞形花序，具一长一短总苞片，花具细长梗，稍下垂，花瓣近倒卵形，蓝紫色，花期6～8月；清晨开放，中午闭合，次日重开；园艺品种多。

（2）习性 喜光，亦耐半荫；喜凉爽湿润的环境；耐寒性较强；生性强健，耐贫瘠和偏碱性的土壤；庇荫处生长易倒伏。

（3）用途 株形奇特秀美，富有野趣，是优秀的观赏地被植物，可用于布置花坛、花境，或丛植于道路两侧。

18. 紫萼 *Hosta ventricosa*（图4-67）

科属：百合科玉簪属

（1）识别要点 多年生草本。根状茎粗短。叶基生成丛，卵形至卵状心形，叶脉弧形，叶柄边缘常下延成翅状。总状花序，着花10朵以上；花冠淡紫色，无香味。花期6～8月。

（2）习性 忌阳光直射，否则易焦叶；喜温暖阴湿的环境；耐寒性极强；不择土壤，喜肥沃、湿润、排水良好的沙质土壤。

（3）用途 植株花叶俱美，叶色青绿有光泽，花淡紫色，观赏价值高，是优良的耐阴湿观花观叶地被植物，可片植于林下或建筑物庇荫处，也可布置阴湿处花境或岩石园。

19. 扶芳藤 *Euonymus fortunei*（图4-68）

图4-67 紫萼

图4-68 扶芳藤

科属：卫矛科卫矛属

（1）识别要点 常绿匍匐或攀援灌木。有气生根。小枝微具棱，有小瘤状凸起皮孔。叶对生，薄革质，椭圆形至椭圆状披针形，缘有锯齿。花瓣卵圆形，长约4mm，黄白色。蒴果近球形，淡红色。花期6～7月，果期10月。

（2）习性 喜阴湿环境；耐寒；耐旱；适应性强，不择土壤；耐盐碱，抗污染。

（3）用途 既可作为绿篱、色块等平面绿化，又可用来遮挡墙面、山石、岩面或攀援于树干、花格、棚架之上，作为垂直绿化树种。

20. 中华常春藤 *Hedera nepalensis* var. *sinensis*

科属：五加科常春藤属

（1）识别要点 常绿攀援藤本，也可在地面匍匐生长。叶二型：营养枝上叶三角状卵形，常3裂；花枝上叶常为长椭圆状卵形，全缘。伞形花序单生或2～7朵聚成总状或伞房状，花小，绿白色，微香。核果球形，橙黄色。花期10～11月，果期翌年3～5月。

（2）习性 极耐荫，也能在光照充足之处生长；喜温暖湿润环境，稍耐寒；对土壤要求不高，但喜肥沃疏松的土壤。

（3）用途　气生根在墙上附着力强，常在路边、墙壁、岩石、斜坡上栽培作覆盖地被，也可制作成常绿平整的生态墙。

21. 蔓长春花 *Vinca major*（图4-69）

科属：夹竹桃科蔓长春花属

（1）识别要点　常绿蔓生亚灌木，高可达30~40cm。有营养枝和开花枝之分，营养枝匍匐地面生长，如遇土壤湿润疏松，可产生不定根形成新的植株，开花枝直立。叶对生，卵形，全缘，亮绿色。花单生于叶腋，喇叭状，蓝色，5枚花瓣呈五角状排列，花期4~5月。

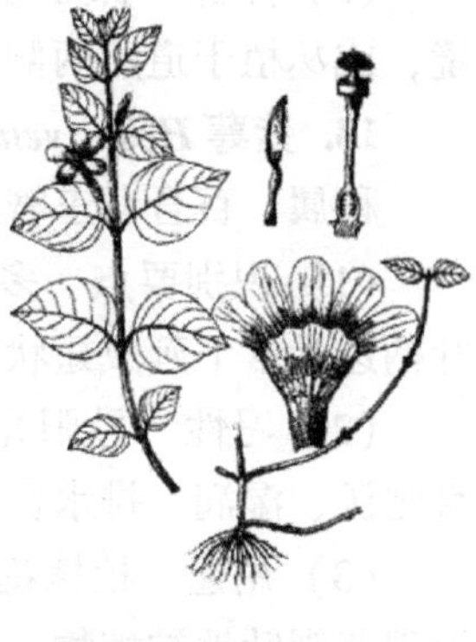

图4-69　蔓长春花

（2）习性　喜半荫湿润环境，也可在全光照下生长；耐寒；耐旱；不择土壤，但在疏松、排水良好的土壤中生长尤佳。

（3）用途　适应性强，耐半荫，是不可多得的耐阴湿观叶观花藤本地被植物。可布置于林缘、林下、坡地，也可片植于高大建筑物阴面。

（4）相近植物　花叶蔓长春（cv. *Variegata*），叶面有黄白色斑点，叶缘白色。

22. 络石 *Trachelospermum jasminoides*（图4-70）

科属：夹竹桃科络石属

（1）识别要点　常绿攀援藤本。茎红褐色，节稍膨大，多分枝，嫩枝被黄色柔毛，枝条和节上有气生根，具乳汁。叶对生，全缘，薄革质，椭圆形至卵状椭圆形，营养枝的叶脉间常呈白色。聚伞花序顶生和腋生，花白色，花冠裂片排成右旋风车形，具芳香。花期4~6月，果期8~10月。

图4-70　络石

（2）习性　耐半荫；喜温暖湿润环境，耐寒；耐旱；耐贫瘠，不择土壤。

（3）用途　四季常青，覆盖性好，开花时节，花香袭人。常用于点缀假山、叠石，攀援墙壁、枯树、花架、绿廊，也可片植林下作耐阴湿地被植物。

（4）相近植物　五彩络石（var. *variegat*），常绿蔓生藤本植物。整株叶色丰富，呈咖啡色、粉红色、全白色或绿白相间，冬季以褐红色为主，全年色彩斑斓。

23. 花叶薄荷（凤梨薄荷）***Mentha rotundifolia* cv. *Variegata***

科属：唇形科薄荷属

（1）识别要点　多年生芳香草本，高约30cm。茎稍匍匐。叶对生，椭圆形至圆形，缘有圆齿，叶面多皱缩，叶深绿色，边缘有较宽的乳白色或淡黄色斑纹。轮伞花序聚生于枝顶组成聚伞花序，花径2~4cm；花小，白色。花期7~9月。

（2）习性　喜光，在全日照香味浓郁；喜温暖湿润的环境；耐寒，耐旱，忌高温高湿；适应性较强，喜中性土壤，性喜肥，尤以氮肥为主，忌连作。

（3）用途　叶色丰富，全株具芳香，是优良的观叶地被植物，可片植于林缘，或布置花境、庭院。

24. 丛生福禄考 *Phlox subulata*

科属：花荵科天蓝绣球属

（1）识别要点 多年生常绿草本，高10～15cm。茎匍匐丛生，密集如毯。叶钻形簇生，革质。聚伞花序顶生，花径约2cm，花冠高脚碟状，淡红、紫色或白色，裂片椭圆形，顶端有深缺刻，芳香。花期3～5月。

（2）习性 喜光，稍耐荫；喜凉爽通风的环境；极耐寒，夏季忌高温多雨及阳光曝晒；在pH为6.5～8左右排水良好的腐殖土上生长良好。

（3）用途 植株低矮，覆地效果好，花朵繁多，花期长，是优良的春季观花地被，也可布置花境边缘和岩石园。

25. 美丽月见草（待霄草）***Oenothera speciosa***

科属：柳叶菜科月见草属

（1）识别要点 多年生常绿草本，常作一二年生栽培，高60～80cm。茎直立，被毛。叶对生，长圆状或披针形，缘有疏锯齿，两面被白色柔毛。花常2朵着生于茎上部叶腋，花径约5cm，花瓣4，粉红色，有香气。花期5～9月。

（2）习性 喜光，稍耐荫；稍耐寒；较耐旱；喜排水良好的沙质土壤；能自播繁殖。

（3）用途 花大色雅，花团锦簇，是优秀的观花地被植物，可作缓坡或景观大道旁的地被植物，或片植于湖边或林缘，也可布置花境、花坛，点缀山石、亭台。

26. 赤胫散 *Polygonum runcinatum*

科属：蓼科蓼属

（1）识别要点 多年生丛生草本，高30～60 cm。茎较纤细，紫色。叶互生，卵状三角形，基部常具2圆耳，宛如箭镞，上有紫黑斑纹，春季幼株枝条、叶柄及叶中脉均为紫红色，夏季成熟叶绿色，中央有锈红色晕斑，叶缘淡紫红色。头状花序，常数个生于茎顶，开粉红色或白色小花。花后结黑色卵圆形瘦果。花果期4～10月。

（2）习性 喜光亦耐荫；耐寒；耐瘠薄。

（3）用途 茎、叶色彩独特，抗逆性强，适宜作为路边、林缘或疏林下地被，亦可布置花境。

27. 紫花地丁（野堇菜、光瓣堇菜）***Viola philippica***（图4-71）

科属：堇菜科堇菜属

（1）识别要点 多年生草本，高4～14cm。无地上茎，根状茎短，垂直，淡褐色。叶基生，莲座状，狭卵状披针形或长圆状卵形，缘具较平的圆齿，叶柄具狭翅。花左右对称，具长柄，花瓣5，蓝紫色，下瓣距细管状。蒴果椭圆形至长圆形。花期3～4月，果期5～10月。

（2）习性 喜光，耐半荫；耐寒；耐旱，忌涝；对土壤要求不严；自播繁衍能力强。

（3）用途 株形紧密，覆地能力强，小花素净淡雅，早春开花，花期长，可片植于林缘或向阳草地，或与其他野生地被植物如野牛草、蒲公英等混种，也可布置花坛、花境和庭园。

图4-71 紫花地丁

思考训练

1. 调查20种常用的一、二年生花卉，说明它们的生态习性和园林应用。
2. 分别举出10种春天、夏天开花的一、二年生花卉。
3. 5人为一组，练习用盆花布置花坛。
4. 调查15种常用的宿根花卉，说明它们的生态习性和园林应用。
5. 分别举出春天、夏天、秋天开花的宿根花卉。
6. 5人为一组，练习用菊花等盆花布置花坛。
7. 调查10种常用的球根花卉，说明它们的生态习性和园林应用。
8. 分别举出春植、秋植的球根花卉。
9. 调查15种常用的水生花卉，说明它们的生态习性和园林应用。
10. 利用常见的水生花卉，画出水体景观绿化种植设计平面图。
11. 调查20种常用的地被植物，说明它们的生态习性和园林应用。
12. 举出10种常绿地被植物、5种藤本地被植物。

项目5

温室花卉识别与应用

模块1 温室观花花卉识别与应用

教学目标

知识目标：

◆ 能熟练掌握温室花卉的概念及特点。

◆ 熟练掌握温室花卉的生态习性、观赏特性、园林应用。

◆ 了解温室花卉的繁殖栽培管理技术。

能力目标：

◆ 能识别20种常见的温室花卉。

◆ 能熟练应用温室观花花卉。

素质目标：

◆ 学生通过收集、整理、总结和应用相关信息资料，培养自主学习的能力。

◆ 通过对形态相似或相近的温室观花花卉进行比较、鉴定和总结，培养学生独立思考问题和认真分析、解决实际问题的能力。

◆ 通过对温室花卉不断深入地学习和认识，提高学生的园林观赏水平。

能力训练

［活动］常见温室观花花卉识别与应用

活动目的	能识别常见的温室观花花卉，熟悉花卉的应用形式
活动要求	正确识别花卉种类
活动地点	校园或花鸟市场
活动程序	教师现场讲解、指导学生识别
	学生分组活动，观察花卉的形态、确定花卉名称，记录每种花卉的名称、科属、原产地、生态习性、观赏特性
	各组制作PPT，并进行交流讨论
	考核评估：花卉识别现场考核（口试）

一、温室一、二年生花卉

1. 瓜叶菊（千日莲、千夜莲、瓜叶莲）***Senecio cruentus***

科属：菊科瓜叶菊属

（1）识别要点　瓜叶菊为菊科瓜叶菊属多年生草本植物，在我国多作二年生花卉栽培。全株密生柔毛，叶具有长柄，叶大，心状卵形至心状三角形，叶缘具有波状或多角齿。形似葫芦科的瓜类叶片，故名瓜叶菊。有时背面带紫红色，叶表面浓绿色，叶柄较长。花为头状花序，簇生成伞房状。花有蓝、紫、红、粉、白或镶色，为异花授粉植物。瓜叶菊花期长，从当年11月至翌年5月，盛花期为2～4月。

（2）习性　瓜叶菊性喜凉爽气候，忌炎热，种子发芽适温21℃，生长适温15～20℃。不耐寒，经锻炼的秧苗能忍耐短时间的0～3℃低温。在15℃以下低温处理6周可完成花芽分化，再经8周可开花。温度高，茎长得细长，影响开花。喜光，但怕夏日强光。长日照促进花芽发育能提前开花，一般播种后的3个月开始给予15～16h的长日照，促使早开花。瓜叶菊喜湿润的环境，适宜土壤pH 6.5～7.5。怕旱、忌涝。氮肥过多秧苗易徒长。

（3）用途　瓜叶菊花色艳丽，且有一般室内花卉少见的蓝色花。花期长，是元旦、春节、“五一”及冬春其他庆典活动的主要花种之一，星形品种适宜作切花，可用于制作花篮或花圈。瓜叶菊也是布置公园早春花坛的主要花卉。

2. 报春花 ***Primula malacoides***

科属：报春花科报春花属

（1）识别要点　报春花科为多年生草本植物，常作一、二年生栽培。叶基生，全株被白色绒毛。叶椭圆形至长椭圆形，叶面光滑，叶缘有浅被状裂或缺，叶背被白色腺毛。花葶由根部抽出，高约30cm，顶生伞形花序，高出叶面。有柄或无柄，全缘或分裂；花通常2型，排成伞形花序或头状花序，有时单生或成总状花序；萼管状、钟状或漏斗状，5裂；花冠漏斗状或高脚碟状，长于花萼，裂片5，广展，全缘或2裂；雄蕊5，着生于冠管上或冠喉部，内藏；胚珠多数；蒴果球形或圆柱形，5～10瓣裂。花期冬春两季，花有深红、纯白、碧蓝、紫红、浅黄等色；红、蓝、白色花有黄芯，还有紫花白芯、黄花红芯等，可谓五彩缤纷，鲜艳夺目，多数品种花还具有香气。蒴果球状，种子细小，褐色，果实成熟时开裂弹出。

（2）习性　喜温暖湿润气候，生长适温13～18℃，在生长充分的条件下，10℃低温处理可促进一些种类花芽分化，日照中性，忌强烈的直射阳光，忌高温和干燥，喜湿润疏松的床土，适宜pH 6.0～7.0。以播种繁殖为主，也可分株繁殖。

（3）用途　报春花属植物花期很长，是冬春季节重要的温室盆花，其中较耐寒而适应性强的种类，也常用于花坛、岩石园，少数种类可作切花。

3. 蒲包花（荷包花）***Calceolaria herbeohybrida***

科属：玄参科蒲包花属

（1）识别要点　多年生草本，常作温室一二年生栽培。株高30～60cm，全株被细茸毛。茎上部分枝。叶卵形或卵状椭圆形，对生，黄绿色不规则聚伞花序，顶生，花冠二唇形，上唇小，前伸，下唇大并膨胀呈荷包状；花多黄色或具橙褐色斑点，此外尚有乳白、淡黄、赤红及浓褐等色；花期12月至翌年5月。

（2）习性 原产于墨西哥至智利。喜冬季温暖，夏季凉爽，不耐寒，怕炎热；喜光及通风良好；喜湿润，忌干，怕涝；宜排水良好，富含腐殖质的土壤。

（3）用途 室内盆花。

二、温室宿根花卉

1. 非洲凤仙（何氏凤仙、玻璃翠）***Impatiens hlostii***

科属：凤仙花科凤仙花属

（1）识别要点 多年生常绿草本植物，株高20～30cm，多分枝，株形紧凑，全株呈柔弱的肉质状，茎干晶莹透明，光滑无毛，故名“玻璃翠”，叶片亮绿秀丽，下部叶片互生，上部叶片轮生，卵状披针形，具肉质短柄。叶缘有锐齿，花大，花径为4～8cm，单生或2～3朵簇生叶腋，花形奇特，等距细长，向上弯曲宛如飞凤，十分别致，旗瓣阔倒心脏形，花期长且花色丰富，只要温度适宜，可四季花开不断。

（2）习性 原产于东非热带地区。喜温暖而湿润的气候，不耐寒，怕霜冻，较耐荫，忌烈日曝晒，不耐旱，怕水渍，对土壤要求不严，在疏松、肥沃土壤中生长良好。夏季温度太高，难以越夏。

（3）用途 因其枝繁叶茂，叶秀花雅，花期特长，易于成活，已成为集观叶、观花于一体的优良盆花，近年来受国外先进国家影响，非洲凤仙已成为新型的花坛大宗用花的种类，且有很强的发展势头，因此可作为一种很有潜力的品种来发展，也可作群植、单植、吊盆或吊袋，在高地冷凉地区可作多年生栽培，夏季可植于树荫下，一般只用单色作色带，不用混合色。

2. 非洲菊（扶郎花）***Gerbera jamesonii***

科属：菊科大丁草属

（1）识别要点 多年生常绿草本。株高20～30cm。叶丛生，具长柄。羽状浅裂，叶背被白绒毛，叶矩圆状匙形。头状花序自基部抽出，具长总梗，花梗中空；舌状花1～2轮，花色有红、粉、黄、橘黄等色；筒状花小，常与舌状花同色；花四季常开。有重瓣及多倍体品种。

（2）习性 原产于南非。半耐寒，能耐短期0℃低温，不耐高温高湿，喜温暖、阳光充足、空气干燥、通风良好，宜疏松肥沃、微呈酸性的沙质土壤，不耐积水，不宜连作。

（3）用途 其花朵硕大，花枝挺拔，花色艳丽，水插时间长，切花率高，瓶插时间可达15～20天，栽培省工省时，为世界著名十大切花之一。也可布置花坛、花径，或温室盆栽作为厅堂、会场等的装饰摆放。

3. 鹤望兰（天堂鸟、极乐鸟之花）***Strelitzia reginae***

科属：旅人蕉科鹤望兰属

（1）识别要点 多年生常绿草本。株高可达1m。具粗壮肉质根，茎不显。叶基生，两侧排列，长椭圆形，草质，具特长叶柄，有沟槽。总花梗与叶丛近等长，顶生或腋生；花苞横向斜伸，着花6～8朵；总苞片绿色，边缘晕红，花形奇特，小花的外3枚花被片橙黄色，内3枚花被片舌状，蓝色，形若仙鹤翘首远望。花期春夏至秋，温室冬季也有花；花期可长达3～4个月。

(2) 习性　原产于南非。喜温暖湿润，不耐寒；喜光照充足；要求肥沃、排水好的稍黏质土壤；耐旱，不耐湿涝。

(3) 用途　鹤望兰是一种有经济价值的观赏花卉。盆栽鹤望兰摆放宾馆、接待大厅和大型会议室，具清新、高雅之感。在南方可丛植院角，点缀花坛中心，同样景观效果极佳。也是珍贵的切花，也可切叶。

4. 四季秋海棠 *Begonia semperflorens*

科属：秋海棠科秋海棠属

(1) 识别要点　多年生多浆草本。株高 70～90cm，全株光滑。须根性。茎直立。叶卵形至广椭圆形，具细锯齿及缘毛。花序腋生，花红色至白色；花期全年，夏季略少。园艺品种多，有高型、矮型、重瓣、单瓣及红叶品种。

(2) 习性　原产于南美巴西。喜温暖、湿润、半荫，不耐寒，忌干燥和积水。

(3) 用途　姿态优美，叶色娇嫩光亮，花朵成簇，四季开放，且稍带清香，为室内外装饰的主要盆花之一。

5. 花烛（红掌、安祖花）***Anthurium andraeanum***

科属：天南星科花烛属

(1) 识别要点　多年生附生常绿草本。具肉质气生根。茎长达 1m 左右，节间短。叶鲜绿色，革质，长椭圆状心形，全缘。花梗长，超出叶上，佛焰苞阔心脏形，直立开展，革质，表面波状，鲜朱红色，有光泽；肉穗花序无柄，圆柱形，黄色；花期全年。

(2) 习性　原产于哥伦比亚。不耐寒，喜温暖、阴湿，要求空气湿度高。夏季生长适温 20～25℃，冬季温度不可低于 15℃。

(3) 用途　其花朵独特，为佛焰苞，色泽鲜艳华丽，色彩丰富，是世界名贵花卉。花期长，切花水养可长达 1 个半月，切叶可作插花的配叶。可作盆栽，盆栽单花期可长达 4～6 个月。周年可开花。

6. 大花君子兰（君子兰）***Clivia miniata***

科属：石蒜科君子兰属

(1) 识别要点　多年生常绿草本。根系粗大肉质。叶基部形成假鳞茎，二列状叠生，宽带形，全缘，革质，深绿色。花葶自叶腋抽出，直立，扁平，顶生伞形花序，外被数枚覆瓦状苞片，小花有柄，漏斗形，橙红色至橙黄色；花期冬春季。有许多栽培品种。

(2) 习性　原产于南非。喜冬季温暖、夏季凉爽的半荫环境，不耐寒；喜肥沃、疏松、通气良好的微酸性土壤；不耐水湿，稍耐旱。

(3) 用途　终年翠绿，叶、花、果兼美，可周年室内布置观赏，极适应室内散射光环境。端庄素雅，深受人们喜爱。是布置会场、厅堂，美化家庭环境的名贵花卉。

7. 垂笑君子兰 *Clivia nobilis*

科属：石蒜科君子兰属

(1) 识别要点　多年生常绿草本。形态似君子兰。但本种叶片及花被片均窄，叶缘有坚硬小齿。花狭漏斗形，开花时下垂，花被不开张，着花也较密。

(2) 习性　原产于南非。其他同大花君子兰。

(3) 用途　高雅肃穆，是春节期间布置会场、点缀宾馆、美化家庭环境的盆栽花卉。

三、温室球根花卉

1. 仙客来 *Cyclamen persicum*

科属：报春花科仙客来属

（1）识别要点 仙客来块茎扁圆球形或球形、肉质。叶片由块茎顶部生出，心形、卵形或肾形，叶缘有细锯齿，叶面绿色，具有白色或灰色晕斑，叶背绿色或暗红色，叶柄较长，红褐色，肉质。花单生于花茎顶部，花朵下垂，花瓣向上反卷，犹如兔耳；花有白、粉、玫红、大红、紫红、雪青等色，基部常具深红色斑；花瓣边缘多样，有全缘、缺刻、皱褶和波浪等形。

（2）习性 喜凉爽、湿润及阳光充足的环境。生长和花芽分化的适温为15~20℃，湿度70%~75%；冬季花期温度不得低于10℃，若温度过低，则花色暗淡，且易凋落；夏季温度若达到28~30℃，则植株休眠，若达到35℃以上，则块茎易于腐烂。幼苗较老株耐热性稍强。为中日照植物，生长季节的适宜光照强度为28000lx，低于1500lx或高于45000lx，则光合强度明显下降。要求疏松、肥沃、富含腐殖质，排水良好的微酸性沙质土壤。花期10月至翌年4月。

（3）用途 寓意“仙客到访”，有“单花下垂瓣上翘，凝视月宫仙兔来”之美喻，一般用于室内摆放，作迎春花卉，也用作商品切花。

2. 球根秋海棠 *Begania tuberhybrida*

科属：秋海棠科秋海棠属

（1）识别要点 多年生草本。株高30cm。球根类。具块茎，为不规则的扁球形；地上茎稍肉质，直立或铺散，有分枝，具毛。叶斜卵形，先端锐尖，具齿牙及缘毛。花腋生，具花梗，花大，径可达5~10cm；花有白、黄、橙、紫等色及复色；花型多变，有茶花型、香石竹型、月季型、鸡冠型、镶边型及具芳香和枝条下垂的品种；花期夏秋季，单花期半个月。

（2）习性 由原产于秘鲁和玻利维亚的几种秋海棠杂交而成的种间杂种。喜温暖湿润、日光不过强的环境。夏天不过热，一般不超过25℃，若超过32℃茎叶则枯落，甚至引起块茎腐烂。生长适温15~20℃。冬天温度不可过低，需保持10℃左右。生长期要求较高的空气相对湿度，白天约为75%，夜间约为80%以上。春暖时块茎萌发生长，夏秋开花，冬季休眠。短日条件下抑制开花，却促进块茎生长，长日条件能促进开花。种子寿命约2年。栽植土壤以疏松、肥沃、排水良好和微酸性的沙质土壤为宜。

（3）用途 花大色艳，兼具茶花、牡丹、月季、香石竹等名花异卉的姿、色、香，是秋海棠之冠，也是世界重要盆栽花卉之一。

3. 大岩桐 *Sinningia speciosa*

科属：苦苣苔科大岩桐属

（1）识别要点 多年生球根花卉。株高12~25cm，全株有粗毛，地下具扁球形块茎。叶基生，肥厚，长椭圆形，密被绒毛，具钝锯齿，叶背稍带红色。花顶生或腋生，花梗长，花冠呈阔钟状，径6~7cm，萼五角形，裂片5枚，裂片卵状披针形比萼筒长；花有白、粉紫、红及堇青色等，也常见镶白边的品种；花期夏季。

（2）习性 原产于巴西。不耐寒，喜温暖、湿润及半荫，忌高温和强光直射；喜疏松肥沃、排水良好的腐殖质土壤。

(3) 用途　是节日点缀和装饰室内及窗台的理想盆花。用它摆放会议桌、橱窗、茶室，更添节日欢乐的气氛。

4. 马蹄莲（慈姑花、水芋）***Zantedeschia aethiopica***

科属：天南星科马蹄莲属

(1) 识别要点　多年生球根花卉。具肥大的肉质块茎。株高70~100cm。叶基生，具长柄，叶柄长于叶片2倍以上，中央为凹槽，叶片卵状箭形。花梗与叶柄等长，佛焰苞白色，质厚；呈短漏斗状，喉部开张，先端长尖，稍反卷；肉穗花序短于佛焰苞，鲜黄色；花期12月至翌年5月，盛花期2~3月。

(2) 习性　原产于南非。喜温暖，稍耐寒；喜光，耐半荫；喜肥、水，忌干旱。

(3) 用途　重要切花，也可盆栽观赏。暖地可露地丛植。马蹄莲花语：博爱，圣洁虔诚，永恒，优雅，高贵，尊贵，希望，高洁，纯洁、纯净的友爱，气质高雅，春风得意，纯洁无瑕的爱。

5. 文殊兰 ***Crinum asiaticum***

科属：石蒜科文殊兰属

(1) 识别要点　多年生球根花卉。具叶基形成的假鳞茎，长圆柱状。叶基生，阔带形或剑形，肥厚。顶生伞形花序，下具2枚大形苞片，开花时下垂；小花纯白色，花被筒直立细长，花被片线形，有香气；花期夏季。

(2) 习性　原产于亚洲热带。喜温暖湿润，不耐寒；喜光线充足；耐盐碱土。

(3) 用途　暖地可庭院丛植、基础种植、盆栽。

6. 朱顶红（孤挺花、百枝莲、华胄兰）***Hippeastrum vittatum***

科属：石蒜科朱顶红属

(1) 识别要点　多年生球根花卉。具肥大鳞茎，外皮膜黄褐色或淡绿色，常与花色深浅有相关性。叶基生，两侧对生，6~8枚，略肉质，扁平带状。花葶自叶丛外侧抽出，粗壮中空，扁圆柱形；伞形花序，着花3~6朵；花大形，漏斗状，花被片具筒，花红色，中心及近缘处具白条纹或花白色，具红紫色条纹；花期春夏季节。杂交种很多。

(2) 习性　原产于秘鲁。喜温暖湿润，光照适中，冬季休眠期要求冷凉干燥，忌水涝；喜疏松、肥沃、富含腐殖质的沙质土。

(3) 用途　华南、西南地区可庭园丛植或用于花境；北方盆栽。或作切花，花蕾将开放时连花梗切取。

7. 蜘蛛兰（美丽蜘蛛兰、美丽水鬼蕉）***Hymenocallis speciosa***

科属：石蒜科螯蟹花属

(1) 识别要点　多年生球根花卉。鳞茎球形。外形似文殊兰，区别为：本种叶端尖，基部有纵沟。花葶硬而扁；花被筒带绿色，花被裂片线形，较筒长；花丝长，基部合生成杯状体；副冠漏斗形，缘齿状；花期夏秋季节。

(2) 习性　原产于美洲。喜光照、温暖湿润，不耐寒；喜肥沃的土壤。

(3) 用途　花境，丛植，盆栽。

8. 小苍兰（小菖兰、香雪兰）***Freesia refracta***

科属：鸢尾科香雪兰属

(1) 识别要点　多年生球根花卉。株高40cm。具圆锥形小球茎。茎柔弱，少分枝。对二列互生，狭剑形，较短而稍硬。花茎细长，稍扭曲，着花部分横弯；单歧聚伞花序，花朵偏生一侧，直立；花狭漏斗形；苞片膜质，白色；小花黄绿至鲜黄色；花期春季。有许多变种及品种，花色丰富。

(2) 习性　原产于南非。喜凉爽、湿润环境，不耐寒；喜阳光充足，肥沃而疏松的土壤。

(3) 用途　暖地可自然丛植。重要的冬春盆花，也是著名的切花。

四、温室木本花卉

1. 一品红（圣诞花、猩猩木）***Euphorbia pulcherrima***

科属：大戟科大戟属

(1) 识别要点　常绿灌木。株高可达3m。枝叶含乳汁。茎光滑，嫩枝绿色，老枝深褐色。单叶互生，卵状椭圆形，全缘或波状浅裂，叶质较薄，脉纹明显；叶背有柔毛；顶部小叶较狭，披针形，苞片状，开花时变朱红色，为主要观赏部位。杯状花序聚伞状排列，顶生，总苞淡绿色，边缘有齿及1~2个大而黄色的腺体；雄花具柄，无花被；雌花单生，位于总苞中央；花期12月至翌年2月。

常见栽培品种如下：

1) 一品白（var. *alba*）：顶叶在开花时为乳白色。

2) 一品粉（var. *rosea*）：顶叶在开花时为粉红色。

3) 重瓣一品红（var. *plenissima*）：植株较矮，顶叶及部分花序瓣化，呈重瓣状，艳红色。

此外还有蔓生、斑叶以及四倍体新品种。

(2) 习性　原产于墨西哥及中美洲。喜温暖及阳光充足，不耐寒；喜肥沃、湿润而排水好的土壤。短日照植物。

(3) 用途　开花期间适逢圣诞节，故又称“圣诞红”。华南地区可庭院种植；盆栽和切花是圣诞节的主要用花。

2. 米仔兰（米兰、树兰）***Aglaia odorata***

科属：楝科米仔兰属

(1) 识别要点　常绿灌木或小乔木。株高可达7m。多分枝，幼嫩部分被星状锈色鳞片。奇数羽状复叶，叶轴有窄翅，小叶3~5枚，对生，叶亮绿有光泽。圆锥花序腋生，花小而密，黄色，极芳香，花期夏秋季节。

(2) 习性　原产于中国及东南亚。喜阳光充足、温暖、湿润，不耐寒，耐半荫；宜肥沃疏松、排水好的酸性土壤。

(3) 用途　为优良的芳香植物，开花季节浓香四溢。盆栽，既可观叶又可赏花。暖地可庭院栽植。

3. 变叶木（洒金榕）***Codiaeum variegatum***

科属：大戟科变叶木属

(1) 识别要点　常绿灌木至小乔木。株高1~2m，全株光滑无毛，具乳汁。叶互生，厚革质；叶色、叶形、大小及着生状态变化极大。总状花序自上部叶腋生出，花小，单性。

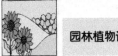

品系很多，目前栽培的绝大部分是杂交育成的园艺品种，依叶色有绿、黄、红、紫、青铜、褐及黑色等深浅不一的品种。

(2) 习性　原产于马来西亚及太平洋群岛，中国华南地区露地栽培。喜温暖、湿润，不耐寒；喜强光，不耐荫；宜肥沃、保水好的土壤。

(3) 用途　变叶木因在其叶形、叶色上变化显示出色彩美、姿态美，在观叶植物中深受人们的喜爱，华南地区多用于公园、绿地和庭园美化，既可丛植，也可作绿篱，在长江流域及以北地区均作盆花栽培，装饰房间、厅堂和布置会场。其枝叶是插花理想的配叶料。

4. 扶桑（朱槿、佛桑）***Hibiscus rosa-sinensis***

科属：锦葵科木槿属

(1) 识别要点　常绿灌木或小乔木。株高2～5m，盆栽常1～2m，全株无毛，叶互生，卵形至广卵形，长锐尖，具不规则粗齿，3主脉明显，叶面有光泽。花大，单生上部叶腋，阔漏斗形，雄蕊柱超出花冠外；花红色，中心部分深红色；花期夏季。栽培品种多，有白、粉、紫、橙、黄等花色品种，有半重瓣、重瓣及斑叶品种。

(2) 习性　原产于中国南部，喜温暖、湿润，不耐寒；喜光，为强阳性植物；宜肥沃土壤。

(3) 用途　盆栽；暖地花篱。

模块2　室内观叶植物识别与应用

教学目标

知识目标：

- 能熟练掌握室内观叶植物的概念及特点。
- 熟练掌握室内观叶植物的生态习性、观赏特性、园林应用。
- 了解室内观叶植物的繁殖栽培管理技术。

能力目标：

- 能识别30种常见的室内观叶植物。
- 能熟练应用室内观叶植物。

素质目标：

- 学生通过收集、整理、总结和应用相关信息资料，培养自主学习的能力。
- 通过对形态相似或相近的室内观叶植物进行比较、鉴定和总结，培养学生独立思考问题和认真分析、解决实际问题的能力。
- 通过对室内观叶植物不断深入地学习和认识，提高学生的园林观赏水平。

能力训练

[活动] 常见室内观叶植物识别与应用

活动目的	能识别常见的室内观叶植物，熟悉花卉的应用形式
活动要求	正确识别花卉种类
活动地点	花鸟市场
活动程序	教师现场讲解、指导学生识别
	学生分组活动，观察花卉的形态、确定花卉名称，记录每种花卉的名称、科属、原产地、生态习性、观赏特性
	各组制作 PPT，并进行交流讨论
	考核评估：花卉识别现场考核（口试）

一、室内观叶植物概述

在室内条件下，经过精心养护，能长时间或较长时间正常生长发育，用于室内装饰与造景的植物，称为室内观叶植物（Indoor foliage plants）。室内观叶植物以阴生植物（shade foliage plants）为主，也包括部分既观叶又观花、观果或观茎的植物。

室内观叶植物除具有美化家居的观赏功能之外，还可以吸收像二氧化硫等的有害气体，起到净化室内空气的作用，能营造一个良好的生活环境。室内观叶植物几乎能周年观赏，深受人们的喜爱，在家庭、宾馆、大厦、办公室和餐厅等公共场所，都能见到他们的身影。室内观叶植物种类多，差异也大，同时室内不同位置的生长环境也存在很大差异。所以室内摆放植物，必须根据具体位置、具体条件选择适合的品种，满足该植物的生态要求，使植物能正常生长，充分显示其固有特征，达到最佳观赏效果。

二、常见室内观叶植物

1. 翠云草（蓝地柏、绿绒草）***Selaginella uncinata***（图 5-1）

科属：卷柏科卷柏属

（1）识别要点　多年生蔓性草本。主茎柔软纤细，有棱，伏地蔓生；分枝处常生不定根，侧枝多回分叉。叶二形，中叶长卵形，渐尖；背叶矩圆形，向两侧平展；叶下面深绿色，上面带碧蓝色。孢子囊穗四棱形，孢子叶卵状三角形。

（2）习性　原产于中国，分布西南、华南地区及台湾省。喜温暖、湿润、半荫，忌强光直射。常生于林下湿石上、石洞内。春天分株繁殖。生长期要充分浇水，并保持较高的空气湿度。冬季越冬室温需要高达5℃以上。

（3）用途　在南方是极好的地被植物，也适于北方盆栽观赏。

图 5-1　翠云草

2. 鹿角蕨（蝙蝠蕨）***Platycerium bifurcatum* C. Chr.**

科属：水龙骨科鹿角蕨属

（1）识别要点　多年生附生性草本，具肉质根状茎，株高可达1m。叶 2 型，一种为"裸叶"（不育叶），圆形呈盾状，径 20cm，边缘波状，绿白色，后为褐色；另一种为"实叶"（生育叶），三角状，丛生，下垂，长 60～90cm，幼时灰绿色，成熟时为深绿色；先端宽而有分叉，形如鹿角，孢子囊群散生于叉裂顶端。孢子成熟期为夏季。

（2）习性　原产于澳大利亚；我国各地有引栽。在天然条件下，附生于树干分枝或开裂处、潮湿的岩石或泥炭上。性喜高温、多湿和半荫的环境，根部定要通风透气，耐旱、不耐寒；要求疏松并通气性能极好的栽培基质。

（3）用途　叶片形大而奇丽，周年绿色，是良好的观叶花卉，宜作吊挂栽植或贴生树干上。

3. 肾蕨（蜈蚣草、圆羊齿）***Nephrolepis cordifolia***（图 5-2）

科属：肾蕨科肾蕨属

（1）识别要点　多年生草本。株高 30～40cm。根状茎具主轴并有从主轴向四周横向伸出的匍匐茎，由其上短枝处可生出块茎。根状茎和主轴上密生鳞片。叶密集簇生，直立，具短柄，其基部和叶轴上也被鳞片；叶披针形，1 回羽状全裂，羽片无柄，以关节着生叶轴，基部不对称，一侧为耳状凸起，一侧为楔形；叶浅绿色，近革质，具疏浅钝齿。孢子囊群生于侧脉上方的小脉顶端，孢子囊群盖肾形。

图 5-2　肾蕨

（2）习性　原产于热带及亚热带地区，中国华南各省山地林缘有野生。喜欢温暖湿润和半荫的地方，喜湿润土壤和较高的空气湿度。生长期要多喷水或浇水，保持盆土不干，但浇水不宜太多。冬天应减少浇水。越冬温度 5℃以上。喜明亮的散射光，但也能耐较低的光照，切忌阳光直射。

（3）用途　肾蕨是目前国内外广泛应用的观赏蕨类，可供盆栽或切叶，广泛地应用于客厅、办公室和卧室的美化布置，尤其用作吊盆式栽培。

4. 铁线蕨（铁丝草）***Adiantum capillus-veneris***（图 5-3）

科属：铁线蕨科铁线蕨属

（1）识别要点　多年生常绿草本。株高 15～50cm，植株纤弱。叶簇生，具短柄，直立而开展，叶卵状三角形，薄革质，无毛；2～3 回羽状复叶，羽片形状变化大，多为斜扇形；叶缘浅裂至深裂；叶脉扇状分叉；叶柄纤细，紫黑色，有光泽，细圆，坚硬如铁丝。孢子囊生于叶背外缘。

图 5-3　铁线蕨

（2）习性　原产于美洲热带及欧洲温暖地区，分布中国长江以南各省，北至陕西、甘肃、河北。喜温暖、湿润、半荫；宜疏松、湿润含石灰质的土壤，为钙质土指示植物。

（3）用途　植于假山隙缝，背阴处基础丛植，盆栽观叶和装饰山石盆景。

5. 巢蕨（鸟巢蕨、山苏花）***Neottopteris nidus***

科属：铁角蕨科巢蕨属

（1）识别要点　多年生常绿大型附生植物。株高 100～120cm。根状茎短、密生鳞片。叶丛生于根状茎顶部外缘，向四周辐射状排列，叶丛中心空如鸟巢，故名；具圆柱形短叶柄；单叶阔披针形，尖头，向基部渐狭而下延；叶革质，两面光滑，有软骨质的边，干后略反卷；叶脉两面隆起，侧脉分叉或单一，顶端和一条波状脉的边缘相连。孢子囊群生于侧脉的上侧，向叶边伸达1/2。

（2）习性　原产于热带、亚热带地区。喜温暖、阴湿，不耐寒，宜疏松排水及保水皆好的土壤。

（3）用途　巢蕨叶片密集，碧绿光亮，为著名的附生性观叶植物，可盆栽观叶，吊盆观赏，切叶。在热带园林中，常栽于附生林下或岩石上，以增野趣。

6. 五彩凤梨 *Neoregelia caroline*

科属：凤梨科贞凤梨属

（1）识别要点　五彩凤梨别名彩叶凤梨，为凤梨属多年生附生常绿草本植物。开花前中央叶片转为红色，花序群集，埋于红色叶片中央的凹槽中。春节开花，但仅开放一夜，故花的观赏价值不高，主要观赏部位为红色的叶片，观赏期3～4个月。没有明显的休眠期，只要环境条件适宜，全年都可以生长。

（2）习性　原产于巴西。我国近几年有引种。性喜温暖、湿润的环境。喜光照，怕强光暴晒，有一定抗旱能力。宜生长在肥沃、疏松、排水良好的土壤中。五彩凤梨最适宜生长温度为22～25℃。冬季应放在温度为15℃以上的室内，低于15℃停止生长，长期低于10℃会受冻害。喜光照，叶片在充足的光照下更艳丽。但夏季要避免强阳光直射，以免灼伤叶片。一般先在较强的阳光下培养出具有美丽色彩的叶片，然后放在明亮的室内欣赏。光线过暗，会使叶片色彩变淡。一般房间内可连续观赏数周。如果环境条件适宜，该品种无明显休眠期，全年均可生长。

（3）用途　可供盆栽观赏。

7. 莺歌凤梨 *Vriesea carinata*

科属：凤梨科丽穗凤梨属

（1）识别要点　莺歌凤梨为丽穗凤梨属多年生常绿附生草本植物。总苞大型，鲜艳，为重要的观赏部位。喜温暖，较耐寒；喜半荫；要求疏松、通气及排水好的基质；不耐干旱。

（2）习性　莺歌凤梨生性强健，栽培容易。用植株基部萌芽扦插繁殖。培养土应疏松、透气、排水良好。用蕨根块、腐叶土及泥炭土混合制成的基质较好。室内栽培应置于光线明亮处。不耐干旱，夏季要充分浇水，晴天每日浇水两次，并需保持叶杯中不断清水，肥料应薄肥勤施。越冬温度不得低于5℃。

（3）用途　莺歌凤梨体态小巧玲珑，花叶俱美，可供盆栽观赏及切花。

8. 美叶光萼荷（蜻蜓凤梨、斑粉菠萝）***Aechmea fasciata***

科属：凤梨科光萼荷属

（1）识别要点　多年生附生常绿草本。叶丛莲座状，中央卷呈长筒形；叶革质，叶端钝圆或短尖；叶绿色，被灰色鳞片，有数条银白色横斑，叶背粉绿色；叶缘密生黑刺；总花梗从叶筒中抽出，淡红色；穗状花序塔状；苞片革质，端尖，桃红色；小花初开蓝紫色，后变桃红色；花期夏季，可连续开花几个月。

（2）习性　原产于巴西东南部。喜高温，不耐寒；喜光，耐荫，忌强光直射；宜疏松、富含腐殖质的培养土；耐旱。

（3）用途　常作盆栽或吊盆观赏，用它美化居室、布置厅堂十分理想。

9. 水塔花（火焰凤梨、红笔凤梨）***Billbergia pyramidalis***

科属：凤梨科水塔花属

（1）识别要点　多年生常绿草本。叶莲座状着生呈筒形，带状披针形，先端具小锐尖，叶缘上部有棕色小刺，叶背常具横纹。花葶被白粉，稍高出叶面；穗状花序紧密，球形；苞片披针形，红色；萼淡橙红色被白粉；花瓣红色，端蓝紫色；花序抽出含苞待放时，花瓣先端露出萼片，形如红笔。

（2）习性　喜温暖湿润及阳光充足的环境，要求空气湿度较大，忌强光直射，生长适温为20～28℃。对土质要求不高，以含腐殖质丰富、排水透气良好的微酸性沙质土壤为好，忌钙质土。

（3）用途　供盆栽观赏。株丛青翠，花色艳丽，是良好的盆栽花卉。盛开的水塔花是点缀阳台、厅室的佳品。

10. 果子蔓（红杯凤梨、姑氏凤梨）***Guzmania lingulata***

科属：凤梨科果子蔓属

（1）识别要点　多年生附生常绿草本。株高30cm。叶莲座状着生呈筒状；叶片带状，外曲，叶基部内折成槽；翠绿色，有光泽。伞房花序，外围有许多大型阔披针形苞片组成；总苞、苞片鲜红色或桃红色，小花白色；单株花期50～70天，全年均有花开。

（2）习性　原产于哥伦比亚、厄瓜多尔。喜高温高湿和阳光充足环境。不耐寒，怕干旱，耐半荫。对水分的要求较高。生长期需经常喷水和换水，保持高温和清洁环境。对光照的适应性较强，喜充足散射光照；要求排水好，疏松而富含腐殖质的基质。

（3）用途　供盆栽观赏，为花叶兼用之室内盆栽，还可作切花用。既可观叶又可观花，适宜在明亮的室内窗边长年欣赏。

11. 铁兰（艳花钱兰、紫花凤梨）***Tillandsia cyanea***

科属：凤梨科铁兰属

（1）识别要点　多年生附生常绿草本，株高15cm。叶放射状基生，斜伸而外拱；条形，硬革质；浓绿色，基部具紫褐色条纹。花葶高出叶丛；穗状花序椭圆形，扁平；苞片2裂，套叠，玫红色，端带黄绿色；小花雪青色；花期全年。

（2）习性　原产于厄瓜多尔、美洲热带及亚热带地区。喜温暖、湿润，不耐寒；喜充足散射光，忌强光直射；要求疏松、排水好的基质。在原产地生于热带森林的大树上，较耐干燥和寒冷。分株繁殖，待萌蘖芽稍大时掰取种植，带根较易成活。生长适温15～25℃，越冬温度10℃以上。生长期浇透水。

（3）用途　可供盆栽装饰室内。可摆放在阳台、窗台、书桌等，也可悬挂在客厅、茶室，还可做插花陪衬材料。具有很强的净化空气的能力。用于美化环境，新奇典雅。

12. 广东万年青（亮丝草）***Aglaonema modestum***（图5-4）

科属：天南星科亮丝草属

（1）识别要点　多年生常绿草本。株高60～70cm。茎直立，不分枝。叶椭圆状卵形，端渐尖，叶柄长，近中部以下具鞘。总花梗短，佛焰苞长5～7cm，肉穗花序，花期7～8月。浆果鲜红色。

（2）习性　原产于中国南部及菲律宾。不耐寒，怕暑热，冬季需保持12℃以上的室温，一经落叶就会死亡；生长适温为20～28℃。喜阴湿环境，怕阳光直射，可常年在庇荫处生长，短时间的暴晒叶面也会变白后黄枯；在干燥的空气中叶片发黄并失去光泽。喜保水力强的酸腐殖土，极耐水湿，不耐盐碱和干旱。

（3）用途　室内盆栽观叶。

13. 花烛（红掌、安祖花）***Anthurium andraeanum***（图5-5）

科属：天南星科花烛属

（1）识别要点　多年生附生常绿草本。具肉质气生根。茎长达1m左右，节间短。叶鲜绿色，革质，长椭圆状心形，全缘。花梗长，超出叶上，佛焰苞阔心脏形，直立开展，革质，表面波状，鲜朱红色，有光泽；肉穗花序无柄，圆柱形，黄色；花期全年。

图5-4　广东万年青

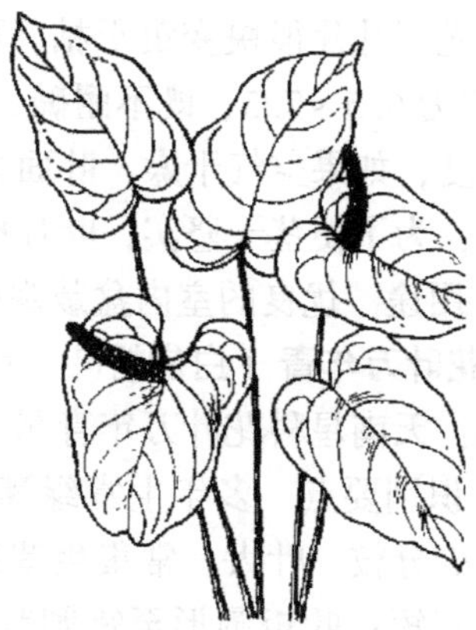

图5-5　花烛

（2）习性　原产于哥伦比亚。现在欧洲、亚洲、非洲皆有广泛栽培。不耐寒，喜温暖、阴湿，要求空气湿度高。夏季生长适温20～25℃，冬季温度不可低于15℃。国外大量采用组织培养繁殖。多用水苔、木屑或轻松腐殖质土栽培，生长期间保持空气湿润，多向叶面喷水。适当追施有机肥。

（3）用途　其花朵独特，为佛焰苞，色泽鲜艳华丽，色彩丰富，是世界名贵花卉。可供室内盆栽，也为优良的切花，水养持久。切叶可作插花的配叶。

14. 绿萝（黄金葛）***Scindapsus aureus***（图5-6）

科属：天南星科绿萝属

（1）识别要点　多年生常绿大藤本。茎长可达10m以上，盆栽多为小型幼株。茎节有沟槽，并生气根。叶卵状至长卵状心形，其大小受株龄及栽培方式的影响很大；老株叶片边缘有时不规则深裂；幼株叶片全缘，罕见裂；叶片鲜绿或深绿色，表面有浅黄色斑块，蜡质具光泽。

（2）习性　原产于中美、南美的热带雨林地区。喜温暖、湿润，稍耐寒；对光照要求不严，稍耐荫；喜肥沃、疏松而排水好的土壤。

（3）用途　绿萝是非常优良的室内观叶植物，可吊盆观赏，也可用于室内垂直绿化，在家具的柜顶上高置套盆，任其蔓茎从容下垂，或在蔓茎垂吊过长后圈吊成圆环，宛如翠色浮雕。

图5-6　绿萝

15. 龟背竹（蓬莱蕉、龟背蕉、龟背芋、电线草）***Monstera deliciosa***

科属：天南星科龟背竹属

（1）识别要点　常绿藤本植物，茎粗壮。茎上生有长而下垂的褐色气生根，可攀附他物向上生长。叶厚革质，互生，暗绿色或绿色；叶形奇特，孔裂纹状，幼叶心脏形，没有穿孔，长大后叶呈矩圆形，具不规则羽状深裂，自叶缘至叶脉附近孔裂，如龟甲图案；叶柄长30~50cm，深绿色，有叶痕；叶痕处有苞片，革质，黄白色。花状如佛焰，淡黄色。果实可食用。

（2）习性　原产于墨西哥，喜凉爽而湿润的气候条件，不耐寒，冬季室温不得低于10℃，不耐高温，当气温升到32℃以上时生长停止，最适生长温度为22~26℃。耐强阴，在直射阳光下叶片很快变黄干枯，可在明亮的室内常年陈设。要求深厚和保水力强的腐殖土，pH应为6.5~7.5，既不耐碱，也不耐酸。怕干燥，耐水湿，要求高的土壤湿度和较高的空气湿度，如果空气干燥，叶面会失去光泽，叶缘焦枯，生长减缓。气生根能直接吸收空气中的氮，为了使茎干坚实，叶片挺拔，施肥应以磷、钾肥料为主。

（3）用途　优良的室内盆栽观叶植物，也可作室内大型垂直绿化材料。

16. 花叶万年青（白黛粉叶）***Dieffenbachia picta***（图5-7）

科属：天南星科花叶万年青属

（1）识别要点　多年生常绿灌木状草本。株高可达1m。茎粗壮直立，少分枝。叶大，常集生茎顶部，上部叶柄1/2成鞘状，下部叶柄较其短；叶矩圆形至矩圆状披针形，端锐尖；叶面深绿色，有多数白色或淡黄色不规则斑块，中脉明显，有光泽。

图5-7　花叶万年青

（2）习性　原产于巴西。喜高温、高湿及半荫，不耐寒；忌强光直射；要求肥沃、疏松而排水好的土壤。

（3）用途　花叶万年青叶片宽大、黄绿色，有白色或黄白色密集的不规则斑点，有的为金黄色镶有绿色边缘，色彩明亮强烈，优美高雅，观赏价值高，是目前备受推崇的室内观叶植物之一，是优良的室内盆栽观叶植物。

17. 春羽（羽裂喜林芋、羽裂蔓绿绒、羽裂树藤、小天使蔓绿绒）***Philodendron selloum***

科属：天南星科喜林芋属

（1）识别要点　多年生常绿草本。茎粗壮直立而短缩，密生气根。叶聚生茎顶，大型，幼叶三角形，不裂或浅裂，后变为心形，基部楔形，羽状深裂，裂片有不规则缺刻，基部羽片较大，缺刻也多，厚革质，叶面光亮，深绿色。

（2）习性　产巴西。喜高温多湿环境，对光线的要求不严格，稍耐寒；喜光，极耐荫，在室内光线不过于微弱之地，均可盆养。生长缓慢。喜肥沃、疏松、排水良好的微酸性土壤，常用扦插繁殖。春季用嫩茎扦插，插入水中也易生根。越冬温度5℃。生长期要充分浇水并保持高的空气温度。

（3）用途　叶态奇特，十分耐荫，是优良的室内盆栽观叶植物，适合室内厅堂摆设，也可水养瓶中观叶。

18. 海芋（野芋、天芋、天荷、观音莲、羞天草）***Alocasia macrorrhiza***（图5-8）

科属：天南星科海芋属

(1) 识别要点　多年生常绿大型草本植物。植株高达1.5m。地下有肉质根茎，茎粗短，皮茶褐色，茎内多黏液。叶柄长，有宽叶鞘，叶大型，盾状阔箭形，聚生茎顶，端尖，缘微波状，主脉宽而显著，叶面绿色。佛焰苞黄绿色，肉穗花序，粗而直立。假种皮红色，非常美丽。种子成熟时，呈红色。

(2) 习性　原产于中国南部及西南地区、印度和东南亚。不耐寒，喜高温、高湿，喜半荫，忌强光直射，宜疏松、肥沃、排水良好的土壤。扦插或分株繁殖，也可播种繁殖。冬季室温不得低于15℃。栽培容易，管理粗放。

(3) 用途　室内大型盆栽观叶。

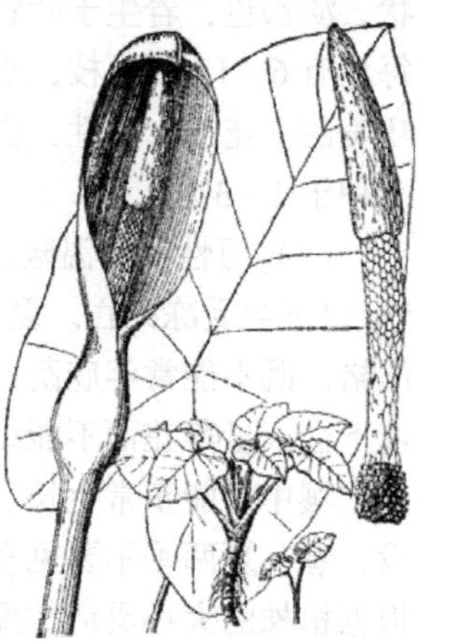

图5-8　海芋

19. 花叶芋（彩叶芋）***Caladium bicolor***（图5-9）

科属：天南星科花叶芋属

(1) 识别要点　多年生草本。株高50~70cm。块茎扁圆形。叶基生，箭状卵形，薄纸质，表面绿色，具大小不等的红色或白色斑点，背面粉绿色，叶柄细长，为叶片的3~7倍。佛焰苞舟形，外面绿色，里面粉绿色，喉部带紫晕；肉穗花序黄色至橙黄色，苞片锐尖，顶部褐白色。园艺品种极多，有绿叶显具红点或红斑或红脉或白脉，也有白叶显具绿脉或边缘绿色，主脉呈红色者等。

(2) 习性　产南美洲热带，巴西及亚马逊河流域分布最广。喜高温、高湿，不耐寒，生长期6~10月，喜半荫，喜散射光，忌强光直射，烈日暴晒叶片易发生灼伤现象；土壤要求肥沃、疏松和排水良好的腐叶土或泥炭土。土壤过湿或干旱对花叶芋叶片生长不利。

(3) 用途　盆栽观叶，切花，为优良的观叶植物。

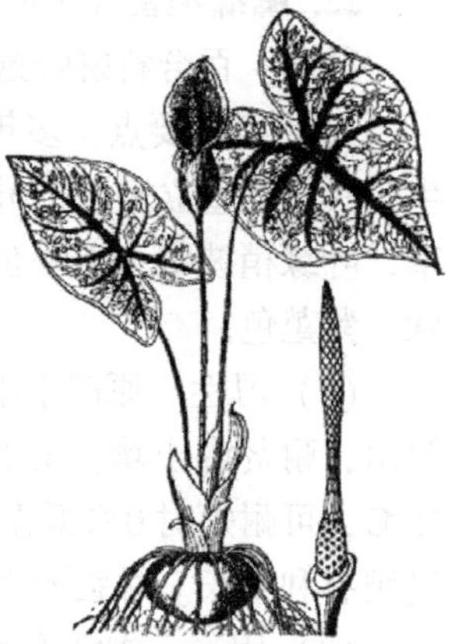

图5-9　花叶芋

20. 合果芋（丝素藤、箭叶芋）***Syngonium podophyllum***

科属：天南星科合果芋属

(1) 识别要点　多年生常绿蔓性草本。茎蔓生，具大量气生根，光照适度时晕紫色。叶互生，具长柄，幼叶箭形，淡绿色；成熟叶窄三角形，3深裂，中裂片较大，深绿色，叶脉及近叶脉处呈黄绿色。

(2) 习性　原产于中美、南美热带地区。喜高温多湿和半荫环境。不耐寒，怕干旱和强光暴晒。喜疏松、肥沃、排水良好的微酸性土壤。适应性强，生长健壮，能适应不同光照环境。

(3) 用途　合果芋株态优美，叶形多变，色彩清雅，它与绿萝、蔓绿绒誉为天南星科的代表性室内观叶植物。主要用作室内观叶盆栽，可悬垂、吊挂及水养，又可作壁挂装饰。

21. 文竹（云片松、刺天冬、云竹）***Asparagus plumosus***

科属：百合科天门冬属

(1) 识别要点　文竹是百合科天门冬属的多年生草本植物。肉质，茎柔软丛生，伸长的茎呈攀援状；平常见到绿色的叶其实不是真正的叶，而是叶状枝，真正的叶退化成鳞片状，淡褐色，着生于叶状枝的基部；叶状枝纤细而丛生，呈三角形水平展开羽毛状；叶状枝每片有6~13枚小枝，小枝长3~6mm，绿色。主茎上的鳞片多呈刺状，如同松针一般，精巧美丽。花小，两性，白绿色。1~3朵着生短柄上，花期春季。浆果球形，成熟后紫黑色，有种子1~3粒。

（2）习性　喜温暖、湿润的气候条件，既不耐寒，也怕暑热，冬季室温不得低于10℃，5℃以下会受冻死亡。夏季室温如超过32℃，生长停止，叶片发黄。对光照条件要求也比较严格，既不能常年庇荫，也经不起阳光暴晒，在烈日下曝晒半天就会黄枯。在通风不良的环境下会大量落花而不能结实。根系为肉质须根，对土壤要求较严，在疏松、肥沃、通气良好的土壤中才能正常生长。不耐盐碱，也不耐强酸，既不耐旱，也怕水涝。文竹只能供室内陈设，春、夏两季不要见直射光，秋末和冬季应靠近南窗摆放，可多见些阳光。浇水的多少应根据植株的大小灵活掌握。

（3）用途　室内盆栽观叶或切叶。文竹象征永恒，朋友纯洁的心，永远不变。婚礼用花中，它是婚姻幸福甜蜜，爱情地久天长的象征。

22. 蜘蛛抱蛋（一叶兰）***Aspidistra elatior***（图5-10）

科属：百合科蜘蛛抱蛋属

（1）识别要点　多年生常绿草本。地下具匍匐状根茎。叶基生，具长而直立坚硬的叶柄，叶革质，长椭圆形，端尖。基部狭窄，叶缘稍波状，深绿色。花单生，花梗极短，贴地开放，花钟状，紫堇色。

（2）习性　原产于中国南方各省。喜温暖、阴湿，耐寒，极耐荫，耐贫瘠土壤。分株繁殖，春季结合换盆进行。生长适温15℃，可耐短时0℃低温。喜肥沃、排水好的沙质土，栽培中施追肥有利生长。忌强光直射。一般管理。

（3）用途　蜘蛛抱蛋是极优良的室内盆栽观叶植物，它适于家庭及办公室布置摆放。可单独观赏；也可以和其他观花植物配合布置，以衬托出其他花卉的鲜艳和美丽。此外，它还是现代插花极佳的配叶材料。华南地区可用于花坛、林下地被或丛植。

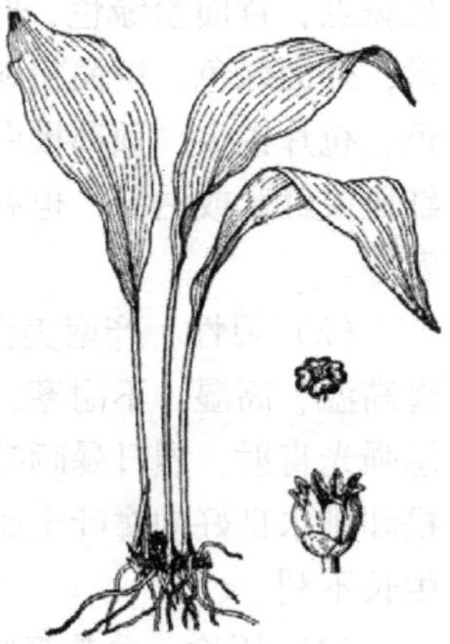

图5-10　蜘蛛抱蛋

23. 宽叶吊兰 ***Chlorophytum capense***

科属：百合科吊兰属

（1）识别要点　多年生常绿草本。具根茎。叶基生，宽线形，宽1.5~2.5cm，基部折合成鞘状；叶丛中间抽出，长匍匐状走茎，弯垂，其上生细长花茎，高出叶面之上。总状花序，花小，白色；花后花茎有时变成走茎，走茎顶端生有幼小植株，落地即成新株。

常见栽培的变种如下：

1）金心吊兰（var. *medio-pictum*）：形态似宽叶吊兰，但叶中部有黄白色纵条纹。

2）金边吊兰（var. *maginatum*）：叶缘黄白色，叶片较宽，且长。本变种耐寒性稍差，但耐旱性强。

3）银边吊兰（var. *variegatum*）：叶缘绿白色。

（2）习性　原产于南非。喜温暖；不耐寒，喜半荫、湿润，要求疏松、肥沃、排水好的土壤。

(3) 用途 优良的室内观叶植物，吊盆观赏。

24. 朱蕉（千年木、铁树、朱竹）***Cordyline terminalis***（图5-11）

科属：百合科朱蕉属

(1) 识别要点 常绿灌木。株高可达3m。茎单生或叉状分枝，直立细长。叶密生于茎端，具长柄，其上有沟槽，斜上伸展；叶片剑状披针形，端尖，革质，绿色或带紫红、粉红色条斑，幼叶在开花时变深红色。圆锥花序，下具3枚总苞片，小花白色至青紫色，花期春夏季节。

图5-11 朱蕉

(2) 习性 原产于大洋洲北部和中国热带地区。属半荫植物，喜高温、高湿，不耐寒，喜光，但忌强光直射，不耐荫。要求富含腐殖质和排水良好的酸性土壤，忌碱土。扦插、分株、播种或压条均可繁殖。用茎梢、茎上生出的不定芽以及茎段都可作插穗。春播也易发芽，只是栽培中很难结种子。越冬温度10℃以上，温度低易落叶。生长期充分浇水。注意夏季通风，一般栽培管理。

(3) 用途 暖地庭院栽植，是优良的室内观叶植物。盆栽适用于室内装饰。盆栽幼株，点缀客室和窗台，优雅别致。成片摆放会场、公共场所、厅室出入处，端庄整齐，清新悦目。还可切叶。

25. 香龙血树（香千年木）***Dracaena fragrans***

科属：百合科龙血树属

(1) 识别要点 常绿乔木。株高6m以上，盆栽较矮。叶簇生，长椭圆状披针形，基部狭窄，端渐尖，绿色或具各色条纹。花簇生呈圆锥状，小花带黄色，具3枚白色苞片，芳香。

常见栽培的变种如下：

1) 巴西千年木（var. *victoria*）：又名巴西铁、巴西水木、金边香龙血树。常绿乔木。株形整齐且直立不分枝。叶抱茎，无柄，在茎上螺旋着生；叶长椭圆状披针形，波浪状起伏，绿色，有金黄色条纹的宽边。13℃即休眠。巴西千年木是观赏价值较高的室内观叶植物。

2) 斑叶千年木（var. *massangeana*）：又名金心香龙血树、玉米树、常绿乔木。株形和叶片酷似巴西千年木，区别点在于：叶绿色，中央有黄色宽带，新叶其黄带更鲜明，老叶渐变黄绿色，色纹分布与巴西千年木正好相反，5℃即可越冬。耐肥，生长快，宜追肥。偏施氮肥或长期光照不足时，易使叶面绿色增大。

(2) 习性 原产于西非。喜高温、高湿，不耐寒，喜阳光充足。越冬温度10℃以上，温度低易落叶。土壤以肥沃、疏松和排水良好的沙质土壤为宜。盆栽以腐叶土、培养土和粗沙的混合土最好。生长期充分浇水。注意夏季通风，一般栽培管理。

扦插或分株繁殖。用茎梢、茎上生出的不定芽以及茎段都可作插穗。

(3) 用途 优良的室内盆栽观叶植物。

26. 虎尾兰（虎皮兰、千岁兰、虎尾掌、锦兰）***Sansevieria trifasciata***（图5-12）

科属：龙舌兰科虎尾兰属

(1) 识别要点　多年生常绿草本。具匍匐状根茎。叶 2～6 片，成束基生，直立，厚硬，剑形，基部渐狭成有槽的短柄；叶两面具白绿色与深绿色相间的横带纹。花葶高 80cm，小花数朵成束，1～3 束簇生花葶轴上，绿白色。

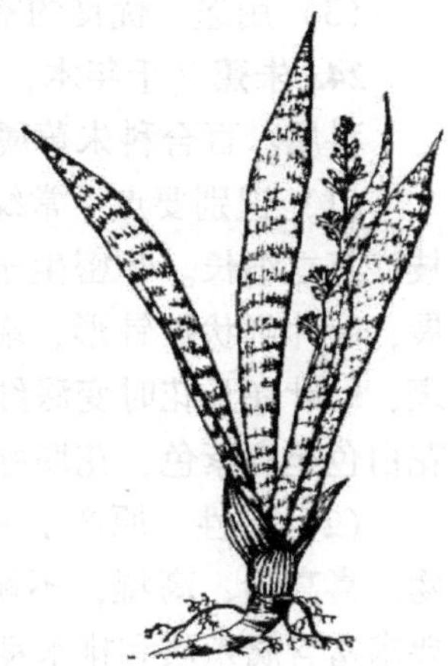

图 5-12　虎尾兰

常见栽培的变种如下：

金边虎尾兰（var. *laurentii*）：叶边缘金黄色。观赏价值高。繁殖只能用分株法，叶插会失去金边。

(2) 习性　原产于非洲西部。适应性强，性喜温暖湿润，耐干旱，喜光又耐荫。对土壤要求不严，以排水性较好的沙质土壤较好。分株或叶插繁殖。温度适合，随时可进行。叶插注意切断叶后，需按生长方向插入基质，不可倒置。生长适温 20～30℃，越冬温度 13℃以上，过低易从叶基部腐烂。从半荫处移到光照强处需逐步进行，否则叶易被灼伤。生长期充分浇水，冬季控制浇水。

(3) 用途　虎尾兰是很好的室内观叶植物，供盆栽观赏，也可切叶用。暖地常作宅园刺篱。

27. 紫叶鸭跖草（紫叶草、紫竹梅）***Setcreasea purpurea***

科属：鸭跖草科紫叶鸭跖草属

(1) 识别要点　多年生常绿草本。全株深紫色，被短毛。茎细长，多分枝，下垂或匍匐，稍肉质，节上生根，每节具一叶，抱茎；叶阔披针形，端锐尖，全缘。花小，数朵聚生枝端的 2 枚叶状苞片内，紫红色，花期 5~9 月。

(2) 习性　原产于墨西哥。喜温暖，较耐寒；喜阳光充足，耐半荫。

(3) 用途　华南地区可作花坛或地被及基础种植用；北方盆栽，吊盆观赏。

28. 吊竹梅（吊竹兰、白花吊竹草）***Zebrina pendula***

科属：鸭跖草科吊竹梅属

(1) 识别要点　多年生常绿草本。全株稍肉质。茎多分枝，匍匐，疏生粗毛，接触地面后节处易生根。叶互生，具短柄，基部鞘状抱茎，狭卵圆形，端尖。叶面银白色，其中部及边缘为紫色；叶背紫色。花小，紫红色，数朵聚生于 2 片紫色叶状苞片内，花期 5～9 月。

(2) 习性　原产于墨西哥。耐寒力强，短期低温不会冻死。喜半荫，光线过暗易徒长，叶无光泽，耐干燥。其他同紫叶鸭跖草。

(3) 用途　暖地可供花坛、基础种植用，也可盆栽、吊盆观赏。

29. 孔雀竹芋（五色葛郁金、蓝花蕉）***Calathea makogana***

科属：竹芋科肖竹芋属

(1) 识别要点　多年生常绿草本。株高 50cm。株形挺拔，密集丛生。叶簇生，卵形至长椭圆形，叶面乳白或橄榄绿色，在主脉两侧和深绿色叶缘间有大小相对、交互排列的浓绿色长圆形斑块及条纹。形似孔雀尾羽；叶背紫色，具同样斑纹；叶柄细长，深紫红色。

(2) 习性　原产于巴西。耐荫性强，需肥不多，喜湿，叶面要常喷水。用水苔作无土栽培基质效果好，分生力强，繁殖容易。其他同紫背竹芋。

(3) 用途　优良的室内观叶植物。

30. 天鹅绒竹芋（斑叶竹芋、斑马竹芋、绒叶竹芋）***Calathea leopardina***

科属：竹芋科肖竹芋属

（1）识别要点 斑叶竹芋植株具地下根茎，叶单生，根出，植株矮生，株高50～60cm，是竹芋科中大叶种之一。叶长椭圆形，长30～60cm、宽10～20cm；叶片有华丽的光泽，呈天鹅绒般的深绿并微带紫色。具浅绿色带状斑块，叶背为深紫红色。花紫色。

（2）习性 原产于巴西。喜温暖、湿润和半荫环境，不耐寒，怕干燥忌强光暴晒。对水分的反应十分敏感。生长季节，须充分浇水，保持盆土湿润。但土壤过湿，会引起根部腐烂，甚至死亡，喜低光度或半荫环境下生长。土壤以肥沃、疏松和排水良好的腐叶土最宜。盆栽用培养土、泥炭土和粗沙的混合土。

（3）用途 盆栽适用装饰客厅、书房、卧室等处，高雅耐观。在公共场所列放走廊两侧和室内花坛，翠绿光润，青葱宜人。

31. 皱叶豆瓣绿（皱叶椒草、皱纹椒草）***peperomia caperata***

科属：胡椒科豆瓣绿属

（1）识别要点 多年生常绿草本。株高20cm。叶丛生，具红色或粉红色长柄，长椭圆形至心形，深暗绿色，柔软、表面皱褶，整个叶面呈细波浪状，有天鹅绒的光泽，叶背灰绿色。夏秋抽出长短不等的穗状花序，黄白色。

（2）习性 广布于热带与亚热带地区。喜半日照或明亮的散射光。生长适温25～28℃，越冬温度不得低于12℃。喜温暖湿润环境和排水良好的沙质土壤，不耐积水，但喜欢空气湿度大的环境。

（3）用途 小型盆栽观叶。

32. 西瓜皮椒草（瓜叶椒草、银白斑椒草、西瓜皮豆瓣绿）***Peperomia sandersii* var. *argyreia***

科属：胡椒科草胡椒属

（1）识别要点 多年生常绿草本。株高20～30cm。无茎。叶密集丛生，盾状着生；厚而光滑，半革质，卵圆形，具尾尖，叶主脉从中心辐射，叶浓绿色，脉间为银白色条斑，状似西瓜皮，故名；叶背红褐色；叶柄红色，直立，肉质，浑圆。

（2）习性 原产于巴西。喜温暖、湿润及半荫环境。

（3）用途 盆栽观叶。

33. 冷水花（大冷水花、白雪草）***Pilea cadierei***

科属：荨麻科冷水花属

（1）识别要点 多年生草本或亚灌木。株高15～40cm。茎叶多汁。茎光滑，多分枝，节上生气生根，叶对生，卵状椭圆形，先端突尖，叶缘上部具浅齿，下部全缘，基出3主脉；叶在侧脉间凸出，呈波浪状起伏有序，凸起处有银白色斑块。

（2）习性 原产于东南亚地区。喜温暖、湿润，要求散射光，耐荫。

（3）用途 暖地地被；中、小型盆栽观叶。

34. 网纹草 *Fittonia verschaffeltii*

科属：爵床科网纹草属

（1）识别要点 多年生常绿草本植物。株高20～25cm。茎直立，多分枝，分枝斜生，开展。叶对生，卵形，薄纸质，具光泽，叶长5～8cm；银白色叶脉网状密布在绿色叶面之上，叶面或具深凹的红色叶脉。花小，黄色微带绿色。

(2) 习性　原产于热带。不耐寒，喜温暖、湿润；喜半荫，忌强阳光直射；喜疏松、肥沃、湿润、排水良好的石灰质土壤。生长最适温度夜间为 15～20℃，白天为 25～30℃，要求空气相对湿度 50% 左右。

(3) 用途　盆栽，作悬吊植物栽培。

35. 嫣泪草（红点草）***Hypoestes phyllostachya***

科属：爵床科嫣红蔓属

(1) 识别要点　多年生草本，常作一二年生栽培。株高 15～30cm。茎直立，多分枝。叶卵形，密被绒毛，叶面上有漂亮的粉红色斑点。

(2) 习性　原产于热带。不耐寒，喜温暖、湿润；喜半荫，忌强光直射；喜疏松、肥沃、富含腐殖质的土壤，要求排水良好。

(3) 用途　室内盆栽观叶。

36. 红背桂（青紫木、紫背桂）***Excoecaria cochinchinensis***

科属：大戟科海漆属

(1) 识别要点　常绿灌木。株高约 1m。茎多分枝。叶对生，矩圆状倒披针形，先端尖，叶表面绿色，背紫红色，具细齿。穗状花序腋生，花初开为黄色，后色变浅，花期 6～7 月。

(2) 习性　原产于中国广东、广西及越南。喜温暖、湿润，不耐寒，喜散射光照，耐半荫，忌暴晒。

(3) 用途　华南地区可庭院栽植或作绿篱，盆栽。

37. 鹅掌柴（手树、鸭脚木、小叶伞树、矮伞树、舍夫勒氏木）***Schefflera octophylla* (Lour.) Harms**

科属：五加科鹅掌柴属

(1) 识别要点　常绿大乔木或灌木，栽培条件下株高 30～80cm 不等，在原产地可达 4m。分枝多，枝条紧密。掌状复叶，小叶 5～9 枚，椭圆形，卵状椭圆形，长 9～17cm，宽 3～5cm，端有长尖，叶革质，浓绿，有光泽。花小，多数白色，有香气，花期冬春；浆果球形，果期 12 月至翌年 1 月份。

(2) 习性　原产于中国。喜半荫，喜湿怕干。在空气湿度大、土壤水分充足的环境下，茎叶生长茂盛。但对北方干燥气候有较强适应力。生长适温 15～25℃，冬季最低温度不应低于 5℃。对光照的适应范围广，在全日照、半日照或半荫环境下均能生长。但光照的强弱与叶色有一定关系，光强时叶色趋浅，半荫时叶色浓绿。土壤以肥沃、疏松和排水良好的沙质土壤为宜。盆栽土用泥炭土、腐叶土和粗沙的混合土壤。

(3) 用途　株形丰满优美，适应能力强，是优良的盆栽植物。适宜布置客厅书房及卧室。春、夏、秋也可放在庭院庇荫处和楼房阳台上观赏。也可庭院孤植，是南方冬季的蜜源植物。叶片可以从空气中吸收尼古丁和其他有害物质。叶和树皮可入药。

38. 橡皮树（印度橡皮树、印度榕大叶青、红缅树、红嘴橡皮树）***Ficus elastica* Roxb. ex Hornem**（图 5-13）

科属：桑科榕属

(1) 识别要点　常绿大乔木。树皮光滑，灰褐色，小枝绿色，少分枝。叶椭圆形，长

10～30cm，厚革质，先端钝，尾尖，基部圆，全缘，页面深绿色，具灰绿色或黄白色的斑纹褐斑点，背面淡绿色。托叶红褐色，包顶芽外，新叶展开时脱落。全株有乳汁。花叶橡皮树叶片宽大而有光泽，具有美丽的色斑，树形丰茂而端庄。

（2）习性　橡皮树原产于印度及马来西亚等地，现我国各地多有栽培。性喜温暖湿润环境，适宜生长温度20～25℃，安全越冬温度为5℃。喜明亮的光照，忌阳光直射。耐空气干燥。忌黏性土，不耐瘠薄和干旱，喜疏松、肥沃和排水良好的微酸性土壤。

（3）用途　小型植株可作窗台或几桌布置，大中型植株则宜布置厅堂、办公室和会议室等处。

图5-13　橡皮树

39. 袖珍椰子（矮生椰子、袖珍棕、矮棕）***chamaedorea elegans***

科属：棕榈科袖珍椰子属

（1）识别要点　株高不超过1m，其茎干细长直立，不分枝，深绿色，上有不规则环纹。叶片由茎顶部生出，羽状复叶，全裂，裂片宽披针形，羽状小叶20～40枚，镰刀状，深绿色，有光泽。植株为春季开花，肉穗状花序腋生，雌雄异株，雄花稍直立，雌花序营养条件好时稍下垂，花黄色呈小珠状；结小浆果多为橙红色或黄色。

（2）习性　喜温暖、湿润和半荫的环境。生长适宜的温度是20～30℃，13℃时进入休眠期，冬季越冬最低气温为3℃。袖珍椰子栽培基质以排水良好、湿润、肥沃壤土为佳。

（3）用途　植株小巧玲珑，株形优美，姿态秀雅，叶色浓绿光亮，耐荫性强，是优良的室内中小型盆栽观叶植物。

40. 散尾葵 ***Chrysalidocarpus lutescens***

科属：棕榈科散尾葵属

（1）识别要点　丛生常绿灌木或小乔木。茎干光滑，黄绿色，无毛刺，嫩时披蜡粉，上有明显叶痕，呈环纹状。叶面滑而细长，羽状复叶，全裂，长40～150cm，叶柄稍弯曲，先端柔软；裂片条状披针形，左右两侧不对称，中部裂片长约50cm，顶部裂片仅10cm，端长渐尖，常为2短裂，背面主脉隆起；叶柄、叶轴、叶鞘均淡黄绿色；叶鞘圆筒形，包茎。肉穗花序圆锥状，生于叶鞘下，多分枝，长约40cm，宽50cm；花小，金黄色，花期3～4月。果近圆形，长1.2cm，宽1.1cm，橙黄色。种子1～3枚，卵形至椭圆形。基部多分蘖，呈丛生状生长。

（2）习性　性喜温暖湿润、半荫且通风良好的环境，不耐寒，较耐荫，畏烈日，适宜生长在疏松、排水良好、富含腐殖质的土壤中，越冬最低温要在10℃以上。

（3）用途　株形秀美，在华南地区多作庭园栽植，极耐荫，可栽于建筑物阴面。其他地区可作盆栽观赏。

41. 鱼尾葵 ***Caryota ochlandra* Hance**

科属：棕榈科鱼尾葵属

（1）识别要点　常绿大乔木，高可达20m。单干直立，有环状叶痕。2回羽状复叶，大而粗壮，先端下垂，羽片厚而硬，形似鱼尾。花序长约3m，多分枝，悬垂。花3朵聚生，黄色。果球形，成熟后淡红色。花期7月。

（2）习性　喜温暖、湿润。较耐寒，能耐受短期－4℃低温霜冻。根系浅，不耐干旱，茎干忌暴晒。要求排水良好、疏松、肥沃的土壤。

（3）用途　鱼尾葵是我国最早栽培作观赏的棕榈植物之一。茎干挺直，叶片翠绿，花色鲜黄，果实如圆珠成串。适于栽培于园林庭院中观赏，也可盆栽作室内装饰用。

42. 棕竹 *Rhapis excelsa*（Thunb.）Henry ex Rehd

科属：棕榈科棕竹属

（1）识别要点　棕竹为丛生灌木，茎干直立，高1～3m。茎纤细如手指，不分枝，有叶节，包以有褐色网状纤维的叶鞘。叶集生茎顶，掌状，深裂几达基部，有裂片3～12枚，长20～25cm、宽1～2cm；叶柄细长，约8～20cm。肉穗花序腋生，花小，淡黄色，极多，单性，雌雄异株。花期4～5月。浆果球形，种子球形。

（2）习性　喜温暖湿润及通风良好的半荫环境，不耐积水，极耐荫，夏季炎热光照强时，应适当遮阴。适宜温度10～30℃，气温高于34℃时，叶片常会焦边，生长停滞，越冬温度不低于5℃。株形小，生长缓慢，对水肥要求不十分严格。要求疏松肥沃的酸性土壤，不耐瘠薄和盐碱，要求较高的土壤湿度和空气温度。

（3）用途　棕竹姿态秀雅，翠杆亭立，叶盖如伞，四季常青，观赏价值很高。

模块3　兰科花卉识别与应用

教学目标

知识目标：

◆ 能熟练掌握兰科花卉的概念及特点。

◆ 熟练掌握兰科花卉的生态习性、观赏特性、园林应用。

◆ 了解兰科花卉的繁殖栽培管理技术。

能力目标：

◆ 能识别常见的兰科花卉。

素质目标：

◆ 学生通过收集、整理、总结和应用相关信息资料，培养自主学习的能力。

◆ 通过对形态相似或相近的兰科花卉进行比较、鉴定和总结，培养学生独立思考问题和认真分析、解决实际问题的能力。

◆ 通过对兰科花卉不断深入地学习和认识，提高学生的园林观赏水平。

能力训练

［活动］常见兰科花卉识别与应用

活动目的	能识别常见的兰科花卉，熟悉兰科花卉的应用形式
活动要求	正确识别花卉种类
活动地点	花鸟市场
活动程序	教师现场讲解、指导学生识别
	学生分组活动，观察花卉的形态、确定花卉名称，记录每种花卉的名称、科属、原产地、生态习性、观赏特性
	各组制作PPT，并进行交流讨论
	考核评估：花卉识别现场考核（口试）

一、兰科植物概述

兰科植物按其生态习性可分为地生兰和附生兰两大类，还有少数腐生兰，我国是兰属植物的分布中心。

1. 兰属（中国兰花）

中国兰花多指地生兰，这些地生兰皆为兰属，为多年生常绿草本植物，其叶姿秀雅，幽香清远，享有“天下第一香”的美名。按开花季节不同可分为如下种类：

春季开花类　春兰（*Cymbidium goeringii*），别名草兰、山兰，花期2~3月。

夏季开花类　蕙兰（*C. faberi*），别名夏兰、九节兰，花期4~5月。

台兰（*C. floribundum* var. *pumilum*），别名金棱边，花期4~6月。

秋季开花类　建兰（*C. ensifolium*），别名秋兰、雄兰、秋蕙，花期7~9月。

冬季开花类　墨兰（*C. sinense*），别名报岁兰，花期11月~次年1月。

寒兰（*C. kanran*），花期10月~次年1月。

此外，兰属还有一些附生性的兰花，如虎头兰、硬叶兰等。栽培管理与热带兰相同。

兰花喜温暖湿润气候，春兰及蕙兰耐寒力较强，长江南北均有分布，但以长江以南分布为多。寒兰分布稍南些。建兰及墨兰耐寒力稍弱，自然分布仅限于福建、广东、广西、云南等省南部及台湾省。兰花多野生于湿润山谷的疏林下、腐殖质丰富的微酸性土壤中。兰根均分布于表土层中，根长可达50~80cm。在树下半荫处生长最为繁茂，在南坡日光较充足而干燥处，叶稍黄而着花多；而在阴坡，叶浓绿繁盛而着花少。在栽培中，生长期要保持半荫，冬季应有充足的光照。兰花根系与菌根菌共生，否则生长不良。

兰花是我国的传统名花，是著名的珍贵盆花，常设置兰圃进行专类栽培。它无花时叶态飘逸，四季常青，有“看叶胜看花”的誉称。开花时花容清秀，色彩淡雅，幽香四溢，耐人品味。

一些兰属杂交种是国际上名贵的切花，一枝花在常温下水插可观赏1个多月。

兰花的花、叶均可药用；花可食用，并用以熏制兰花茶。

2. 附生兰类（热带兰花或洋兰）

附生兰类是生长在热带或亚热带的兰科植物，种类甚多，均具有大型的鲜艳花朵，观赏价值很高，但一般种类均无香气。如卡特兰、兜兰、石斛等。

附生类兰花多附生在森林的树干上或崖壁阴湿之处，其中一部分种类更喜湿气，如卡特兰（*Cattleya labiata*）大部分附生于热带雨林的树干上或岩石上，也见于多湿的森林或溪边树木上。在原产地，生长期在春季及夏季，以雨季为生长盛期。在这期间要求高温、高湿。秋冬为休眠期，宜稍微干燥。对于水分、日照、温度的要求由于种类的不同而异。但一般均要求湿润及半荫的环境。

二、常见兰科植物

1. 白芨（凉姜、双肾草、紫兰）***Bletilla striata***

科属：兰科白芨属

(1) 识别要点　多年生球根花卉。株高30～60cm。具扁球形假鳞茎。茎粗壮，直立。叶互生，3～6枚阔披针形，基部下延成鞘状而抱茎；平行叶脉明显而突出使叶面皱褶。总状花序顶生，花淡紫红色；花被片6枚，不整齐，其中1枚较大，成唇形，3深裂，中裂片波状具齿；花期3～5月。

(2) 习性　原产于中国华中、华南及西南各省，日本、朝鲜也有。喜温暖而凉爽湿润的气候，稍耐寒；喜半荫；要求富含腐殖质的沙质土壤。

(3) 用途　岩石园，与山石配置，丛植于林下、林缘，盆栽。

2. 虾脊兰 *Calanthe discolor*

科属：兰科虾脊兰属

(1) 识别要点　多年生草本。地生性。茎不明显。叶近基生，2～3枚，倒卵状矩圆形，基部渐狭成柄。花葶从叶丛中抽出，直立，总状花序着花6～12朵，小花紫红色，唇瓣3深裂，中裂片又分裂为2，白色有浅红晕或斑点，端弯曲；花期初夏。

(2) 习性　原产于中国长江流域及南部各省，日本也有。喜温暖，不耐寒；喜高湿、半荫环境；宜富含腐殖质、疏松、排水及保水好的基质。

(3) 用途　盆栽，用于景箱，或作切花。

3. 春兰（山兰、草兰）***Cymbidium goeringii***（图5-14）

科属：兰科兰属

(1) 识别要点　多年生常绿草本。地生性。具假鳞茎，球形。叶4～6枚丛生，狭带形，叶脉明显，叶缘粗糙且具细齿。花葶直立，具4～5枚鞘，花单生，少数2朵，淡黄绿色，有香气；花期2～3月。依花被片的形状不同，可分为几类花形，如梅瓣形、水仙瓣形、荷瓣形以及蝴蝶瓣形。有许多名贵品种。

(2) 习性　原产于中国华中、华南。喜凉爽湿润，较耐寒，忌酷热和干燥；要求生长期半荫，冬季有充足的光照；喜富含腐殖质、疏松、通气的微酸性土壤。

(3) 用途　春兰是中国的名花之一，有悠久的栽培历史，多进行盆栽，作为室内观赏用，开花时有特别幽雅的香气，花期2～4月，为室内布置的佳品，其根、叶、花均可入药。

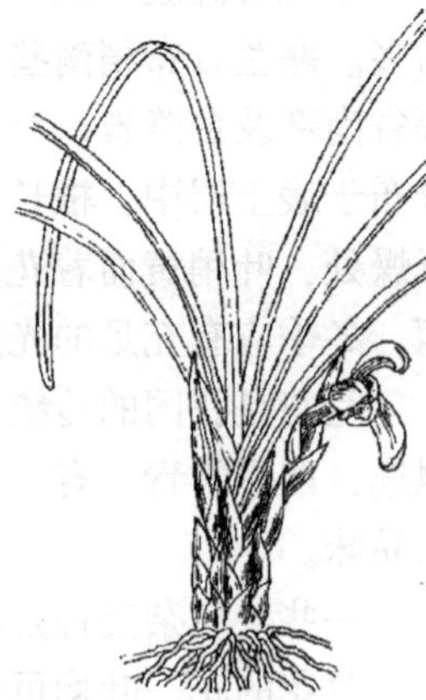

图5-14　春兰

4. 蕙兰（夏兰、九节兰）***Cymbidium faberi***（图5-15）

科属：兰科蕙兰属

(1) 识别要点　多年生常绿草本。地生性，假鳞茎不显著。叶5～7片丛生，较春兰叶宽、长，直立性强，基部常对折，横切面呈“V”形，叶缘具粗齿。花葶直立而长，着花

6～12朵，浅黄绿色，具紫红斑点；香气较春兰淡；花期3～4月。名贵品种很多。

（2）习性 原产于中国中部及南部。其他同春兰。

（3）用途 蕙兰花是我国珍稀物种，为国家二级重点保护野生物种。盆栽，是高档的冬春季节日用花。

5. 建兰（秋兰、雄兰）***Cymbidium ensifolium***（图5-16）

科属：兰科兰属

（1）识别要点 多年生常绿草本。地生性。假鳞茎较小。叶2～6枚丛生，广线形，全缘，基部狭窄，中上部宽。花葶短于叶丛，直立，着花5～9朵，浅黄绿色至浅黄褐色，有暗紫色条纹，香味浓；花期7～9月。有许多名贵品种。

图5-15 蕙兰

图5-16 建兰

（2）习性 原产于福建、广东、四川、云南。耐寒力较弱。早春分株，冬季盆土宜干燥。其他同春兰。

（3）用途 建兰栽培历史悠久，品种繁多，在我国南方栽培十分普遍，是阳台、客厅、花架和小庭院台阶陈设佳品，显得清新高雅。

6. 墨兰（报岁兰）***Cymbidium sinense***

科属：兰科兰属

（1）识别要点 多年生常绿草本。地生性。假鳞茎椭圆形。叶2～4枚丛生，直立性，宽而长，剑形，全缘，深绿色有光泽。花葶直立，高于叶面，着花5～17朵，苞片狭披针形，淡褐色，有5条紫脉，花瓣较短宽，向前伸展；小花基部有蜜腺淡香；花期11月至次年1月。品种丰富。

（2）习性 原产于中国广东、福建及台湾。不耐寒，冬季开花，仍需浇水。其他同春兰。

（3）用途 盆栽，吊盆观赏。

7. 寒兰 ***Cymbidium kanran***（图5-17）

科属：兰科兰属

（1）识别要点 多年生常绿草本。地生性。外形与建兰相似，但叶较狭，基部更狭；3～7枚丛生，直立性强，全缘或近顶端有细齿，略带光泽。花葶直立，与叶等高或稍高出叶，疏生花10余朵；萼片较狭长，花瓣较短而宽，唇瓣黄绿色带紫斑，有香气；花期12月至翌年1月。品种多。

我国寒兰通常以花被颜色来分变型。有以下四种：①青寒兰；②青紫寒兰；③紫寒兰；④红寒兰。其中以青寒兰和红寒兰为珍贵。

（2）习性　原产于中国福建、浙江、江西、湖南、广东等地。耐寒性差，冬季仍需浇水。其他同春兰。

（3）用途　一茎多花，叶姿幽雅高尚，是日本仅有的原产于兰花之王。因此，日本寒兰在日本兰界所占的地位相当显要。在兰花市场上，身价也较高。

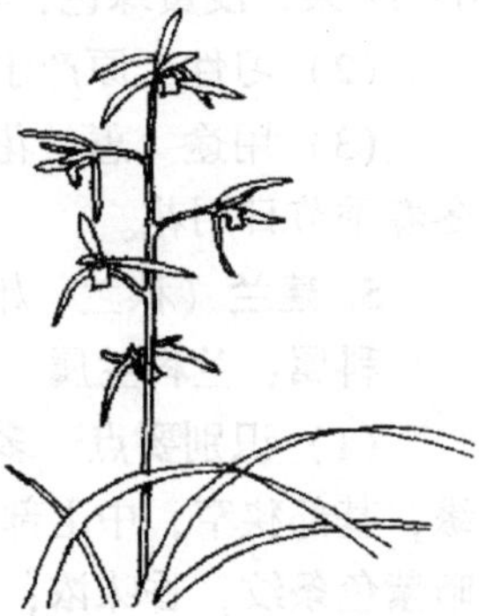

图5-17　寒兰

8. 密花石斛（黄花石斛）***Dendrobium densiflorum***

科属：兰科石斛属

（1）识别要点　多年生附生草本。株高30cm。假鳞茎丛生，多节；棒状具4棱。叶生茎上部，3~5枚，长圆状披针形，革质，深绿色。总状花序顶生，花茎下垂；小花密集，呈椭圆球形，小花金黄色，光亮，唇瓣环状，色较深，极美丽；花期3~5月。

（2）习性　原产于中国喜马拉雅山、海南、广西、云南南部。喜高温、高湿环境，较耐寒，忌酷热及干燥；喜半荫，忌阳光直射。

（3）用途　盆栽，吊盆观赏。

9. 石斛（金钗石斛）***Dendrobium nobile***

科属：兰科石斛属

（1）识别要点　多年生附生草本。株高20~40cm。茎丛生，直立，有明显的节和纵槽纹，稍扁，上部略呈回折状，基部收狭。叶互生，近革质，长椭圆形，端部2圆裂两侧不等，基部成鞘，膜质。总状花序着花1~4朵；花大，白色，端部淡紫色；唇瓣宽卵状矩圆形，唇盘上有紫斑；花期3~6月。

（2）习性　原产于中国云南、广东、广西、台湾及湖北等地。栽培中盆底需填入排水层。华北地区中温温室栽培。秋季需一个干燥、低温（约10℃）的过程，以促进花芽分化。其他同密花石斛。

（3）用途　盆栽，吊盆观赏，或作切花。

10. 带叶兜兰（柔毛拖鞋兰）***Paphiopedilum hirsutissnum***

科属：兰科兜兰属

（1）识别要点　多年生草本。地生或半附生性。无假鳞茎。叶基生，带形，端尖，深绿色，基部有紫斑。花单生，绿色，有小紫点斑，唇瓣兜状，有爪；花期9月至翌年5月。

（2）习性　原产于中国云南东南部、广西、贵州，印度也有分布。喜温暖高湿环境，稍耐寒，忌干热；喜半荫及肥沃、疏松、排水好且透气的基质。

（3）用途　名贵洋兰之一，盆栽，或作切花。

11. 兜兰（美丽囊兰）***Paphiopedilum insigne***

科属：兰科兜兰属

（1）识别要点　多年生常绿草本。地生性。无假鳞茎。叶基生，表面有沟，幼叶绿色，老叶蓝绿色，革质。花葶从叶腋抽生，单生一朵花，蜡状，黄绿色，具褐色斑纹；兜大，紫褐色；花期9月至翌年2月。

（2）习性 原产于印度北部。喜凉爽湿润，较耐寒；喜半荫；要求环境通风好。北方宜低温温室栽培。其他同带叶兜兰。

（3）用途 同带叶兜兰。

12. 蝴蝶兰（蝶兰）***Phalaenopsis amabilis***（图5-18）

科属：兰科蝴蝶兰属

（1）识别要点 多年生附生常绿草本。根扁平如带，有疣状突起，茎极短。叶近二列状丛生，广披针形至矩圆形，顶端浑圆，基部具短鞘，关节明显。花茎1至数枚，拱形，长达70~80cm；花大，白色，蜡状，形似蝴蝶；花期冬春季。栽培品种很多。

（2）习性 原产于亚洲热带及中国台湾。喜高温高湿，不耐寒。喜通风及半荫；要求富含腐殖质、排水好、疏松的基质。

（3）用途 其花姿优美，颜色华丽，为热带兰中的珍品，有“兰中皇后”之美誉。蝴蝶兰为珍贵的盆花，吊盆观赏，也是优良的切花材料。

13. 大花惠兰（虎头兰、蝉兰、西姆比兰）***Cymbidium***

科属：兰科兰属

（1）识别要点 大花蕙兰通常是指兰科（Orchidaceae）兰属中一部分大花附生种类及其杂交品种。假鳞茎椭圆形，粗大。叶宽而长，下垂，浅绿色，有光泽。花葶斜生，稍弯曲，有花6~12朵。花大，浅黄绿色，略带香气。大花蕙兰与其他洋兰相比，更具特色，花大而多。姿态优美，色彩丰富艳丽，有红、黄、绿、白以及复色。经过杂交之后，产生黄与红或黄与绿的综合色彩。

（2）习性 大花蕙兰原产于中国、韩国、日本及东南亚地区，适于栽种的地域广阔。在亚热带及热带海拔高的地区，可露地栽培，在温带寒冷地区，如我国华中以北地区可在室内或低温温室栽培。大花蕙兰花期较长，可达50~80天，生长健壮，容易开花，适应性强，栽培比较容易。

（3）用途 大花蕙兰花形大方、壮观，比较耐寒、耐运输。通常作盆花种植，可用来布置和美化居室、庭园，大规模生产时亦可作为很好的一种商品切花，在我国发展前途极大。

14. 卡特利亚兰（卡特兰、多花布袋兰）***Cattleyta bowringiaga***（图5-19）

科属：兰科卡特兰属

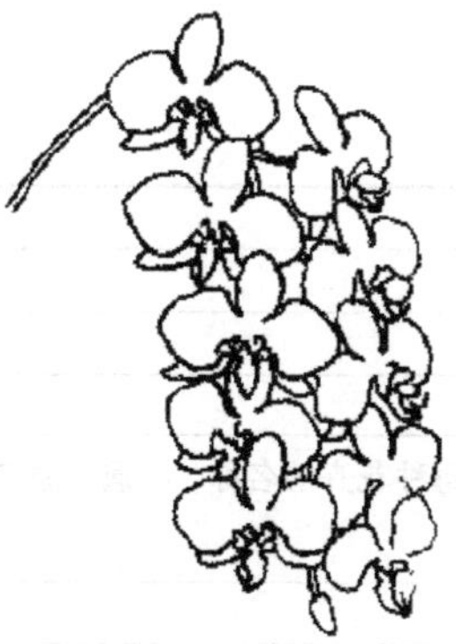

图5-18 蝴蝶兰

图5-19 卡特利亚兰

(1) 识别要点　多年生常绿附生草本。株高60cm。假鳞茎生于短根茎顶端，长纺锤形。顶生1~2枚叶，长椭圆形，厚革质，淡绿色。花梗从叶基抽出，着花5~10朵；花大，各瓣离生，唇瓣大，侧裂片包围蕊柱，蕊长而粗，先端宽，花浅紫红色，瓣缘深紫，花喉黄白色，具紫纹；花期2月，单花可开放1个月，有各种花色的品种。

(2) 习性　原产于南美洲。喜温暖，不耐寒；喜阳光充足，但忌强光直射；喜高湿及通风好；要求排水、通气好的基质。

(3) 用途　卡特利亚兰为热带兰中的珍品。盆栽，吊盆观赏，也是极优良的切花材料。

模块4　仙人掌与多浆花卉识别与应用

教学目标

知识目标：

◆ 能熟练掌握仙人掌与多浆花卉的概念及特点。

◆ 熟练掌握仙人掌与多浆花卉的生态习性、观赏特性、园林应用。

◆ 了解仙人掌与多浆花卉的繁殖栽培管理技术。

能力目标：

◆ 能识别20种常见的仙人掌与多浆花卉。

◆ 能熟练应用仙人掌与多浆花卉。

素质目标：

◆ 学生通过收集、整理、总结和应用相关信息资料，培养自主学习的能力。

◆ 通过对形态相似或相近的仙人掌与多浆花卉进行比较、鉴定和总结，培养学生独立思考问题和认真分析、解决实际问题的能力。

◆ 通过对仙人掌与多浆花卉不断深入地学习和认识，提高学生的园林观赏水平。

能力训练

［活动］常见仙人掌与多浆花卉识别与应用

活动目的	能识别常见的仙人掌与多浆花卉，熟悉花卉的应用形式
活动要求	正确识别花卉种类
活动地点	花鸟市场
活动程序	教师现场讲解、指导学生识别
	学生分组活动，观察花卉的形态、确定花卉名称，记录每种花卉的名称、科属、原产地、生态习性、观赏特性
	各组制作PPT，并进行交流讨论
	考核评估：花卉识别现场考核（口试）

一、仙人掌类及多浆植物概述

仙人掌类及多浆植物一般通称为多肉、多浆植物。这类植物包括仙人掌科、番杏科及一部分龙舌兰科、萝摩科、凤梨科、菊科、景天科、大戟科、百合科、马齿苋科、葡萄科等科的植物。它们多数原产于美洲和非洲的热带或亚热带地区。为了适应这些地区干旱少雨的环境，它们的体内贮藏着大量水分，植株的茎叶肥厚，成为肉质、多浆的体态。

仙人掌类及多浆植物的种类繁多，其形态多姿多彩，变化无穷，鲜艳夺目，因而引起人们极大的兴趣，是园林花卉中独具一格的植物。由于它们养护管理简便，繁殖栽培容易，不论室内户外或案头小几，都可以摆设陈放，特别是适宜盆栽于室内。

为了栽培及管理上的方便，我们将仙人掌科植物单独列出，称为“仙人掌类植物”，而仙人掌科以外的其他科的多肉、多浆植物称为“多浆植物”。

仙人掌类植物都属于仙人掌科，共有140余属2000多种。其主要产地是美洲的巴西、阿根廷、墨西哥等热带及亚热带地区，少数产于亚洲、非洲。我国广西、广东、云南、贵州一带有野生状态的仙人掌，常用作篱垣。南京、上海、杭州等温带地区可作温室栽培。4～10月为生长期，其中5～9月为生长旺盛期，11月到翌年3月为休眠期。休眠期一般气候比较干燥寒冷，要注意保温避寒及保持干燥。由于仙人掌类植物具有特殊的贮水组织，它们的生长期，特别是生长旺盛期大量吸收肥、水，供给干旱季节的消耗，休眠期间体内有着丰富的贮藏物质，因此要注意水分不宜过多，方可使细胞原生质的黏性增大、透性减少，有利于抗寒。休眠期间如果土壤过于潮湿，就会引起腐烂而死亡。

仙人掌类植物除叶仙人掌及附生类型外，体形较多，有柱状、扁平状或球形，肉质茎上有特殊的器官（刺窝），有生刺、刺毛、柔毛或毛丛。花两性，大小不一，有纯白、纯黄、金黄、粉红、大红、玫瑰红等色。它的雌雄蕊也有翠绿、金黄、大红、白色等，雄蕊多数，附生于花喉部，花柱细长，单生，柱头多分裂。果实多数为肉质浆果，有的色鲜红如珊瑚，都具有很好的观赏价值。

仙人掌类植物还具有一定的经济价值。很多仙人掌类的果实可作食用，茎肉用糖煎煮后供制蜜饯。球茎可作药用，清热消肿，内治肺热咳嗽、痢疾、咽喉炎、胃溃疡，外治腮腺炎、火烫伤等。

二、常见仙人掌类及多浆植物

1. 蟹爪兰（蟹爪、蟹爪莲）***Zygocactus truncactus***（图5-20）

科属：仙人掌科蟹爪兰属

（1）识别要点　蟹爪兰为附生性小灌木。嫩绿色，新出茎节带红色，叶状茎扁平多节，肥厚，卵圆形，鲜绿色，先端截形，边缘具粗锯齿。花着生于茎的顶端，花被开张反卷，花色有淡紫、黄、红、纯白、粉红、橙和双色等。

（2）习性　原产于巴西里约热内卢附近亚高山带冷凉雾多之地，附生在树干或荫蔽潮湿的山岩上。蟹爪兰性喜半荫、潮湿、通风凉爽的环境，要求排水、透气良好的微酸性肥沃壤土，适宜生长的温度为15～25℃，5℃以下进入半休眠，低于0℃时，会有冻害发生。蟹爪兰是短日照植物，其自然花期，依品种不同大都在11～12月始花。单花开放可持续1～3周，2年生盆花个体观赏期可达月余，整个群体花期在3个月以上。

(3) 用途　蟹爪兰原产于巴西，19世纪传入欧洲，后经杂交育种，园艺品种不断丰富，目前已有200种以上。蟹爪兰因其花开冬季，色彩艳丽，花形奇特，花期持久而深受人们喜爱，是有着广阔前景的冬季盆花。

(4) 蟹爪兰与仙人指的区别　与蟹爪兰形态相似而易被混淆的是仙人指（*Schiumbedgere bridgesii*），为仙人掌科仙人指属植物。两者之间的区别是，蟹爪兰花期在11月中旬至翌年1月下旬，而仙人指花期在1月中旬至3月上旬，因此人们常以早花种、晚花种的称谓来区别。然而作为两者的原生种在叶状茎的形态上有明显区别，蟹爪兰的叶状茎周缘的突起为锐角状，而仙人指叶状茎周缘的突起呈浅波状。两者花的形状也有不同，蟹爪兰的花为两侧对称，而仙人指的花相对为整齐花。然而在当今艳丽多彩的园艺品种中，由于不少是种间杂交种，其叶状茎及花的形态往往处于中间型，因此仍以花期作为区别，早花种为蟹爪兰群，晚花种为仙人指群。其中蟹爪兰群为现今世界的流行花卉。

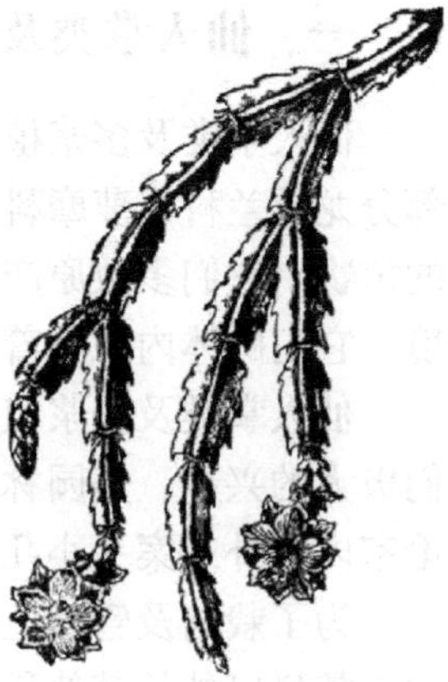

图5-20　蟹爪兰

2. 昙花（琼花、月下美人、昙华、月来美人、夜会草、鬼仔花、韦陀花）***Epiphyllum oxypetalum***（图5-21）

科属：仙人掌科昙花属

(1) 识别要点　昙花为多年生灌木，无叶，主茎圆筒状，木质，茎不规则分枝，分枝扁平呈叶状，绿色，边缘具波状圆齿。刺座生于圆齿缺刻处，幼枝有刺毛状刺，老枝无刺。花自茎片边缘的小窠发出，大型漏斗状，长30cm以上，直径12cm左右，白色，干时黄色；花被管比裂片长，花被片白色，干时黄色，雄蕊细长，多数；于夏季夜间开放，经4～5小时而凋谢；浆果长圆形，红色，种子黑色。

(2) 习性　昙花原产于墨西哥及中、南美热带森林的温暖、湿润、半荫条件下，为附生类型的仙人掌科植物。现南方各地广为栽培。喜温暖湿润和多雾及半荫的环境，不宜暴晒，不耐寒。要求排水良好的沙质土壤。夏季忌直射阳光曝晒，否则易灼伤叶状茎。冬季节制浇水，保温。繁殖可用扦插繁殖。

图5-21　昙花

(3) 用途　盆栽适于点缀客室、阳台和接待厅。在南方可地栽。花可食用，清热润燥，治疗肺热咳嗽及心慌；变态茎清热消炎，外敷治疗疮肿、跌打损伤。

3. 山影拳（仙人山）***Cereussp.* f. *monst***

科属：仙人掌科仙人柱属

(1) 识别要点　多年生多浆植物。株高可达2～3m。刺座上无长毛，刺长，颜色多变化。夏、秋开花，花大型喇叭状或漏斗形，白色或粉红色，夜开昼闭。20年以上的植株才开花。果大，红色或黄色，可食。种子黑色。多分枝。茎暗绿色，具褐色刺。一般所称的山影拳包括了此属中几个种的畸形石化变异的许多品种。

主要原种有：神代柱（*C. variabilis*）：高可达4m，茎深蓝绿色，刺黄褐色，有4～5个石化品种。秘鲁天轮柱（*C. peruvianus*）：高可达10m，茎多分枝，暗绿色，刺褐色，有3～4个石化品种。

（2）习性 原种原产于西印度群岛、南美洲北部及阿根廷东部。性强健，喜阳光，耐旱，耐贫瘠，也耐荫。较耐寒；喜阳光充足；盆栽宜选用通气、排水良好、富含石灰质的沙质土壤。扦插或嫁接繁殖。砧木可用仙人球平接。生长季宜给充足光照，通风良好。盆土宜稍干燥，不必施肥，肥、水过大会使茎徒长成原种的柱状，且易腐烂。越冬温度5℃以上。

（3）用途 山影拳是植物而又象山石，郁郁葱葱，起伏层叠。宜盆栽，可布置厅堂、书室或窗台、茶几等，也可布置专类园。

4. 金琥（象牙球）***Echinocactus gruson***

科属：仙人掌科金琥属

（1）识别要点 多浆植物。茎圆球形，径可达50cm，单生或成丛，具20条棱，沟宽而深，峰较狭，球顶密被黄色绵毛，刺座大，被7～9枚金黄色硬刺呈放射状。花生于茎顶，外瓣内侧带褐色，内瓣亮黄色，花期6～10月。

（2）习性 原产于墨西哥中部干旱沙漠及半沙漠地带。性强健，喜温暖，不耐寒；喜冬季阳光充足，夏季半荫；喜含石灰质及石砾的沙质土壤。

播种繁殖为主。也可切除顶端生长点来繁殖，方法同翁柱，砧木可用量天尺。生长适温20～25℃，冬季8～10℃，温度太低，球体易生黄斑，不易开花。栽培中光照要充足，否则球体伸长，刺色淡，降低观赏价值。

（3）用途 寿命很长，栽培容易，成年大金琥花繁球壮，金碧辉煌，观赏价值很高。而且体积小，占据空间少，是城市家庭绿化十分理想的一种观赏植物。

5. 量天尺（三棱箭、三角柱）***Hylocereus undatus***

科属：仙人掌科量天尺属

（1）识别要点 附生至半附生性仙人掌植物。茎长，多节，有气生根，可附着在支持物上，三棱柱形，粗壮，边缘波状，角质，棱上具刺，深绿色，有光泽。花大型，花冠漏斗形，白色，芳香，萼片基部联合呈长管状，基部具鳞片，雄蕊多数，夜间开放，花期5～9月。

（2）习性 原产于美洲热带及亚热带雨林，中国华南地区也有。性强健，喜温暖，不耐寒；喜湿润、半荫；宜肥沃的沙质土壤。

（3）用途 盆栽；作珍贵仙人掌类嫁接砧木。

6. 令箭荷花 *Nopalxochia ackermannii*

科属：仙人掌科令箭荷花属

（1）识别要点 常绿附生仙人掌类植物。株高50～100cm。茎多分枝，灌木状，外形与昙花相似，区别为其全株鲜绿色，叶状茎扁平，较窄，披针形，基部细圆呈柄状，具波状粗齿，齿凹处有刺，嫩枝边缘为紫红色，基部疏生毛。花生刺丛间，漏斗形，玫瑰红色，白天开放，花期4月。有白、粉、红、紫、黄等不同花色的品种。

（2）习性 原产于墨西哥及玻利维亚。喜温暖、湿润，不耐寒；喜阳光充足；宜含有基质丰富的肥沃、疏松、排水好的微酸性土。

（3）用途 盆栽，它是窗前、阳台和门厅点缀的佳品。

7. 吊金钱（心蔓、吊灯花、鸽蔓花）***Ceropegia woodii***

科属：萝藦科吊灯花属

(1) 识别要点　多年生常绿蔓性草本。茎肉质蔓性，细长下垂，节间常生深褐色小块茎。叶对生，具短柄，肉质较厚，心形至卵状椭圆形，叶脉内凹，表面暗绿色，沿叶脉处及叶缘有白纹，叶背淡紫红色。聚伞花序，着花2~3朵。花淡红紫色，花期7~9月。

(2) 习性　原产于南非。喜温暖、湿润、半荫，耐寒力差，忌炎热；喜排水好的沙砾土，忌湿涝。

(3) 用途　优良的室内观叶植物，可吊盆或攀附支架上观赏。

8. 仙人笔 *Senecio articulatus*

科属：菊科千里光属

(1) 识别要点　多年生多浆植物。茎直立，肉质，圆柱形。叶扁平，卵形，深裂。全株被白粉。头状花序白色。

(2) 习性　原产于南美，性强健，宜半荫，喜凉爽，喜散射光下生长，不耐寒，越冬温度必须保持在10℃以上，喜排水良好的沙质土壤。

(3) 用途　常用盆栽观赏，适于窗台、书桌和茶几上摆设，洋溢出一股野趣。

9. 生石花（石头花）*Lithops pseudotruncatella*

科属：番杏科生石花属

(1) 识别要点　多年生肉质草本。茎很短，常常看不见。叶对生，肥厚密接，幼时中央只有一孔，长成后中间呈缝状，为顶部扁平的倒圆锥形或筒形球体，灰绿色或灰褐色，外形酷似卵石；新的2片叶与原有老叶交互对生，并代替老叶；叶顶部色彩及花纹变化丰富。花从顶部缝中抽出，无柄、黄色，午后开放，花期4~6月。园艺品种很多。

(2) 习性　原产于南非和西非。喜温暖，不耐寒，喜阳光充足、干燥、通风，也稍耐荫。

(3) 用途　盆栽；室内岩石园；专类园。

10. 露草 *Atenia cordifolia*

科属：番杏科露草属

(1) 识别要点　多年生常绿蔓性肉质草本。枝长20cm左右，叶对生，肉质肥厚、鲜亮青翠。枝条有棱角，伸长后呈半葡匐状。枝条顶端开花，花深玫瑰红色，中心淡黄，形似菊花，瓣狭小，具有光泽，自春至秋陆续开放。

(2) 习性　喜阳光，宜干燥、通风环境。忌高温多湿，喜排水良好的沙质土壤。生长适宜温度为15~25℃。夏季最好放在干燥的室内，或者棚室内，且夏季不宜繁殖，易腐烂，成苗质量也差。

(3) 用途　生长迅速，枝叶茂密，花期长，宜作垂吊花卉栽培，供家庭阳台和室内向阳处布置，园林中多用于布置沙漠景观。

11. 莲花掌（大莲座）*Aeonium arboreum*

科属：景天科莲花掌属

(1) 识别要点　常绿多肉亚灌木。株高40~50cm，全株淡绿色。茎多分枝。叶具短柄，密生枝顶，叶倒长披针形，青绿色，边缘红色，有纤毛。圆锥状聚伞花序，花黄色，花期2~3月。

(2) 习性　原产于摩洛哥加那利群岛。不耐寒，冬季需10℃以上温度；喜光；要求通风良好；宜排水良好的沙质土壤。

(3) 用途　中小型盆栽，是理想的室内绿化装饰材料，置于书桌、几案或餐台上，令居室生机盎然。

12. 玉树（景天树）***Crassula arborescens***

科属：景天科青锁龙属

（1）识别要点　常绿多浆小灌木。茎圆柱形，灰绿色，有节。叶对生，扁平，肉质，椭圆形，全缘，先端略尖，基部抱茎。花红色。

（2）习性　原产于南非。性强健，喜温暖、阳光充足，不耐寒，要求干燥、通风良好；宜疏松的沙质土壤，忌土壤过湿。

（3）用途　盆栽。

13. 长寿花 *Kalanchoe blossfeldiana* cv. *Tom* Thumb

科属：景天科伽蓝菜属

（1）识别要点　常绿多年生草本多浆植物。茎直立，株高10～30cm。单叶交互对生，卵圆形，长4～8cm，宽2～6cm，肉质，叶片上部叶缘具波状钝齿，下部全缘，亮绿色，有光泽，叶边略带红色。圆锥聚伞花序，挺直，花序长7～10cm。每株有花序5～7个，着花60～250朵。花小，高脚碟状，花径1.2～1.6cm，花瓣4片，花色粉红、绯红或橙红色。花期1～4月。

（2）习性　长寿花原产于非洲。喜温暖稍湿润和阳光充足环境。不耐寒，生长适温为15～25℃。耐干旱，对土壤要求不严，以肥沃的沙质土壤为好。长寿花为短日照植物，对光周期反应比较敏感。

（3）用途　株形紧凑，叶片晶莹透亮，花朵稠密艳丽，观赏效果极佳，为大众化的优良室内盆花。

14. 宝石花（粉莲）***Graptopetalum paraguayense***

科属：景天科宝石花属

（1）识别要点　多年生多浆植物。全株无毛。茎多分枝，丛生，圆柱形，被蜡粉，节间短，上有气生根。幼苗叶为莲座状，老株叶抱茎，基部叶脱落，枝顶端叶片呈稀疏的莲座状；叶厚，卵形，先端尖，全缘，粉赭色，表面被白粉，略带紫色晕，平滑有光泽，似玉石。聚伞花序，腋生，萼片与花瓣白色，花瓣上有红点。

（2）习性　原产于墨西哥。性强健，喜温暖，冬季温度要求在5℃以上；喜光；宜排水良好的沙质土壤，耐干旱。

（3）用途　盆栽观叶。象征代表意义：永不凋谢的爱。石莲花因莲座状叶盘酷似一朵盛开的莲花而得名，被誉为“永不凋谢的花朵”。

15. 落地生根（灯笼花）***Kalanchoe pinnata***（图5-22）

科属：景天科伽蓝菜属

（1）识别要点　多年生草本。株高40～150cm，全株蓝绿色。茎直立，圆柱状。羽状复叶，对生，肉质；小叶矩圆形，具锯齿，在缺刻处生小植株。花序圆锥状，花冠钟形，稍向外卷，粉红色，下垂，花期秋冬季节。

（2）习性　原产于东印度至中南南部。性强健，喜温暖，不耐寒；喜光，稍耐荫；喜通风良好；宜疏松肥沃排水好的土壤，

图5-22　落地生根

耐干旱。

(3) 用途　盆栽。落地生根是窗台绿化的好材料，点缀书房和客室也具雅趣。

16. 松鼠尾（串珠草、翡翠景天）***Sedum morganianum***

科属：景天科景天属

(1) 识别要点　多年生常绿或半常绿低矮多肉草本。植株匍匐状。叶小而多汁，脆弱，纺锤形，紧密地重叠在一起，似松鼠尾巴。花小，深玫红色，花期春季。

(2) 习性　原产于美洲、亚洲、非洲热带地区。喜温暖，不耐寒，冬季需保持5℃以上温度；喜光，稍耐荫；要求通风良好；宜疏松、肥沃、排水良好的沙质土壤。

(3) 用途　盆栽，悬吊观赏。

17. 玉米石 ***Sedum album* var. *teretifolia***

科属：景天科景天属

(1) 识别要点　多年生多浆植物。茎铺散或下垂，稍带红色。叶椭圆形，绿色，肉质，长1~2cm，互生，湿度稍低的呈紫红色。

(2) 习性　原产于墨西哥。喜温暖，不耐寒，喜光；宜排水良好的土壤，耐干旱。

(3) 用途　盆栽，吊挂观赏。

18. 虎刺（铁海棠、虎刺梅、麒麟花）***Euphorbia milii***

科属：茜草科虎刺属

(1) 识别要点　攀援状灌木，株高可达1m。茎直立，具纵棱，其上生硬刺，排成5行。嫩枝粗，有韧性。叶仅生于嫩枝上，倒卵形，先端圆，具小凸尖，基部狭楔形，黄绿色。2~4个聚伞花序生于枝顶，花绿色；总苞片鲜红色，扁肾形，长期不落，为观赏部位；花期6~7月。

(2) 习性　原产于马达加斯加。喜高温，不耐寒；喜强光；不耐干旱及水涝。

(3) 用途　盆栽。

19. 光棍树（绿玉树、青珊瑚）***Euphorbia tirucalli***

科属：大戟科大戟属

(1) 识别要点　灌木或小乔木。株高1~2m。茎直立，叉状分枝，肉质，圆柱状，绿色，簇生或散生。叶无，或仅有几枚散生茎上，线状矩圆形。

(2) 习性　原产于非洲东南部及印度东部干旱热带地区。喜温暖，不耐寒；喜阳光充足，耐半荫；宜排水好的土壤，耐干燥。

(3) 用途　盆栽观茎；温室地面栽培供展览用。

20. 霸王鞭（金刚纂）***Euphorbia antiquorum***（图5-23）

科属：大戟科大戟属

(1) 识别要点　常绿灌木。全株含白色有毒乳汁。茎肉质，粗壮直立，小枝绿色。叶对生，倒卵状披针形至长倒卵形，先端圆。杯状花序生于翅的凹陷处。

(2) 习性　原产于印度。喜强光、高温，不耐寒；宜排水好的沙质土壤，耐干旱。

(3) 用途　盆栽；布置环境；暖地可作绿篱。

21. 芦荟（西非芦荟、蜈蚣掌）***Aloe arborescens* var. *natalensis***（图5-24）

科属：百合科芦荟属

(1) 识别要点　多年生多浆植物。干高可达2m，全株具白粉。茎多分枝，节较短。叶轮生，肥厚多汁，狭长，叶缘有针状刺，蓝绿色，被白粉。圆锥形总状花序疏散，小花黄色有红斑点，花被筒状，花期夏季。

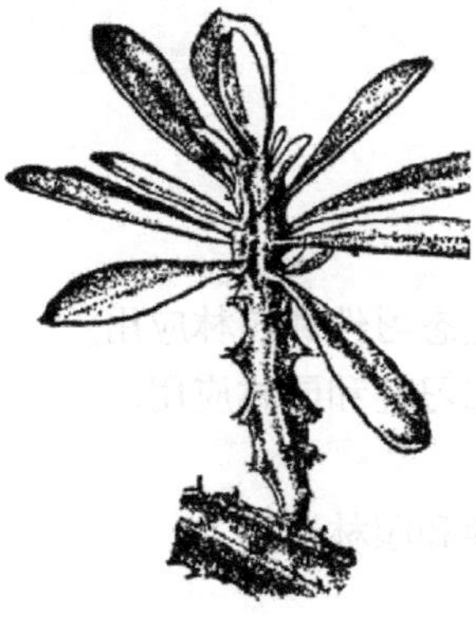

图5-23　霸王鞭

图5-24　芦荟

（2）习性　原产于南非。喜温暖，不耐寒；喜春夏湿润，秋冬干燥；喜阳光充足，不耐荫；耐盐碱。

（3）用途　盆栽。

22. 沙鱼掌（白星龙）***Gasteria verrucosa***

科属：百合科脂麻掌属

（1）识别要点　多年生常绿多浆植物。无茎。叶二列套叠状基生，扁长锥形，肥厚多汁，端稍钝，叶面粗糙，有沟状凹陷，叶面有多数硬质的白色小突起，叶背凸出。总状花序，花被上部绿色，下部微红。

（2）习性　原产于南非。喜温暖，不耐寒；喜光，也耐半荫；要求干燥、排水好的土壤，耐干旱。

（3）用途　盆栽。

23. 十二卷（条纹十二卷、蛇尾兰）***Haworthia fasciata***

科属：百合科十二卷属

（1）识别要点　多年生常绿多浆植物。叶基生呈莲座状，肥厚肉质，长三角状披针形，叶深绿色有白色斑纹，叶背具白色瘤状突起，成模纹样。

（2）习性　原产于南非。喜温暖，稍耐寒；喜半荫；要求基质疏松、排水好。

（3）用途　盆栽。

24. 龙舌兰（番麻、世纪树）***Agave americana***（图5-25）

科属：龙舌兰科龙舌兰属

（1）识别要点　多年生常绿大型植物。茎极短。叶倒披针形，灰绿色，肥厚多肉，基生呈莲座状，叶缘具疏粗齿，硬刺状。十几年生植株自叶丛中抽出大型圆锥花序，顶生，花淡黄绿色，一生只开一次花。异花授粉才结实。

图5-25　龙舌兰

常见栽培的变种如下：

1）金边龙舌兰（var. *marginata-aurea*）：叶缘为黄色。

2）金心龙舌兰（var. *mediopicta*）：叶中心具淡黄色纵带。

3）银边龙舌兰（var. *marginata-alba*）：叶缘为白色。

（2）习性　原产于墨西哥。喜温暖，稍耐寒；喜光，不耐荫；喜排水好、肥沃而湿润的沙质土壤，耐干旱和贫瘠土壤。

（3）用途　暖地可庭院栽培，作花坛中心，盆栽。

思考训练

1. 调查20种常用常见温室观花花卉，说明它们的生态习性和园林应用。
2. 调查20种常用的室内观叶植物，说明它们的生态习性和园林应用。
3. 5人为一组，应用室内观叶植物进行室内装饰。
4. 调查10种常用的兰科花卉，说明它们的生态习性和园林应用。
5. 简述兰科花卉的养护要点。
6. 调查20种常用的仙人掌与多浆花卉，说明它们的生态习性和园林应用。
7. 分别举出10种仙人掌与多浆花卉。

项目6

花卉的选择与配置

模块1　花坛花卉的选择与配置

教学目标

知识目标：

◆ 能掌握花坛的概念、特点及常见的分类方法。

◆ 熟练掌握花坛花卉的选择与配置原理方法。

能力目标：

◆ 学会花坛的设计和花坛营造中花卉的选择与配置。

素质目标：

◆ 学生通过收集、整理、总结和应用相关信息资料，培养自主学习的能力。

◆ 通过对形态相似或相近的花坛花卉进行比较、鉴定和总结，培养学生独立思考问题和认真分析、解决实际问题的能力。

◆ 通过对花坛花卉的选择与配置不断深入地学习和认识，提高学生的园林观赏水平。

能力训练

［活动一］常见花坛材料及其应用考察

活动目的	调查所在城市节日花坛的布置形式，熟悉花坛花材的应用形式
活动要求	正确掌握常见花坛的分类形式，明确其使用的花坛材料。对其布置的合理性和美观性能够进行合理地分析
活动器材	笔记本、笔、数码相机、卷尺等
活动地点	布置有节日花坛的公园、广场
活动时间	五一劳动节、十一国庆节
活动程序	在活动课前，教师完成花坛的理论教学
	教师现场指导学生识别花材，分析其植物种植的合理性
	学生分组拍摄花坛照片，观察花坛的应用形式，记录其使用的花材，绘制简单的花坛平面图
	考核评估：撰写花坛实训报告，报告应具备花材及其科属、生态习性、营造形式、原则和方法。报告应图文并茂

[活动二] 绘制花坛设计图

活动目的	运用所学知识绘制花坛设计图
活动要求	花坛至少应具备平面图、设计说明，必要时应具备立面图、剖面图及效果图等
活动器材	绘图纸、绘图板、制图笔、上色工具等
活动地点	绘图室或教室
活动程序	教师布置花坛其所处周边环境，给出现有条件及其要求
	学生根据现有情况进行分析，在规定时间内完成花坛设计
	教师综合花坛布置的合理性、观赏性和图纸表现性等多方面因素给予评分

一、花坛的概念

花坛是指在具有几何形轮廓的植床内种植各种不同色彩的花卉，运用花卉的群体效果来体现图案纹样，或观赏盛花时绚丽景观的一种花卉应用形式。它以突出鲜艳或精美华丽的纹样，群花盛开时明快、简洁的色彩，来体现装饰效果。因此花坛具有以下几个特点：

1）花坛通常具有几何式的种植床，因此属于规则式的种植设计，多用于规则式的构图中。常常以广场、入口等重要节点的盛花花坛较为多见，以吸引游客，渲染节日的热烈氛围。

2）花坛主要表现的是植物的群体美，以组成的平面图案纹样和绚丽的色彩吸引游客。不表现花卉个体的形态美。

3）花坛多以时令花卉为主体材料，因此根据季节的变化更换材料，保证最佳的景观效果。气候温暖地区也可用终年具有观赏价值且生长缓慢、耐修剪、可以组成美丽图案纹样的多年生花卉及木本花卉组成花坛。

4）现代社会的花坛已突破原有的平面俯视近赏的限制，出现了在斜面、立面及三维空间设置的花坛。观赏角度出现多方位的仰视与远视，给视觉以多层次的立体感。

5）以静态构图发展到连续的动态构图。

以上的几个特点也赋予了花坛其重要的功能。它能够美化和装饰环境，以其绚丽和热烈的色彩渲染节日的欢快气氛。将盛花花坛布置在广场或是公园入口可以引导游客，烘托主题，起到标志和宣传的作用。同时，盛花花坛还可以弥补园林中季节性景色欠佳的缺陷。

二、花坛的类型

依据表现主题、规划方式及维持时间长短不同，花坛有不同的分类方法。

1. 依据表现主题不同分类

以花坛表现主题内容不同进行分类是对花坛最基本的分类方法。我们日常生活中常用的形式分别是花丛花坛、模纹花坛、标题花坛、装饰物花坛、立体造型花坛、混合花坛。

（1）花丛花坛　其主要表现和欣赏观花的草本植物，花朵盛开时花卉本身群体的绚丽色彩，以及不同花色种或品种组合搭配所表现出的华丽的图案和优美的外貌。

（2）模纹花坛　其主要表现和欣赏由观叶或花叶兼美的植物所组成的精致复杂的平面图案纹样。植物本身的个体美和群体美都居于次要地位，而由植物所组成的装饰纹样或空间造型是模纹花坛的主要表现内容。

（3）标题花坛　用观花或观叶植物组成具有明确主题思想的图案，按其表达的主题内容可分为文字花坛、象征性花坛等。标题花坛最好设置在角度适宜的斜面以便于观赏。

（4）装饰物花坛　以观花、观叶或不同种类的植物配置成具有一定实用目的的装饰性花坛，如做成日历、日晷、时钟等形式的花坛，大部分时钟花坛以模纹花坛的形式表达，也可采用细小密致的观花植物组成。

（5）立体造型花坛　即将枝叶细密的植物材料种植于具有一定结构的立体造型骨架上而形成的一种花卉立体装饰。其造型可以是花篮、花瓶、建筑、各种动物造型、各种几何造型或抽象式的立体造型等。所用的植物材料以五色苋、四季秋海棠等枝叶密细、耐修剪的种类为主。

（6）混合花坛　不同类型的花坛如花丛花坛与模纹花坛结合、平面花坛与立面花坛结合，以及花坛与水景、雕塑等结合而形成的综合花坛景观。

2. 依布局方式不同分类

（1）独立花坛　作为局部构图中的一个主体而存在的花坛称为独立花坛，所以独立花坛是主题花坛，可以是花丛花坛、模纹花坛、标题花坛等。独立花坛通常布置在建筑广场的中央、街道或道路的交叉口、公园的进出口广场上、建筑正前方、由花坛或树墙组成的绿化空间中央等处。在花坛群或花坛组群构图中，独立花坛是主体和构图中心，因此带状花坛不作为静态风景的独立花坛。独立花坛的外形平面总是对称的几何形，或单面对称，或多面对称。独立花坛面积不能太大，因为内部没有道路，游人不能进入。独立花坛可设置于平地上或斜坡上，花坛的中央可以没有突出的处理，也可以用修剪造型的常绿树作为中心，或者将雕像、喷泉或立体造型花坛作为中心。

（2）花坛群　当多个花坛组成不可分割的构图整体时，称为花坛群。花坛之间为铺装场地或铺设以草坪，排列组合是对称的或规则的。对称地排列在中轴线两侧的称为单面对称的花坛群，多个花坛对称地分布在许多相交轴线的两侧称为多面对称的花坛群。花坛群具有构图中心，通常独立花坛、水池、喷泉、纪念碑、雕塑等都可以作为花坛群的构图中心。花坛群内部的铺装场地及道路可供游人活动及近距离欣赏花坛。大规模的铺装花坛群内部还可以设置座椅以供游人休息。花坛群主要设置在大面积的建筑广场或规则式的绿化广场上。

（3）连续花坛群　许多个独立花坛或带状花坛，呈直线排列成一行，组成一个有节奏的不可分割的构图整体时，便称为连续花坛群。连续花坛群是连续风景的构成，通常布置于道路两侧或宽阔道路的中央以及纵长的铺装广场，也可布置于草地上。连续花坛群的演进节奏，可以用两种或三种不同的个体花坛来演进，在节奏上有反复演进和交替演进两种方式，整个花坛则呈连续构图，可以有起点、高潮、结束，而在起点、高潮和结束处常常应用水池、喷泉或雕像来强调，各独立花坛外形既有变化，又有统一的规律，观赏者移动视点才能观赏到花坛的整体效果。连续花坛群在空间交替上形成不同的段落，而各个段落沿轴线方向次第展开，形成一个连续的构图，具有强烈的艺术感染力。

花坛还可以有很多分类方法，如以花坛的平面位置不同可将花坛分为平面花坛、斜坡花坛、台阶花坛、高台花坛及俯视花坛等；以功能不同可分为观赏花坛（包括模纹花坛、装饰花坛及水景花坛等），主题花坛，标记花坛（包括标志、标牌及标语等）以及基础装饰花坛（包括雕塑、建筑及墙基装饰）；根据花坛所使用材料不同可以将花坛分为一、二年生花卉花坛，球根花卉花坛，宿根花卉花坛，五色草花坛，常绿灌木花坛以及混合式花坛等；根据花坛所用植物观赏期的长短还可以将花坛分为永久性花坛、半永久性花坛及季节性花坛。

三、花坛对植物材料的要求

1. 花丛花坛的主体植物材料

花丛花坛主要由观花的一、二年生花卉和球根花卉组成，开花繁茂的多年生花卉也可以使用。要求植物株丛紧密，整齐；开花繁茂，花色鲜明艳丽，花序呈平面开展，开花时见花不见叶，高矮一致。如一、二年生花卉中的三色堇、雏菊、百日草、万寿菊、金盏菊、翠菊、金鱼草、紫罗兰、一串红、鸡冠花等，多年生花卉中的小菊类、荷兰菊、美人蕉、大丽花的小花品种等都可以用做花丛花坛的布置。

2. 模纹花坛及立体造型花坛的主体植物材料

由于模纹花坛和立体造型花坛需要长时间维持图案纹样的清晰和稳定，因此宜选择生长缓慢的多年生植物，且植株低矮，分枝密，发枝强，耐修剪，枝叶细小为宜，最好高度低于10cm，尤其毛毡花坛，以观赏期较长的五色草类等观叶植物最为理想，花期长的四季秋海棠、凤仙类也是很好的选材，另外株形紧密低矮的雏菊、景天类、孔雀草、细叶百日草等也可选用。

3. 适合作花坛中心的植物材料

多数情况下，独立花坛，尤其是高台花坛常常用株形圆润、花叶美丽或姿态美丽规整的植物作为中心，常用的有棕榈、软叶刺葵、龙血树类、蒲葵、橡皮树、苏铁、散尾葵、鱼尾葵、棕竹等观叶植物或叶子花、石榴等观花植物、观果植物，作为构图中心。

4. 适合作花坛边缘的植物材料

花坛镶边植物材料多要求低矮，株丛紧密，观叶、开花繁茂或枝叶美丽可赏，稍微匍匐或下垂更佳，尤其盆栽花卉花坛，下垂的镶边植物可以遮挡容器，保证花坛的整体性和美观性，如天门冬、半枝莲、雏菊、三色堇、垂盆草、香雪球、微型月季等。

四、花坛设计

1. 花坛与环境的关系

花坛常设于广场中央、道路交叉口、大型建筑物前、道路两侧等需要重点美化的地段。因此，周围环境的构成要素包括建筑、道路、广场以及背景植物与花坛有密切的关系。总体而言，在整个规则式园林构图中花坛起两个作用——主景和配景。无论是主景还是配景，花坛与周围环境之间的关系都存在着协调与对比的关系，包括空间构图上的对比，如水平方向展开的花坛与规则式广场周围的建筑物、装饰物、乔灌木等立面和立体构图之间的对比；色彩的对比，如周围建筑和铺装与花坛在色相饱和度上的对比以及周围植物以绿为主的单色与花坛的多色彩的对比；质地的对比，如周围建筑物与道路、广场，以及雕塑及墙体等硬质景观与花坛的植物材料的柔软度的对比等。但是，花坛设计时，也要考虑协调与统一的方面。作为主景的花坛其外形必然是规则式，其本身的轴线应与构图整体的轴线相一致。花坛或花坛群的平面轮廓应与广场的平面轮廓相一致。花坛的风格和装饰纹样应与周围建筑物的性质、风格、功能等相协调，如动物园入口广场的花坛以动物形象或童话故事中的形象为主体，而民族风格的建筑广场的花坛则宜设计成富有民族特色的图案纹样。作为雕塑、喷泉等基础装饰的配景花坛，花坛的风格应简约大方，不应喧宾夺主。

2. 花坛的平面布置

主景花坛的外形应是对称的，平面轮廓应与广场相一致。但为了避免单调，在细节上可有一定变化。在人流集散量大的广场及道路交叉口，为保证功能作用，花坛外形可与广场一致。构图上可与周围建筑风格相协调，如民族风格的建筑前可采用自然式构图或花台等形式，人流量大、喧嚣的广场不宜采用轮廓复杂的花坛。作为配景处理的花坛群通常配置在主景主轴的两侧，且至少是一对花坛构成的花坛群，比如最常见的出入口两侧对称的一组花坛；如果主景是有轴线的，也可以是分布于主景轴线两侧的一对花坛群；如果主景是多轴对称的，只有主景花坛可以布置于主轴上，配景花坛只能布置在轴线两侧；分布于主景主轴两侧的花坛，其个体本身最好不对称，但与主景主轴另一侧的个体花坛，必须取得对称，这是群体对称，不是个体本身的对称，这样主轴得以强调，也加强了构图不可分割的整体性。

花坛大小一般不超过广场面积的1/5～1/3。平地上图案纹样精细的花坛面积越大，观赏者欣赏到的图案变形越大，因此短轴的长度最好在8～10m之间。图案简单粗放的花坛直径可达15～20m。草坪花坛面积可以更大些。方形或圆形的大型独立花坛，中央图案可以简单些，边缘4m以内的图案可以丰富些，对观赏效果影响不致很大。如广场很大，可设计为花坛群的形式，交通叉道的转盘花坛是禁止入内的，且从交通安全出发，直径需大于30m。为了使具有精致图案的模纹花坛不致变形，常常将中央隆起，成为向四周倾斜的球面或锥状体，上部以其他花材点缀，精致的纹样布置于侧面。也可以将花坛布置于斜面上，斜面与地面的成角越大，图案变形越小，与地面完全垂直时，在适当高度内图案可以不变形，但给施工增加难度，因此一般多做成60°。一般性的模纹花坛可以布置在斜度小于30°的斜坡上，这样比较容易固定。

3. 花坛的立面处理

花坛表现的是平面的图案，由于视角关系离地面不宜太高。一般情况下单体花坛主体高度不宜超过人的视平线，中央部分可以高一些。花坛为了排水和主体突出，避免游人践踏，花坛的种植床应稍高出地面，通常为7～10cm，为了利于排水，花坛中央拱起，保持4%～10%的排水坡度。

为了使花坛的边缘有明显的轮廓，且使种植床内的泥土不致因水土流失而污染路面或广场，也为了使游人不致因拥挤而踩踏花坛，花坛种植床周围常以边缘石保护，同时边缘石也具有一定的装饰作用。边缘石的高度通常为10～15cm，大型花坛，最高也不超过30cm。种植床靠边缘石的土面须稍低于边缘石。边缘石的宽度应与花坛的面积有合适的比例，一般介于10～30cm之间。边缘石可以有各种质地，但其色彩应与道路和广场的铺装材料相调和，色彩要朴素，造型要简洁。

4. 花坛的内部图案纹样设计

花丛花坛的图案纹样应该主次分明、简洁美观。忌在花坛中布置复杂的图案和等面积分布过多的色彩。模纹花坛纹样应该丰富和精致，但外形轮廓应简单。由五色草类组成的花坛纹样最细不可窄于5cm，其他花卉组成的纹样最细不少于10cm，常绿木本灌木组成的纹样最细在20cm以上，这样才能保证纹样清晰。装饰纹样风格应该与周围的建筑或雕塑等风格一致。通常花坛的装饰纹样都富有民族风格，如西方花坛常用与西方各民族各时代的建筑艺术相统一的纹样，如希腊式的、罗马式的、拜占庭式的以及文艺复兴式的等。从中国建筑的壁画、彩画、浮雕，古代的铜器、陶瓷器、漆器等借鉴而来的云卷类、花瓣类、星角类等都是具有我国民族风格的图案纹样，另外新型的文字类、套环等也常常使用。标志类的花坛可以各种标记、文字、徽志作为图案，但设计要严格符合比例，不可随意更改，纪念性花坛还可以人物肖像作为图案，装饰物花坛可以日晷、时钟、日历等内容为纹样，但需精致准确，常做成模纹花坛的形式。

5. 花坛其他部分的植物设计

花坛除边缘石外，为了将五彩缤纷的花坛的图案统一起来，花坛常常布置边缘植物。边缘植物通常植株低矮，色彩单一，不作复杂构图，常用绿色的观叶植物如垂盆草、天门冬、麦冬类或香雪球、荷兰菊等观花植物作单色配置。

花丛花坛还常用高大整齐、体形优美、轮廓清晰的花卉或花木作为中心材料点缀花坛，也形成花坛的构图中心，如棕榈类、龙舌兰类、苏铁类。

以支架构造的倾斜花坛还常常有背景植物，如散尾葵、蕉藕、南洋杉等。

6. 花坛的色彩设计

花坛色调配合适当，即使少数植物种类搭配简单，也会使人有明快舒适的感觉；如配合不当，则显得杂乱无章或者沉闷。花坛色彩设计要遵循色彩搭配的艺术规律，花坛本身通常有主调色彩，忌杂乱无章。同时还需注意花坛的整体色彩与周围环境的关系。

模块 2 花境花卉的选择与配置

教学目标

知识目标：

◆ 能掌握花境的概念、特点及常见的分类方法。

◆ 熟练掌握花境花卉的选择与配置原理方法。

◆ 掌握花境营造的原则和应用形式。

能力目标：

◆ 学会花境设计和营造中花卉的选择与配置。

素质目标：

◆ 学生通过收集、整理、总结和应用相关信息资料，培养自主学习的能力。

◆ 通过对形态相似或相近的花境花卉进行比较、鉴定和总结，培养学生独立思考问题和认真分析、解决实际问题的能力。

◆ 通过对花境花卉的选择与配置不断深入地学习和认识，提高学生的园林观赏水平。

能力训练

[活动一] 常见的花境材料及其应用考察

活动目的	了解常见花境材料和营造形式，熟悉花境材料的应用形式
活动要求	正确识别花境材料，能够分析花境的营造手法并绘制平面图
活动器材	笔记本、笔、数码相机
活动地点	营造有花境的道路、庭院、居住区、公园
活动时间	4~5月份
活动程序	在活动课前教师应已完成花境的室内教学
	教师现场对学生不能识别的花材进行指导，分析一组具有代表性的花境
	学生分组活动，观察和分析花境营造的方法，记录所使用的花材
	绘制简单的花境平面图
	考核评估：撰写花境实训报告，报告应具备花材及其科属、生态习性、营造形式、原则和方法。报告应当图文并茂

[活动二] 绘制花境设计图

活动目的	运用所学知识，绘制花境设计图
活动要求	花境设计图应当具备平面图、立面图、效果图及其设计说明
	立面图和效果图应当能够反映一个季节的花境效果
活动器材	绘图板、绘图纸、制图笔、上色工具等
活动地点	绘图室或教室
活动程序	教师布置花境的所处位置和给出现有条件及其要求
	学生根据现有情况进行场地分析，并在规定时间内完成花境设计
	教师综合花境布置的合理性、观赏性和图纸表现性等多方面因素给予评分

一、花境的概念

花境（Flower Border）（图6-1~图6-5），又称为花径。中国传统《花卉学》将其定义为：以树丛、树群、绿篱、矮墙或建筑物做背景的带状自然式花卉布置。花境起源西方，英国造园家克里斯托夫·劳埃德（Christophor Lioyd）和美国造园家奥斯特（Tracy Disabato-Aust）首次提出了“混合花境”的概念，以草本植物和木本植物为素材，用攀援植物、观赏草作为框景植物，选用一、二年生，宿根草本和球根花卉作为春夏季主要开花植物，将不同质地、株形和色彩的植物混合配置，以营造周年变化的造景形式。

综合中、西“花境”的概念，我们认为花境是：科学合理地运用宿根、球根、花灌木等素材，以“师法自然”的造景手法，模拟植物在自然界中的生长状态，混合种植花卉于林缘、庭院等地方，运用其本身在大自然中的生长规律，人为地加以艺术提炼。营造出“虽由人作，宛自天开”的植物景观。花境是一种由规则式向自然式种植的过渡形式，它展现的是植物自然群落之美。它由多种花卉呈块状混植，其在长轴方向上呈现的是带状连续变化的序状构图。在立面上形成错落有致的植物景观。花境内由主花材形成基调，次花材作为配调。由各种花卉共同形成季相景观。在园林中，花境不但为城市增添了自然的绿色景观，还有分割空间和组织游览路线的作用。

图6-1　花境（一）

图6-2　花境（二）

图6-3　花境（三）

图6-4　花境（四）

图6-5　花境（五）

二、花境等概念的区分（表6-1）

表6-1 花境等概念的区分

	植物材料	空间构图	养护管理	园林应用
花坛	以花期集中、花色鲜明的一、二年生花卉为主	呈几何布局，较为规则，利用鲜明的色彩进行平面设计	为保证景观效果，需每季换花	常集中使用在城市广场、公园入口等地，形成短期的观花效果
花境	以宿根花卉为主，结合各类花灌木，球根花卉，一、二年生花卉形成植物景观	平面上呈带状或不规则状布置，立面上高低错落，展现植物的群落之美	一次布置可多年自然更替生长，养护管理较为粗放，省时、省工	多布置在路缘、林缘、庭院、草坪等地，形成层次丰富、自然和谐的季相景观
花带	以单一的开花植物为主	呈带状布置	自然更替生长，管理粗放	多布置在公园、滨水等地，形成整齐单一的色彩景观
花群花丛	以某一类花卉集中种植	呈自然块状分布	自然更替生长，管理粗放	常布置在公园、路边、建筑物旁，作点缀使用

三、花境的类型

1. 根据植物材料分类

根据花境的材料，可以分为草本花境、混合花境、专类植物花境、观赏草花境、松柏类花境等多种形式。

（1）草本花境　植物的材料上以一、二年生花卉、宿根花卉、球根花卉为主。构成春夏秋三季花卉景观。

（2）混合花境　花境材料以宿根花卉为主，配置一定量的小乔木、花灌木、球根花卉和一二年生花卉。以小乔木或花灌木作为背景，以色彩艳丽的多年生花卉形成基调，混植低矮的花灌木、常绿植物、彩色叶植物，加之低矮的草本饰边，形成丰富的植物景观，这是现今园林中经常用的一种形式。要求形成四季有绿、三季有花。使花境成为具有丰富季相变化的植物景观。

（3）专类植物花境　即由一类或一种植物，利用其品种和变种，创造出花形、花色多样的景观效果。例如：芍药园、牡丹园、菊花专类园等。

（4）观赏草花境　以莎草科、禾本科、灯心草科等植物为主，以花序和茎干作为主要观赏对象，形成色彩丰富、随风摇曳的自然景观。在秋季尤其能够表现出其季相特色。

（5）松柏类花境　以松柏类中的园艺品种进行组合的造景形式，利用其叶色、叶形和耐修剪、造型的特点，构成了常绿独特的花境景观。

2. 按照应用形式分类

根据花境的应用形式可以分为单面观赏花境、双面观赏花境、对应式花境等多种形式。

（1）单面观赏花境　以建筑、植物等作为背景，种植上前低后高，仅一面供观赏。

（2）双面观赏花境　多设计在草坪中间、道路间，以花境独立造景，中间高、两侧低，可以两面或四面观赏。

（3）对应式花境　一般分布在园路两侧，设置相对应的花境。

3. 根据植物的花期、花色分类

（1）春季花境　以早春花卉为主调，配合加入木本和草本花卉，形成丰富的植物景观。

（2）夏季花境　仲春夏初时节，宿根花卉争相开放。合理地进行色彩搭配能够营造出丰富的植物景观。

（3）秋冬花境　秋末冬初时节，开花的植物较少，可以利用木本花卉配合彩色叶树种和观干植物，营造冬季景观。

四、植物素材的选用原则

（1）适地适花，选择乡土植物　乡土植物具有适应性强、管理粗放和抗逆性强等特点。选择乡土植物有利于花境景观的塑造和生态的稳定。

（2）选择观赏性强的植物　随着一年四季气候的变化，植物花开花落，为了确保花境的长效性，提高花境的观赏价值，应该选择线形植物、具有立面观赏价值和花期较长的植物。

（3）注意植物的多样性和层次的丰富性　促进植物的多样性有利于生态的稳定，单一的靠乔木能够创造的景观效果有限，草本植物具有适应性强、成景块、花期长等多方面的特点；通过乔灌木和草本花卉的组合，更能体现植物的自然美和群体美。

（4）确保花境的长效性　为了能够保证花境的长效性，适当地增加常绿植物的比例，使花境在冬季也能够保证一定的绿量。观赏的性质可以多样化，观花、观叶、观果、观干一应俱全。在营造工艺上可以选择木本花卉，也可以选用常绿的球根、宿根花卉，通过套种的方法解决花境冬季的萧条。

（5）着重选择自然成型和生长缓慢的植物　花境的营造中，我们应该注意节约养护成本，维持植物群落稳定。注意即时效果和长期效果。在植物的选择上我们应该选用生长缓慢、无需精细管理的植物。

五、花境的设计

1. 花境的平面设计

花境的设计从平面上看，应当是多个团块植物的自然混合种植。每块花丛具有大小变化，每个团块互相衔接、互相依赖并为前者的背景。单面观赏的花境一般设于区界边缘，以绿篱、建筑、绿墙等作为背景，前低后高，花境后方设计成直线形，花境的观赏面设计成直线形和自由曲线形，后者根据场地空间设计的需要，植物配置上应当具有一定的开合。双面观赏的花境一般设置在分车绿带中央、草坪等开阔地带，其边缘线一般是平行的，可以设计成直线也可以是自由曲线。花境的植物配置应当遵循植物的生态学特性，特别是对应式花境，要求其长轴沿南北方向展开，使花境两边均匀受到光照。其他花境也要注意朝向，光照条件不同，因此在选择植物时要根据花境的具体位置考虑。

2. 花境的立面设计

花境的立面设计应当充分体现植物的群落之美。通过植株的高低错落、花色的色彩变化和植物本身的材质创造出丰富美观的立面效果。花境植物的高度变化极大，从几厘米（垂盆草、络石）到两三米（垂丝海棠、大花飞燕草），可供充分选择。花境植物的配置从前到后应充分具备层次感，植物之间根据现有材料实现前后的穿插，实现最终的景观效果。植物的选择应较多的考虑线性植物（鸢尾类、蜀葵）和观叶植物（玉簪、紫芋），线性植物植株较为耸直、观叶植物叶形叶色特别，都具有较好的观赏特性。植物材质的选择上应当与花境的总体风格相统一，花境风格要与周边的环境相协调。根据花境的总体风格选择植物，不同质感的植物搭配时要尽量做到协调。

3. 花境的色彩组合

在进行花境的色彩设计时，首先要根据周边环境和需要表达的设计主题确定花境的基调和主色调。例如，节日里要使花境色彩浓艳，烘托节日氛围。再如公园入口的主题花境也可以设计的热烈，以达到突出主题的效果。同一花期的植物种类和花色应当接近，同一品种的花卉种在一起能得到花期一致、高矮一致和花色接近的效果。花境边缘的植物多用叶色较暗的植物，以免喧宾夺主。根据气候的变化，花境也要形成不同的色彩变化，以形成不同的心里暗示。夏季天气炎热，花境的色彩选择上可以是冷色调，使人感受到清凉；冬季天气寒冷，花境的色彩搭配应当热烈些，给人暖意。在安静的休息区应该选择冷色调的花卉；为了增加热烈的氛围，可以使用暖色调花卉。在花境的空间设置上将冷色调的花卉放在花境后面，在视觉上可以增加花境的深度、宽度之感。在狭小空间使用冷色调花卉可以加大空间的尺度感。

4. 花境的季相变化

随着植物的展叶、落叶、花开、花落、结果、果熟等四季变化构成了丰富多彩的季相变化。理想的花境应四季有景，寒冷地区做到三季有景。利用花期和花色来创造不同的季相变化，随着一年的季节更替总有植物处于开花期，呈现不同的季相景观，花境中植物的花期越长，其观赏价值也就越高。所以在花境设计时应根据花色和花期列出每个月的花卉，以保证花境的整体效果。

六、花境的应用

（1）路缘花境　常布置于游步道的转角处，起到对景或点景的作用。或沿游步道两边分布，在空间上具有引导和渲染的作用。其长轴随着道路线形展开，长度在20m左右，要留有养护通道。其间可以设计座椅或园林小品，一则可以使其具有节奏感和韵律感，二则可以避免造成空间的封闭感。路缘花境沿园路两侧分布，因其观赏距离较近，主要呈俯视角度观赏。所以对植物的配置和养护都提出了较高的要求。

（2）林缘花境　以风景林木作为背景，作为风景林到草坪的过渡地带，沿草坪线呈带状分布。仅作单面观赏，对风景林具有增加层次和丰富群落的作用。其长轴沿林缘线延伸，宽度视实际的观赏距离和地形要求而定。因观赏距离较远植物适合呈团块或丛植分布，前低后高。林缘花境深入林下和靠近林缘的部分，要注意植物的耐荫性。

（3）草坪花境　一般位于草坪中央，可以形成四面观赏的景观效果。常见的形式是形成较大的主题景观，并配置有园林小品，使花境主题鲜明，色彩分明。形成较好的植物景观。

（4）庭院花境　庭院花境是我们常见的应用形式。利用多年生的观花植物点缀庭院，配合小品，使庭院盎然成趣。

模块3 地被植物的选择与配置

教学目标

知识目标：

◆ 能掌握地被植物的概念、特点和分类。

◆ 熟练掌握常见地被植物常用的应用形式。

能力目标：

◆ 学会在园林设计与营造中地被植物的选择与配置。

素质目标：

◆ 学生通过收集、整理、总结和应用相关信息资料，培养自主学习的能力。

◆ 通过对形态相似或相近的地被植物进行比较、鉴定和总结，培养学生独立思考问题和认真分析、解决实际问题的能力。

◆ 通过对地被植物的选择与配置不断深入地学习和认识，提高学生的园林观赏水平。

能力训练

［活动］常见的地被材料的应用考察

活动目的	掌握常见草本地被的植物品种、习性，熟悉草本地被的应用形式
活动要求	正确识别公园中常见的地被材料品种及其习性；重点掌握对光照的适应性
活动器材	笔记本、笔、数码相机
活动地点	草本地被使用丰富的公园
活动时间	全年
活动程序	在活动课前教师完成草本地被运用的室内教学
	游览考察地，识别草本地被并记录品种
	考核评估：撰写考察实习报告，报告应具备材料的科属、生态习性及其应用形式。报告应当图文并茂

一、地被的概念

地被植物的传统概念是指能够覆盖地面的植物均称为地被植物。除草本以外，木本植物中的矮小丛木，偃状性或半蔓性的灌木以及藤本均可能用作园林地被植物。地被植物具有分支点低矮、枝叶密集、扩展能力强、能迅速覆盖地面的生长特性，通常成片栽植。园林中也应用于大面积的裸露平地或坡地，也常常用于林下空地。

园林地被植物不同于植物学意义上的地被（苔藓、地衣等低等植物）。广义上的地被包括草坪植物，但由于草坪植物独特的生物学特性和生态习性，严格意义上的地被植物（即狭义的概念）不包括草坪草。国外学者也明确将草坪列于地被植物以外，重要原因之一是草坪植物只表现绿色或黄褐色，而地被植物则色彩丰富，通过合理配置可以展示其层次结构和季相变化。

二、园林地被植物的特点

地被植物作为园林绿地中的特定群落，是园林绿化和造景中的重要植物材料，具有群体的建植效果，因此具有较强的生态意义和观赏价值。

一般来说地被植物具有以下特点：

1. 资源丰富，种类繁多

可以根据不同的园林绿化需求和立地条件选择不同的地被植物种类，体现植物种类的多样性。选择具有较高观赏价值和群体观赏效果好的植物，通过合理的配置，可展现出丰富多彩的植物景观。

2. 造景见效快，寿命长

地被植物的植株低矮，萌芽或分枝能力较强，枝叶稠密，生长迅速，短期内就能较好地覆盖地面并形成群落，特别是大部分地被植物为多年生植物，寿命长，对于维持长久的景观一致性具有重要意义。

3. 适应性强，管理粗放

地被植物的全部生育期均在露地度过，对光照、水分、土壤等环境条件具有广泛的适应能力，抗逆性强，一般不需要精细养护，适宜粗放管理，栽植和养护成本低。

三、地被材料的选择原则

1）露地栽培的多年生植物，有很强的自然更新能力，一次种植，多年观赏。

2）能自繁或人工繁殖简单。

3）具有较为广泛的适应性和较强的抗逆性，能适应较为恶劣的自然环境，耐粗放养护管理。

4）无毒、无异味，对人类健康不产生危害。

5）能够控制，不会泛滥成灾。

6）具有较高的观赏价值，作为人工选择栽培的园林地被植物，应具有良好的叶、花、果和植株形态。如能兼具经济价值则更好。

四、园林地被植物的分类

地被植物是园林植物的一个应用群类，凡是具有覆盖地面效果的植物均可当做地被植物。因此地被植物的分类，一直很难统一。根据不同的应用条件，我们分出了不同的分类方法。常见的分类方式有以下几种：

(1) 根据生物学特性分类　包括草本地被、木本地被。草本地被包括一二年生地被、宿根地被、蕨类地被等；木本地被包括灌木地被、藤本地被、竹类地被等。

(2) 根据观赏特性分类　包括观花地被、观叶地被、观果地被、香花类地被等，或是一种植物兼具两种以上的观赏特性。

(3) 根据生态学特性分类　包括阳生地被、阴生地被、旱生地被、湿生地被等。

(4) 根据园林应用分类　通常包括林下地被、路缘地被、草坪地被、滨水地被、庭院地被等。

综上所述，不难看出园林地被分类方式较多。为了满足园林应用中的实际需要，园林设计、施工和管理人员应该准确把握各类植物的观赏特性和生态习性，以便于选择和配置适当的地被植物。

浙江大学园林所夏宜平教授在其专著《园林地被植物》中将其分为八大类：

(1) 阴生地被　顾名思义，即生态习性较能适应隐蔽环境的地被植物，是园林绿化环境中最常用的地被形式之一。常见的造景形式是栽植于林下、林缘、建筑物背面、高架桥下，或与水体、灌丛、假山及块石等配合造景。

乔、灌、草结合的人工复层群落，其立面景观通常以高大乔木和花灌木组成，随着乔木和隐蔽度的增大，需要种植阴生地被；都市中高层建筑不断新建，立交桥已星罗棋布，由此形成的荫蔽、半荫蔽地块不断增加，也需要大量的阴生地被以覆盖裸露的表土。因此阴生地被在现在园林造景中具有重要意义，是园林景观的重要组成部分。从生态学角度评价，阴生地被增加了绿量，对改善和美化环境起到良好的作用。

草本地被中的阴生植物如：(洒金) 蜘蛛抱蛋、白芨、大叶仙茅、(花叶) 大吴风草、玉簪、紫萼、长梗山麦冬 (生产中一般称兰花三七)、阔叶山麦冬、黑麦冬、山麦冬、石蒜、沿阶草、矮生沿阶草 (一般称矮麦冬)、二月兰、杜若、吉祥草、万年青、虎耳草等。

(2) 阳生地被　阳生地被是指喜阳光充足，能应用于全光照的空旷平地或坡地上的地被植物，是城市大面积绿化空间中极具推广潜力的植物材料。

阳生地被常成片种植，浑然天成，盎然大气。多数种类四季常绿，四季花、果、叶交替，季相变化丰富，赋予城市勃勃生机，开花时节色彩斑斓，极具观赏价值。阳生地被植物种类丰富，应用范围广，涉及一二年生、多年生花卉及多肉植物等，且繁殖容易，管理粗放，需水量和维护量大大低于草坪且适宜观叶或观花，极具生态价值，是营造“花园城市”的重要力量。

草本中常见的阳生植物如：花生藤、心叶岩白菜、牛至、三叶委陵菜、迷迭香、凹叶景天、佛甲草、垂盆草、八宝景天、百里香、白车轴草 (或称白三叶)、紫花地丁等。

(3) 湿生地被　湿生地被是指分布于水陆交替地段的湿生植物，他们生长在地表常年浅层积水或季节性积水或土壤过湿的环境中。且地被植物具有植株低矮、枝叶密集、具地面覆盖效果的种类等特点。

湿生地被作为湿地生态系统中重要的组成部分，其景观和生态功能日益受到重视。湿生地被与水交相辉映，叶形奇特、花繁叶茂，具极高的观赏效果。或带状布置于浅水岸边，或成片植于水岸湿地林下，通过合理的植物造景，均可营造自然生态的植物景观和极富变化的水岸透景线。

草本中常见的湿生地被如：菖蒲、石菖蒲、泽泻、大花美人蕉、紫芋、旱伞草、鱼腥草、香菇草、水鬼蕉、玉蝉花、花菖蒲、蝴蝶花、黄菖蒲、鸢尾、千屈菜、水芹、梭鱼草、慈姑、三白草、车前等。

(4) 观花地被　观花地被一般是指能够开花的且具有较高观赏价值的地被植物，一二年生花卉花色艳丽、植株整齐，大片群植可以渲染热烈的气氛。多年生花卉的优点是冬季地上部分常绿，过后虽枯死而地下部分宿存，翌年春天再度生长，在气候适宜的地方还能全年开花。多年生花卉具有观赏价值高、养护便利、造景成本低等特点。在园林养护中具有广阔的前景。观花地被在园林地被中占有重要的地位，其独具的特色，是都市景观和园林造景的重要组成部分。

草本花卉中常见的观花地被种类如：黄秋葵、亚菊、多花筋骨草、射干、地被菊、白晶菊、铃兰、常夏石竹、黄金菊、大花天人菊、嚏根草、萱草、大花萱草、蓝香芥、火炬花、雪滴花、美丽月见草、南非万寿菊、红花酢浆草、宿根福禄考、丛生福禄考、大花马齿苋、鼠尾草类、紫娇花、美女樱、细叶美女樱、角堇、葱兰、韭兰、欧石楠、熊葱、葡萄风信子、猫须草等。

(5) 彩叶地被 彩叶地被是指叶色丰富的观叶类地被植物，通常表现为全叶花叶，或叶缘、叶片中部有彩色条纹或斑块。如园林中常见的花叶、金边、银边、金心、金叶等品种。

与普通的绿色植物相比，运用适当的彩叶植物能迅速抓住游人的目光，成为景观的亮点。但是色彩给人的感觉千差万别，不同色彩的植物给人的空间感、冷暖感、轻重感，随着色彩面积的不同，人们会形成不同的感受。例如，彩叶植物栽植在林下时，能对暗色环境起到亮化作用。但如果运用不当，则会适得其反，破坏与周边环境的协调性。

掌握各种彩叶地被植物的生长特性和生态习性，了解植物色彩对人心理的感受，便能在园林绿地的应用中充分发挥色彩优势，形成变化万千的园林景观。常见的草本彩叶地被如：金叶金线蒲、红莲子草、彩叶草、花叶活血丹、花叶玉簪、金边阔叶麦冬、金叶过路黄、花叶薄荷、紫叶酢浆草、红叶景天、银叶菊、绵毛水苏等。

(6) 藤蔓地被 藤蔓地被是指作为园林地被应用的草质藤本。藤蔓地被匍匐地面生长，具有生长迅速、铺地见效快的特点，符合真正意义上的地被植物特性，且繁殖容易、养护简单、适应性强，便于普及，具有绿化、美化功能。目前，园林中运用广泛的草本藤蔓类植物较木本不多见，例如：蛇莓、活血丹、羽叶茑萝、吊竹梅、紫鸭跖草等。

(7) 观赏草 观赏草是一类形态美丽、色彩丰富、以茎干和叶丛为主要观赏部位的草本植物的统称。观赏草以禾本科植物为主，常见的还有莎草科、灯心草科、天南星科植物等。一些蔓生类、低矮类或通过密植形成良好覆盖效果的观赏草，可以形成独特的地被植物景观。

观赏草的植株形体、线条质感、花形花色等均与一般园林植物有明显区别。观赏草大多具有独特的花序，不仅轻盈精美，随风摇曳，更奇妙的是它可以捕捉光影，这是其他植物所无法比拟的。园林中配置观赏草地被时，如考虑光照的角度和时间，常可营造出丰富的光影效果。

观赏草种类繁多，色彩丰富。除了深浅不同的绿色外，还有醒目的金黄、鲜红、蓝紫等色，一些观赏草的叶色能随着季节更替而变化，可用于地被色块栽植，岩石园配置或点缀景石、步石及园林小品，均增添赏景趣味。

常见的观赏草如：花叶燕麦草、花叶芦竹、棕红苔草、中华苔草、棕榈叶苔草、金叶苔草、大叶苔草、小盼草、矮蒲苇、蓝羊茅、日本血草、灯心草、狼尾草、细茎针茅等。

(8) 野生地被 野生地被或称乡土地被，是指在目前仍处于野生状态而尚未广泛开发应用的覆地植物，自然生长于山林、溪沟、坡地等处，包括低矮的草木、蕨类植物，具有资源丰富、适应性强、地域性明显及养护管理便利等特点。在现今野生地被中具有较好引种价值的植物如：矮蒿、三脉紫菀、紫云草、中华秋海棠、线蕨、尖距紫堇、柔毛水杨梅、旋覆花、过路黄、珍珠菜、金线草、绵毛马兜铃、细辛等。

五、地被植物配置的基本原则

1. 深入了解立地条件和地被植物特性

立地条件是指栽培地的气候特性以及光照、水分、土壤等环境因子状况。地被植物的特性包括植株高度、绿叶期、开花期、花色以及环境适应性等。地被植物的应用配置首先要建立在植株生长良好的基础上，而立地条件与植株特性是至关重要的两个因素。必须明确种植条件，有针对性地选择不同性状、不同花期、不同适应性的植物种类。如根据气候条件选择宿根地被或常绿地被，根据土质选择耐盐碱植物或喜酸性植物，根据光照条件以及周边乔灌木或建筑物的不同影响程度选择阳生地被或阴生地被，根据滨水、坡岸等不同环境的干湿度选择湿生地被或旱生地被等。在适宜的离地条件下，地被植物长势好，成景快，景观效果与生态价值更为突出。

2. 根据不同绿地性质和功能进行配置

园林绿地可以简单地概括为规则式布局与自然式布局两类。规则式几何形状的绿地，应选择植株整齐一致，花色匀称和谐，花序顶生或花团锦簇的种类，且具有较长的观赏期；而在自然式绿地中，则可以选择植株高低错落、花色多样协调，在不同季节有不同特色但主调一致的种类，从而呈现出活泼自然的野趣。根据绿地的不同功能，对地被植物的配置要求也不同。如景区中入口处绿地以观景为主，可以选择时令草花，以明快的色彩吸引游客。如路缘或林缘通常应种植观花地被，以达到步移景异，引导空间，使游客赏心悦目，不觉乏味。根据绿地形式的不同和主题的变化，使用不同性质的地被种类和布置形式，以满足不同的功能要求。

3. 要符合园林艺术规律

园林艺术是多种艺术相融合的综合艺术，是自然美和园林美的结合。地被植物的应用也需按照园林艺术的规律，处理好与园林布局的关系，处理好与周围环境及其他植物的协调关系，并注意不同花色、叶色、花期、叶形及植株等植物的搭配，或营造浑然大气、绿意盎然的铺地效果，或表现高低错落、色彩丰富的观赏价值。

如确定地被植物高度时，要考虑周边植株、绿地大小、疏密程度等要素，突出衬托主体，达到层次分明的效果。当上层植物分支点较高，种类稀少时，可选择较高的地被植物；种植区面积较小时，则选择较为低矮的地被种类；花坛边缘，应选择一些更为低矮或蔓生的地被种类，以衬托开花植物的艳丽。

地被植物的株形、叶形是园林布局的重要因素。地被植物的配置艺术追求群体美，应强调协调统一，植株造型过多只会适得其反。

在以体现色彩为主景的地方，可色调统一，可形成对比，也可丰富多彩，但关键是要达到和谐。结合植株本身不同的生长性质，更深层次的考虑色彩配置。如在落叶树下，可选择麦冬等常绿地被。或以石蒜等冬绿型草本进行混种点缀；在常绿树丛下，则可选用玉簪等耐荫性强，花色明快的种类，以丰富色彩；在林下大面积布置沿阶草、吉祥草时，配以黄斑大吴风草、斑叶蜘蛛抱蛋等彩叶植物；而当上层乔、灌木为开花植物时，还应考虑地被植物的花期和花色，以错开观赏期。

模块4　水面绿化花卉的选择与配置

教学目标

知识目标：

◆ 能熟练掌握水面绿化的概念。

◆ 掌握水面绿化的主要花卉材料及应用方式。

能力目标：

◆ 学会园林设计和营造中水面绿化花卉的选择与配置。

素质目标：

◆ 学生通过收集、整理、总结和应用相关信息资料，培养自主学习的能力。

◆ 通过对形态相似或相近的水面绿化花卉进行比较、鉴定和总结，培养学生独立思考问题和认真分析、解决实际问题的能力。

◆ 通过对水面绿化花卉的选择与配置不断深入地学习和认识，提高学生的园林观赏水平。

能力训练

［活动一］常见水生植物及其应用考察

活动目的	了解常见的水生植物及其营造形式
活动要求	正确识别水生植物，熟悉花材的应用形式及造景形式并绘制平面图
活动器材	笔记本、笔、数码相机
活动地点	营造有水面绿化的河流、湖泊等
活动时间	4～5月份
活动程序	在室外教学之前教师应已完成水面绿化的室内教学
	教师现场对学生不能识别的植物进行指导，分析水面绿化的营造形式
	学生分组活动，记录所运用的植物并绘制草图
	考核评估：撰写水面绿化实训报告，报告应具备植物名称、科属、营造形式、原则和方法。报告要求图文并茂，并根据水面深浅的变化绘制立面图

［活动二］绘制水面绿化设计图

活动目的	运用所学知识，绘制水面绿化设计图
活动要求	水面绿化设计图至少应具备平面图、立面图、效果图及设计说明
活动器材	绘图纸、绘图板、制图笔、上色工具
活动地点	绘图室或教室
活动程序	教师给出水面绿化的所在位置，给出现有的周边环境及水深状况
	学生根据现有情况进行场地分析，并在规定时间内完成水面绿化设计
	教师根据设计图的合理性、观赏性及图纸的表现性等多方面因素给予评分

一、水面绿化的概念

水面绿化是指人们运用水生植物所具有的湿生、沼生的特性，对植物和水景进行精心的设计和组合，形成具有特色和宜人的景观空间。

二、水生植物的主要群落

国外在对水生植物群落的论述时，《Landscape Design with Plants》一书将水生植物群落分为生长于水体附近的植物、沼泽地植物、边沿地带植物、芦苇沼泽地植物、水面植物等6类。结合我国水生植物的自然分布及在园林花卉中的应用状况，我们把水生植物群落分为以下类型：

（1）挺水植物群落　挺水植物在湿地学科中也称为湿生植物。其主要分布在沼泽地及湖、河、塘等近岸的浅水处，是水生植物和陆生植物之间的过渡类型。这类植物在空气中的部分，具有陆生植物的特征；生长在水中的部分（主要指地下茎或根）通常有发达的通气组织，具有水生植物的特征。挺水植物群落主要有莎草科、禾本科、香蒲科、黑三棱科、泽泻科、天南星科、雨久花科、睡莲科以及蓼科植物。挺水类植物涵盖了园林水体配置中挺水、湿生、沼生植物的所有种类。自然界的代表性群落有芦苇群落、香蒲群落及菖蒲群落等。

（2）浮水植物群落　浮水植物常有异叶现象，既有沉水叶和漂浮叶之分。它们常具有细长而柔软的叶柄，例如睡莲等的叶柄可达1～2m，这些形态特点不但可以减少水流的机械阻力，而且可以随着水位的升降自动卷曲或伸长，使叶片始终漂浮于水面。这类植物主要有菱科，睡莲科的芡属、萍蓬草属及眼子菜科等。浮叶型水生植物常间生在挺水植物群落间，但在挺水植物不能生长的地区，常形成明显的群落。分布区域一般水深0.5～2.5m，有时也生长在更深的地区，但生长不茂盛。其中菱科的一些种类分布最深，可达4～5m。常见的浮水型植物的群落有菱群落、睡莲群落及王莲群落等。

（3）漂浮植物群落　漂浮植物可以生活在水较深的地方。这类植物的根一般退化或完全缺失，植物体的细胞间隙非常发达，体内多贮藏有较多的气体，植物整体漂浮于水面。如满江红科、槐叶苹科、浮萍科、雨久花科的凤眼莲属、水鳖科的水鳖属、龙胆科的荇菜属等。这类植物一般分布在小型湖泊或大型湖泊的港湾部分或间生在挺水植物与浮水植物之间。常见的漂浮植物群落有凤眼莲群落及荇菜群落。

（4）沉水植物群落　沉水植物的各部分都能吸收水分和营养物质，通气组织特别发达，有利于在水中缺乏空气的情况下进行气体交换。主要有眼子菜科、茨藻科、金鱼藻科、水鳖科（水鳖属除外）、水马齿科、狸藻科的一些种类等。适当地利用沉水植物可以净化水质，使沉水植物在现今社会的园林应用中越来越被重视。此外在水族箱及模拟水下景观的海底世界中有较为广泛的运用。代表性群落如黑藻群落及黄花狸群落。

（5）水际及沼生植物群落　这类植物的生长期要求湿润的土壤条件。园林应用中需在池边开辟一些同水面平齐的地块，或于河岸、溪旁、湖边通过挖掘和平整提供近似条件。可用在此处的植物有花菖蒲及其变种、西伯利亚鸢尾、灯芯草属、观音莲属、泽泻属、驴蹄草、睡菜、勿忘草属、梅花草、金莲花属等。这类植物具有相对较强的抗性，易于栽培。

（6）岸边植物群落 岸边植物主要指与水体相连地段及水体周围布置的植物种类，包括假升麻、落新妇属的一些种、草甸碎米荠、玉簪属与萱草属，木本主要有柳属、落羽杉、水杉、池杉、水松、竹类、木芙蓉、迎春、榕属、水蒲桃、羊蹄甲、蒲葵、夹竹桃、槟榔、棕榈、枫杨、杨属、黑桦、桤木属、榛属等。

（7）海生红树林群落 红树林群落主要分布于我国热带海岸，主要为红树林景观树种，包括水椰、桐华树、角果木、红树等。这类群落一般冬季要求水温18～23℃才能满足生长需要。在涨潮时，海水可淹没全部或部分树冠，而退潮后则挺立在有机质丰富的烂泥海滩上，并具有发达的支柱根、呼吸根和板根。红树胎生的幼苗随海浪漂流到新的海滩扎根生长。

三、水生植物的演替规律

自然界中水生植物群落的演替过程是沉水植物群落→浮水植物群落→挺水植物群落。生长于深水处的浮水植物生长过密时，会影响阳光的透入，进而影响同样生长于深水处的沉水植物的生长，甚至引发死亡。从而发生沉水植物群落演变为漂浮植物群落的过程。另一方面，由于挺水植物位于近岸处，首先拦截了冲刷下来的大量泥沙及有机质，加上残体不断积累，使临近的水域变浅，创造了大量适合挺水植物生长的区域，它们繁殖力很强的地下根茎就向变浅的区域侵移，迅速繁殖，并占据优势，迫使原来的生长于此的浮水植物失去生存所需的条件而逐渐消亡，这时浮水植物带就演变为挺水植物带，这种水生植物群落演化的典型特征在自然界的大型水域中表现最为明显。因为这一由沉水植物带到浮水植物带到挺水植物带的演变过程正是湖泊逐渐变浅或演化成沼泽的过程。园林中的大型水体，如果没有人工干预，也会发生类似的群落演替，造成植物景观的变化。在中小型水景园中，如果植物配置不当或是没有适当的种植设施或养护管理中的人工干预，也会造成如凤眼莲等在数年后变为优势种甚至单一种的现象，严重降低了园林水体的效果。

因此，充分了解水生植物群落演替的规律，了解不同类型水生植物的生长习性及对环境的要求，在园林水体的植物配置设计中，既要保证其互不侵犯、和平共处，又要体现自然、合理、美丽的群落景观。这需要从种类的选择、种植设施的设置及建成后的管理等方面采取措施。

四、水生植物的生态习性（图6-6）

（1）温度 由于水中的环境较陆地上稳定，陆上温度变化对它们的影响较小，干湿度的影响更谈不上，因此水生植物对环境和气候反应没有陆生植物那样敏感，许多水生植物种类分布范围也因此极为广泛，有些甚至是世界范围的广布种。如水生蕨类的满江红和槐叶萍、荇菜、芡实、萍蓬草、睡莲、莲、泽泻、菖蒲、香蒲类、芦苇等在我国南北皆有分布。对温度的适应范围较窄，如远长于南美洲的王莲，其生长要求的最适水温介于30～35℃，在我国北方地区不能露地越冬。还有些种类，虽然冬季能生存，但地上部分死亡，靠地下器官在冰冻层下越冬。因此，种植设计应全面了解每个种对最适温度的要求以及对极端温度的抗性。

（2）水位 由于不同的水生植物在原生境中处于不同的群落类型，而影响水生植物群

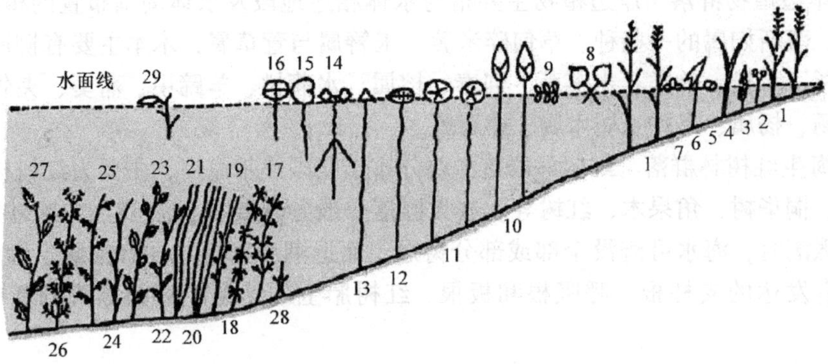

图6-6　水生植物生态示意图

1—芦苇　2—花蔺　3—香蒲　4—菰　5—青萍　6—慈姑　7—紫萍　8—水鳖
9—槐叶萍　10—莲　11—芡实　12—两栖蓼　13—荇菱　14—菱　15—睡莲　16—荇菜
17—金鱼藻　18—黑藻　19—小茨藻　20、21—苦草　22—竹叶眼子菜　23—光叶眼子菜
24—龙须眼子菜　25—菹草　26—狐尾藻　27—大茨藻　28—五针金鱼藻　29—眼子菜

落的主导因子之一就是水位的高低。因此，不同水生植物对水位都有特定的要求。园林中应用的大部分浮水花卉如睡莲、菱、芡实、萍蓬草等适宜水深为60~100cm。挺水植物通常分布于靠近岸边的浅水区，根据种类不同可生长于0~2m水深之中。其中如荷花可生长在60~100cm的水深处，而香蒲等许多挺水花卉可以生长于浅水至湿地，有些甚至在中生环境也可生长，如千屈菜、黄花鸢尾、芦苇等。但是水位过高，该类花卉就会生长不良，甚至死亡。

(3) 水的流速　园林水体有静水、动水之分，大部分水生花卉要求静水或流速缓慢之水，尤其是挺水和浮水花卉。因此在有喷泉、瀑布等流速较大的水体中要借助种植设施为水生花卉创造适宜的生长环境。

(4) 光照　浮水植物、漂浮植物及绝大多数的挺水植物都属于阳性植物，对光线的竞争比较明显，群落中的优势种往往抑制其他种类的生长；挺水植物中的个别种类如石菖蒲喜阴，鸭舌草可耐半荫环境；沉水植物能吸收射入水中的较微弱的阳光，在光线微弱的情况下也能生长，但它们对水的透明度也相当敏感。浑浊的水对他们吸收阳光较为不利，因此在透明度差的水中分布较浅。

(5) 土壤　大部分水生花卉喜腐殖质丰富的黏质土。挺水类植物对土壤的适应性强，但皆以深厚、肥沃之土壤为佳。

五、水面绿化的设计要点

1. 遵循植物配置的科学性原则

园林水体的种植设计概言之即通过广义的水生植物（包括沼生及湿生植物）的合理配置，创造优美的景观。这一合理配置的过程，便是建立人工水生植物群落的过程。为了达到最佳和持久的景观效果，种植设计中满足植物的生态需求是根本原则。其中，充分了解自然界水生植物群落的特点及其演替规律，了解特定种的生态习性，然后在此基础上根据园林水体类型、深浅等选择合适的植物种类，并合理地构筑种植设施，加上群落建成后合理的人工干预及养护管理，才能保证水生花卉的正常生长发育，充分展示水生花卉的观赏特点，创造出源于自然、高于自然的艺术风貌。

2. 注意水边植物透景线的把握

在有景可借的地方，水边种树时，要留出透景线，但水边的透视景与园路的透视景有所不同，它并不限于一个亭子，一株树木或一座山峰，而是一个景面。配置植物时，可选用高大乔木，加宽株距，用树冠来构成透景面。通过疏密有致的配置做到需要开敞的地方开敞，需要遮挡的地方遮挡，避免失去画意。在岸边设置座椅，观赏对岸阳光照射的水景风光，借树木增强了明暗变化。在水中乘船游玩的游客也可以观赏岸上的风情。岸上、水上互为借景彼此观赏，使园林景观更加丰富。

3. 水面绿化中的色彩构图

淡绿透明的水色，是调和各种园林景物色彩的底色。它与亭台楼阁、乔木灌木、绚丽的花朵、天空、白云都能够在水色的衬托下达到高度的统一。所以根据场地条件和现有环境的不同可以在水边或多或少地配置色彩丰富的植物，使其掩映在水中。如杭州曲苑风荷旁的芙蓉花成丛栽植，花红水绿相映成趣。

4. 水面绿化中倒影的运用

水景最大的特色是能够产生倒影，园林水面似一块平洁明镜，四周景物反应水中，形成倒影，增加了游览的趣味。有了倒影，岸边的景物由一变二，上下交映，增加了景深，扩大了空间。水上的半圆拱桥，因为水的作用变成了圆桥，起到了功半景倍的作用。倒影还能把远近错落的景物组合在一张画面上，如远处的山和近处的建筑树木融为一体，形成秀丽的景观山水画。

风平浪静时，湖面清澈如镜，阵阵微风送来的涟漪给湖光山色的倒影送来活力；如遇大风天气，水面波涛汹涌，倒影顿失；雨点使水面破碎，古人云：留得残荷听雨声，也别具一番风味。随着自然界中天气的变化，水面的景观也随之改变，不同时空的变化，形成了不同的景观效果。

六、水面绿化的应用（图6-7～图6-13）

1. 水面景观

水面景观是指通过配置浮水植物、漂浮花卉及适宜挺水的植物，形成美丽的水面景观。配置时应注意花卉彼此之间在形态、质地等观赏性状上的协调与对比，尤其是植物和水面的比例。在水面上根据观赏的实际需要种植植物是园林中较为多见的形式。他需要和周围的景观协调。从栽植的位置、占用水面的大小和管理时是否会妨碍游览等，都要事先设计好。如杭州的曲苑风荷、三潭印月在植物配置时使用荷花和睡莲，在人流集中的地方，发挥其观赏作用，成为杭州园林景观中著名的景点。在园林中也有水面全部布满的情况，其比较适合于小水池，或在水池中较为独立的局部，如三潭印月的池边一角，全部种满了荷花。再如在水面上铺满了田字萍、绿萍等植物，好似一张绿毯，也不失为一种野趣。

2. 岸边景观

园林中的岸边景观主要通过湿生的乔灌木及挺水花卉组成。水边栽植乔灌木切忌规则等距栽植、整形修剪、大小统一。应当结合地形、道路、岸线进行组景，使之疏密有致、断断续续。自然栽植的乔木的枝干不仅可以形成框景、透景等特殊的景观效果。同时岸边的植物还可以形成丰富的天际线或与建筑组景。或柔条拂水或临水相照，成为水景的重要组成部分，岸边的挺水植物虽然矮小，但亭亭玉立，或呈大小群丛与水岸组景，点缀池边桥头，也极富野趣。石岸、假山、驳岸也可采用植物柔化生硬、枯燥的石岸线条，为景观增添景色与趣味。常用的植物如：云南黄馨、迎春、金钟花等。

3. 湿地景观

在现代园林的水景中还有专门供人们游玩的湿地景观，在内部种植乔灌草等多样化的植物种类，铺设木质栈道或游步道，引导人们观赏沼生花卉，及湿生植物的气根、板根等奇特景观。游步其间，野趣横生，再现了大自然的美丽景观。

纵观园林植物的应用不外乎湖、池等静态水体，河、溪、瀑、泉等动态水景。如杭州西湖、玉泉溪、济南大明湖、趵突泉等都能合理地利用现有的场地现状，运用植物创造美丽的植物景观。

现今社会中常用的浮水植物如：睡莲、王莲、莼菜、芡实、中华萍蓬草、沼生水马齿、粉绿狐尾藻、荇菜等。

沉水植物如：金鱼藻、穗花狐尾藻、菹草、黑藻、海菜花、苦草等。

漂浮植物如：槐叶苹、满江红、野菱、水鳖、大漂、浮萍等。

挺水植物如：再力花、黄菖蒲、灯心草、雨久花、梭鱼草、马蹄莲、野芋、紫芋、菖蒲、风车草、芦苇、菰、野慈姑、泽泻、花蔺、黄花蔺、荷花、睡菜、水苦荬、水烛、假马齿苋、水葱等。

湿生植物如：肾蕨、糯米团、花叶冷水花、庐山楼梯草、金线草、野荞麦、红蓼、毛茛、华东驴蹄草、鹅掌草、刻叶紫堇、血水草、白花碎米荠、日本金腰、虎耳草、东南水杨梅、紫花前胡、报春花、泽珍珠菜、肾叶打碗花、藿香、活血丹、野芝麻、薄荷、半枝莲、水苏、墨西哥鼠尾草、香彩雀、白接骨、球花马兰、大车前、接骨草、斑茅、金线蒲、宽叶韭、聚花草、萱草、紫萼、雪片莲、水仙类、萱草、紫娇草、葱兰、芭蕉、姜花、“花叶”艳山姜、美人蕉类、白芨等。

图6-7　水面绿化（一）

图6-8　水面绿化（二）

图6-9　水面绿化（三）

图6-10　水面绿化（四）

图6-11　水面绿化（五）

图6-12　水面绿化（六）

图 6-13　水面绿化（七）

模块 5　室内观叶植物的选择和配置

教学目标

知识目标：

◆ 能熟练掌握室内观叶植物的概念及特点。

◆ 掌握室内观叶植物的摆放原则和方法。

◆ 掌握温室营建材料的选择原则和方法。

能力目标：

◆ 学会室内设计、温室设计和营造中花卉的选择与配置。

素质目标：

◆ 学生通过收集、整理、总结和应用相关信息资料，培养自主学习的能力。

◆ 通过对形态相似或相近的室内观叶植物进行比较、鉴定和总结，培养学生独立思考问题和认真分析、解决实际问题的能力。

◆ 通过对室内观叶植物的选择与配置不断深入地学习和认识，提高学生的园林观赏水平。

能力训练

［活动一］常见室内观叶植物及其应用考察

活动目标	了解常见观叶植物和摆放形式
活动要求	正确识别室内、温室的观叶植物，能够分析摆放的手法和营造形式
活动器材	笔记本、笔、数码相机
活动地点	摆放有观叶植物的酒店、会议室和公共场所
活动时间	全年
活动程序	教师完成室内观叶植物教学
	教师现场指导室内常见观叶植物的花材，分析其组合方式及应用手法
	学生分组活动，观察、分析和记录室内花卉使用的花材，及其营造方法
	考核评估：撰写室内观叶植物选择和配置的实训报告，报告应具备材料的科属、生态习性、摆放和营造的形式原则和方法。报告应当图文并茂，分析合理得当，能够应用植物进行合理搭配

［活动二］对观叶植物进行合理摆放

活动目标	运用所学知识，合理地对材料进行组合和搭配
活动要求	运用提供的观叶植物，进行植物的搭配和摆放，体现植物的美观和实用
活动器材	根据场地提供适量的观叶植物、笔记本、笔、数码相机、卷尺
活动地点	校园
活动程序	教师选定合适的教学场地，布置教学任务
	学生以小组为单位，在规定的时间内摆放好植物
	教师根据所布置的场地的合理性、观赏性、色彩协调感等多方面给予评分

一、室内观叶植物的概念及其意义

室内观叶植物是指能够适应室内环境条件，可用于长期栽植或室内陈设的观叶植物。通常大部分原产于热带或亚热带等地区。植物具有较高的观赏性，能够适应室内光照低、湿度大、温度高等多方面特性，通常以耐荫植物居多。室内观叶植物的栽植和陈设对于人们改善室内环境、美化室内空间具有重要意义。

随着城市的发展和人们生活节奏的日益加快，为了适应工作和生活需要，人们大量的时间都在室内度过。室内空间本身具有的围合性和现代家居中大量化学材料的使用，导致室内环境污染严重。合理地运用植物，可以吸附有毒气体释放人类赖以生存的氧气；植物的摆放可以提高室内的湿度，产生负离子，使人身心愉悦。植物所具有的观花、观叶、观果等特性也为我们带来了自然的气息，丰富了色彩和质感，美化了我们生存的空间环境。通过合理的布局，室内花卉的栽植可以分隔和组织空间，对空间具有导向和提示的现实作用。

二、室内环境生态条件与植物的选择

室内植物造景与摆放是人们将自然界中的植物进一步引入居室、办公室、卫生间、会议室等自用空间以及宾馆、会所、咖啡厅、温室等公共的共享建筑空间中，其空间特点具有私密性，面积小，以交谈、休息、办公、饮食为主。其环境条件大异于室外条件，通常光照不足、空气湿度低、空气流通性较小、温差较小，因此不利于植物的生长。了解室内的特性，适当地选择适合的植物也就成为了园艺师、室内租摆公司工作的重点。

1. 光照

室内限制植物生长的主要生态因子是光，如果光照强度达不到光补偿点以上，将导致植物生长衰弱，甚至死亡。根据各方面的资料显示，光照一般低于300lx，植物将不能生长；照度在300～800lx，每天保证延续8～12h，植物可正常生长，甚至可以长出新叶；照度在800～1600lx，每天保证为8～12h，则植物生长良好，可以换新叶，照度在1600lx以上，每天延续12h，甚至可以开花。除了有天窗或落地窗的条件外，一般的室内漫射光是不能满足植物的正常生长的。

室内的一般采光来源于顶窗、侧窗、屋顶、天井等处。自然光具有植物生长的各种光谱成分。但受纬度、季节及天气状况的影响。室内的受光面也因朝向、玻璃质量等变化不一。一般以屋顶采光最佳，植物受感染少，光强及面积均大，光照分布均匀，植物生长均匀。而侧窗采光则光强度较低，面积较小，且导致植物向光生长。侧窗朝向同样影响室内的光照强度。不同位置的光照情况和植物选择见表6-2。

表6-2　不同位置的光照情况和植物选择

位　置	光照情况	植物选择
东	除较短的直射光外，大部分为漫射光线，直射光占20%～25%	可配置橡皮树、龟背竹、变叶木、散尾葵、文竹等
南	直射光，时间长	可以配置需要大量光照的植物种类，甚至少量的观花植物。如仙人掌、蟹爪兰、杜鹃花等。当有窗帘遮挡时可种植虎皮兰、吊兰等耐荫植物
西	除较短的直射光外，大部分为漫射光线，直射光占20%～25%	西窗夕阳光照强，夏季可适当遮挡，冬季补充室内光照，可种植仙人掌等多浆花卉
北	距强光窗户较远处，其强光仅为直射光的10%左右	可配置蕨类、冷水花、万年青等
墙角	离光源6.5cm左右的墙边，光线微弱，仅为直射光的3%～5%	可配置耐荫的喜林芋、棕竹等

2. 温度

室内造景的植物大多原产于热带亚热带。以美洲低纬度地区、非洲南部及东南亚热带雨林地区为主。其特点是光照多、平均温度高、冬夏和昼夜温差小。没有明显的季节变化，既无高温，也无寒冷，故一般的适宜温度为15～34℃，最佳生长温度为22～28℃。故最忌温差骤变：①夜晚温度过高会导致植株过度缺水，造成萎蔫；②夜晚温度过低，也易造成冻伤，通常最低温度不低于6℃；③通常人们认为热带植物只怕冷，不怕热，因而忽视降温，从而使植物生长受影响，通常温度不宜超过34℃。故生产操作中，大棚内常常装有恒温器，在夜间气温下降时，增添热量。同时，通过窗户的启闭也可以控制空气的流通。

3. 水分

观叶植物的原产地一般在湿热多雨的环境，许多品种在林荫下生长。从形态上看，多是草本植物，叶片草质，薄质嫩软，因此对水分要求较大。很多品种对空气湿度的要求比对土壤更为重要。尤其是附生型的气生植物、蕨类等。更需要保持大的空气湿度，否则很容易造成叶面粗糙，枝条下垂，呈萎蔫状，有的出现焦边现象。但球根类及肉质根茎类、仙人掌类等植物对水分需求又不同，适宜在较干燥的环境生长。即使在夏季高温时过分浇水也会导致烂根，寒冬更应该保持相对干燥。因此，根据场地的不同，适当选择植物，显得尤为重要。例如，在厕所的边角摆放蕨类植物，既美观，又符合植物的习性。

4. 通气

室内空气流通差，尤其是夏季和冬季，办公场所长时间开着空调，空气处于不流通状态。常常导致植物生长不良，甚至发生叶枯、叶腐、病虫害滋生等现象。所以，我们需要适当地通过窗户来调节室内空气状况。同时，植物生长的好坏也是室内植物空气质量的重要指向标。

三、室内装饰的绿化原则

室内绿化是人类将对自然的喜爱，进一步地引申到室内，是人们通过对大自然植物习性的了解，合理运用植物在室内重现绿色的一种手段。随着人们欣赏水平的日益提高，人们将室内花卉像园林布局一样进行装饰，给人以美的享受。不同的是室内绿化装饰是在一种特定的环境条件下，即受空间的限制和建筑物的制约，对其风格、尺度、功能等又提出了新的要求。

四、室内装饰的主要形式

1. 盆栽式

这是人们日常生活中常见的一种装饰形式。现今市场上，室内植物的体量从几厘米到几米高；容器的选择上，陶盆、瓷盆比比皆是；容器的容量上从几加仑到几十加仑皆可供选择。人们将盆栽好的花卉摆放在茶几、柜台上或是组合摆放在酒店、会场门口，形成群集式的盆花花坛。愉悦了人们的心情，烘托了场地的节日气氛。盆栽式的形式具有移动便捷、易于组合、美观实用等特点。

2. 悬挂式

悬挂式栽培常常给我们飘逸、自然、浪漫的感觉。有“空中花园”的美称，深受人们的喜爱。

垂悬式的装饰可以悬挂或是置于花台上。花卉犹如一条瀑布，飞奔而下，颇为壮观。

壁挂式的装饰形式一般装点在墙面和柱体。结合室内灯光更显室内装潢富丽堂皇。植物的选择上应当选择一侧生长旺盛的植株，且抗性强、耐荫、管理粗放的植物。

悬吊式植物可以打破地面、墙体几何的限制，充分利用空间。但是对于养护上也带来了不便，必要时需定期取下检查、浇水、摘除枯枝病叶。在容器的选择上最好不用易碎的陶瓷、泥瓦盆，宜使用塑料或藤制材料。一方面可以减轻重量，再则可以降低危险。

3. 攀援式

攀援式绿化一般针对具有气生根的植物，通过利用绳网、支架，使其向上攀援，布满天棚和墙壁，形成一道绿屏。现今社会中我们运用到室内中常用的手法是将管子立于盆中央，在管子上缠上棕麻，使其攀援而上，置于室内墙角也颇为美观。日常生活中常见的有绿萝柱、红宝石柱、绿苹果柱等。

4. 水培

水培是采用现代科技手段对普通的植物、花卉进行驯化。因为携带和照顾方便、价格便宜、干净、花叶生长健康、能达到鱼花共赏画面，得到了人们的广泛喜爱。最常见的植物有富贵竹、水仙、碗莲等。人们在日常生活中还赋予植物拟人化的手法，例如，富贵竹又名节节高，象征了人们对于生活的美好向往。水培的玻璃器皿中也可放入陶石、卵石、金鱼等，使花卉与介质互为衬托。点入几条小鱼，使水面更加灵动。其风格上也别具一格。

五、室内绿化中容器的选择

种植容器的类型，人们日常生活中常用的种植容器根据各种形式、大小、材料大致可以分为以下几种：

(1) 陶土、陶瓷花盆　陶土花盆通常为土红色，有各式各样的尺寸和形式。土质花盆通气性好，可以减少因浇水过多对植物的损害，但易碎和难以清洁。陶瓷花盆除尺寸和样式多以外，还有各种吸引人的色彩、图案，装饰性更强，用于各类厅室内部，高雅优美，对于传统或是现代空间都比较适宜。

(2) 塑料及玻璃纤维花盆　这类花盆最大的优点是轻、不易碎，但透水性较差，宜用于喜湿的室内植物装饰及悬挂、壁挂材料。

(3) 金属花盆　给人晶亮、富丽的感觉，轮廓简洁，较有光泽，适合现代化的室内空间。

(4) 竹质、藤制的套盆　具有透水、透气的特点，适合植物生长，给人粗犷、野趣的感觉。

(5) 其他材料　除上述的容器外，还有粗制的泥瓦盆，较易碎，不宜经常搬动；釉盆、紫砂盆，适合配置传统中式的植物，适合古式的家具布置。

思考训练

1. 简述花坛的概念。
2. 简述花坛设计的要点。
3. 选择模纹花坛、立体花坛、标题花坛的花材，完成花坛设计。
4. 简述花境的概念。
5. 简述花境设计的要点。
6. 完成一组花境植物的选择和配置，并完成设计图纸。
7. 简述地被植物的概念及其特点。
8. 简述地被植物的设计要点。
9. 根据植物阴生、阳生、观花、彩叶、观赏草等的分类形式，每种至少简述 5 种常见的地被植物。
10. 简述水面绿化的概念。
11. 如何体现水生植物景观设计的科学性。
12. 根据水生植物的水深情况及周边条件，绘制水生植物配置设计图。
13. 室内生态环境对植物生长存在哪些不利因素？
14. 如何根据不同的室内空间进行植物的选择和设计？

参考文献

[1] 陈有民. 园林树木学 [M]. 北京：中国林业出版社，2009.
[2] 刘燕. 园林花卉学 [M]. 北京：中国林业出版社，2009.
[3] 包满珠. 花卉学 [M]. 北京：中国农业出版社，2003.
[4] 浙江植物志编辑委员会. 浙江植物志 [M]. 杭州：浙江科学技术出版社，1993.
[5] 郑万钧. 中国树木志 [M]. 北京：中国林业出版社，1983.
[6] 阮积惠，徐礼根. 地被植物图谱 [M]. 北京：中国建筑工业出版社，2007.
[7] 夏宜平. 园林花境景观设计 [M]. 北京：化学工业出版社，2009.
[8] 陈根荣. 浙江树木图鉴 [M]. 北京：中国林业出版社，2009.
[9] 陈俊愉. 园林花卉品种分类学 [M]. 北京：中国林业出版社，2001.
[10] 曹慧娟. 植物学 [M]. 北京：中国林业出版社，1992.
[11] 宁波市园林管理局. 宁波园林植物 [M]. 杭州：浙江科学技术出版社，2011.
[12] 苏雪痕. 植物景观规划设计 [M]. 北京：中国林业出版社，2013.